普通高等教育“十二五”规划教材

JSP动态网站项目化教程

主　编　陆　璐　杨俊红
副主编　王艳萍　娄松涛

内 容 提 要

本书以项目为背景，以JSP知识为主线，讲述使用JSP进行数据库应用系统开发的流程与编程技巧。

全书分为3篇，共10章。第1篇为准备篇，包括第1~4章，主要介绍学习JSP前应具备的相关知识能力。第2篇为项目篇，包括第5～8章，以在线聊天系统项目开发为主线，详细讲解JSP内置对象、JSP数据库开发、JavaBean等JSP的重要知识内容。第3篇为提高篇，包括第9～10章，讲解Servlet与MVC的设计模式以及JSP中的文件操作。

本书适合作为高职高专职业技术院校、普通高等院校计算机专业及其相关专业的教材，也可作为程序开发人员和自学人员的参考书。

图书在版编目（CIP）数据

JSP动态网站项目化教程/陆璐，杨俊红主编.—北京：中国水利水电出版社，2013.7（2017.7重印）
普通高等教育“十二五”规划教材
ISBN 978-7-5170-1108-8

Ⅰ.①J… Ⅱ.①陆…②杨… Ⅲ.①JAVA语言-网页制作工具-高等学校-教材 Ⅳ.①TP312②TP393.092

中国版本图书馆CIP数据核字（2013）第187166号

书　名	普通高等教育“十二五”规划教材 **JSP动态网站项目化教程**
作　者	主编　陆璐　杨俊红　副主编　王艳萍　娄松涛
出版发行	中国水利水电出版社 （北京市海淀区玉渊潭南路1号D座　100038） 网址：www.waterpub.com.cn E-mail：sales@waterpub.com.cn 电话：（010）68367658（营销中心）
经　售	北京科水图书销售中心（零售） 电话：（010）88383994、63202643、68545874 全国各地新华书店和相关出版物销售网点
排　版	中国水利水电出版社微机排版中心
印　刷	北京瑞斯通印务发展有限公司
规　格	184mm×260mm　16开本　16.75印张　397千字
版　次	2013年7月第1版　2017年7月第2次印刷
印　数	3001—6000册
定　价	**36.00**元

前　言

随着计算机及网络技术的迅速发展，Web 应用程序开发占据着主要的开发市场。JSP 是由 Sun Microsystems 公司倡导、许多公司参与一起建立的一种动态网页技术标准。它以 Java 语言为基础，与 HTML 文本语言、JSP 标记紧密结合，可以很好地实现 Web 页面设计和业务逻辑分离。JSP 程序不仅编写灵活，执行容易，而且具有很好的跨平台性，大大提高了系统的执行性能。

本书以项目为背景，从实战着手，以 JSP 知识为主线，由浅入深、循序渐进地讲述了使用 JSP 进行数据库应用系统开发的流程与编程技巧。

全书分为 3 篇，共 10 章。第 1 篇为准备篇，包括第 1～4 章，主要介绍学习 JSP 前应具备的相关知识能力。

第 1、2 章主要介绍 JSP 的基本理论以及运行环境。

第 3 章主要介绍学习 JSP 前应具备的相关静态网站开发的知识能力。

第 4 章主要介绍 JSP 的基础语法知识，为后续 JSP 的学习打下基础。

第 2 篇为项目篇，包括第 5～8 章。该篇以在线聊天系统项目开发为主线，将项目分解为各个模块，贯穿于 JSP 知识点的不同章节进行详细讲解。

第 5 章主要介绍在线聊天室系统的项目需求与功能模块。

第 6 章主要介绍 JSP 的内置对象。

第 7 章主要介绍在 JSP 中使用 JDBC 来访问数据库的方法。

第 8 章主要介绍 JavaBean 技术。

第 3 篇为提高篇，包括第 9～10 章，主要介绍 MVC 开发模式以及文件的使用。

第 9 章主要介绍 Servlet 与 MVC 的设计模式。

第 10 章主要介绍在 JSP 中如何使用文件。

附录为在线聊天室系统的源程序代码，可以更好地方便读者学习。

本书主要特点如下：

（1）以项目为背景，以知识为主线。

本书以在线聊天室项目为背景，将该项目贯穿于 JSP 的不同知识点进行讲解。

（2）基础知识与扩展知识相结合，保证知识的覆盖面。

为保证 JSP 技术的知识覆盖面，本书在讲解基础知识的前提下，还增加了扩展知识点，方便读者知识面的扩充。

（3）提供了大量的习题。

本书课后提供了大量的习题，方便读者基础知识的牢固掌握。

本书由郑州铁路职业技术学院陆璐、杨俊红担任主编，郑州铁路职业技术学院王艳萍和河南职业技术学院娄松涛担任副主编，参加编写的还有姜超、赵雨虹、李启源。本书第 1 章和附录由赵雨虹编写，第 2、3 章由李启源编写，第 4 章由姜超编写，第 5、9 章由娄松涛编写，第 6 章由杨俊红编写，第 7、8 章由陆璐编写，第 10 章由王艳萍编写。全书由陆璐、杨俊红统稿。

本书的出版得到了中国水利水电出版社的大力支持，在此表示衷心感谢。由于水平和时间的限制，书中难免有疏漏和不足之处，恳请读者批评指正。

由于时间仓促，加之作者水平有限，本书不足之处在所难免，欢迎广大读者批评指正。

作者

2013 年 5 月

目　　录

提高篇——JSP难点知识学习

JSP

准备篇——JSP 相关知识学习

第 1 章　JSP　概　述

学习目标：

（1）了解动态网页与静态网页的区别。

（2）理解什么是 JSP，JSP 的优点与缺点。

（3）理解应用程序体系结构。

（4）了解常用的应用服务器。

1.1　静态网页与动态网页技术概述

1.1.1　静态网页

在互联网发展初期，网站内的网页都是由静态网页组成的，网页中只有文字、图形、图像等，用户和 Web 服务器之间不能进行数据交互，用户只能被动地接受这些信息。那时 Web 页面的核心是 HTML（Hypertext Markup Language，超文本标记语言），它编写很方便，不要求有特定的语言环境，可以用任何一种文本编辑器进行编辑，保存后可以放到浏览器上观看结果。当用户浏览器通过互联网的 HTTP 协议（Hypertext Transfer Protocol，超文本传输协议）向 Web 服务器请求提供网页内容时，Web 服务器仅仅是将原已设计好的静态 HTML 文档传送给用户浏览器。

静态网页的基本特点如下：

（1）每个网页都有一个固定的 URL，且 URL 以.htm、.html、.shtml 等常见形式为后缀，并且在 URL 中不包含“？”。

（2）网页内容一经发布，无论是否有用户访问，内容都是保存在网站服务器上的。

（3）静态网页的内容相对稳定，因此容易被搜索引擎检索。

（4）静态网页没有数据库的支持。

（5）静态网页的交互性较差，在功能方面有较大的限制。

1.1.2　动态网页

和静态网页相对应的是动态网页，指的是网页内容随着用户或计算机程序提供的参数变化而变化的 HTML，通过结合 HTML、脚本语言（JavaScript）、样式表（CSS）和 DOM（Document Object Model，文件物件模型）来创建动态的网页内容，它能够随着用户访问要求的改变而改变，从而返回给浏览器不同的内容。在动态网页中根据脚本语言运行的地点不同分为：客户端脚本和服务器端脚本。客户端脚本是指运行在客户端浏览器上的程序段，如 JavaScript、VBScript 等；服务器端脚本是指运行在 Web 服务端的程序段。如 JSP、ASP、PHP 等。

动态网页的基本特点如下：

（1）动态网页以数据库技术为基础，可以大大降低网站维护的工作量。

（2）采用动态网页技术的网站可以实现更多的功能。

（3）动态网页实际上并不是独立存在于服务器上的网页文件，只有当用户请求时服务器才返回一个完整的网页。

（4）动态网页中的“？”对搜索引擎检索存在一定的问题。

1.2 什 么 是 JSP

JSP（Java Server Pages）是由 Sun 公司以 Java 语言为脚本语言开发出来的一种动态网页制作技术，主要完成网页中服务器动态部分的编写。该技术是在 Servlet 技术的基础上形成的，并继承了 Java 语言的多种优势，如安全性、支持多线程、平台无关性等。它与其他动态网页技术（如 ASP、PHP 等）相比较，JSP 具有运行速度快、安全等特点。

当一个 JSP 文件第一次被请求访问时，JSP 引擎把该 JSP 文件转换成为一个 Servlet。而这个引擎本身也是一个 Servlet。JSP 的运行过程如图 1-1 所示。

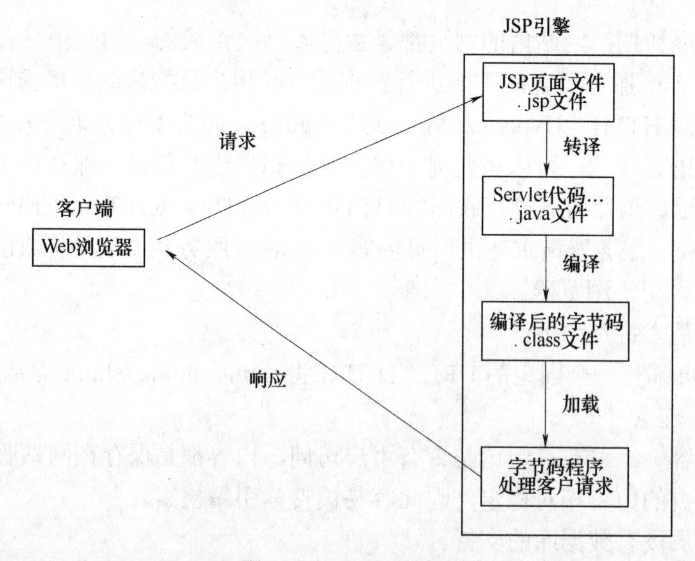

图 1-1　JSP 运行过程

（1）JSP 引擎先把该 JSP 文件转换成一个 Java 源文件（Servlet），在转换时如果发现 JSP 文件有任何语法错误，转换过程将中断，并向服务端和客户端输出出错信息。

（2）如果转换成功，JSP 引擎用 javac 把该 Java 源文件编译成相应的 .class 文件。

（3）创建一个该 Servlet（JSP 页面的转换结果）的实例，该 Servlet 的 jspInit()方法被执行，jspInit()方法在 Servlet 的生命周期中只被执行一次。

（4）jspService()方法被调用来处理客户端的请求。对每一个请求，JSP 引擎创建一个新的线程来处理该请求。如果有多个客户端同时请求该 JSP 文件，则 JSP 引擎会创建多个线程。每个客户端请求对应一个线程。以多线程方式执行可以大大降低对系统的资源需求，提高系统的并发量及响应时间。但不过也应该注意多线程的编程限制，由于该 Servlet 始终驻于内存，所以响应非常快。

（5）如果.jsp 文件被修改了，服务器将根据设置决定是否对该文件重新编译，如果需要重新编译，则将编译结果取代内存中的 Servlet，并继续上述处理过程。

（6）虽然 JSP 效率很高，但在第一次调用时由于需要转换和编译而有一些轻微的延迟。此外，在任何时候如果由于系统资源不足的原因，JSP 引擎将以某种不确定的方式将 Servlet 从内存中移去。当这种情况发生时 jspDestroy()方法首先被调用。

（7）然后 Servlet 实例便被标记加入“垃圾收集”处理。可在 jspInit()中进行一些初始化工作，如建立与数据库的连接，或建立网络连接，从配置文件中取一些参数等，在 jspDestory()中释放相应的资源。

1.3　JSP　的　优　势

JSP 的优势如下：

（1）简便性和有效性。

JSP 动态网页的编写与一般的静态 HTML 的网页编写十分相似。只是在原来的 HTML 网页中加入一些 JSP 专有的标签，或是一些脚本程序。这样，一个熟悉 HTML 网页编写的设计人员可以很容易进行 JSP 网页的开发。而且开发人员完全可以不用自己编写脚本程序，而只是通过 JSP 独有的标签使用别人已写好的部件来实现动态网页的编写。这样，一个不熟悉脚本语言的网页开发者完全可以利用 JSP 做出漂亮的动态网页。而这在其他的动态网页开发中是不可实现的。

（2）程序的独立性。

JSP 是 Java API 家族的一部分，它拥有一般的 Java 程序的跨平台的特性。换句话说，就是拥有程序的对平台的独立性，即“Write once，Run anywhere!”，一次编写，处处运行。

（3）程序的兼容性。

JSP 中的动态内容可以各种形式进行显示，所以它可以为各种客户提供服务，即从使用 HTML/DHTML 的浏览器，到使用 WML（Wireless Markup Language，无线标记语言）的各种手提无线设备（例如：移动电话和个人数字设备 PDA），再到使用 XML（Extensible Markup Language，可扩展标记语言）的 B2B 应用，都可以使用 JSP 的动态页面。

（4）程序的可重用性。

在 JSP 页面中可以不直接将脚本程序嵌入，而只是将动态的交互部分作为一个部件加以引用。这样，一旦这样的一个部件写好，它就可以为多个程序重复引用，实现了程序的可重用性。现在，大量的标准 JavaBeans 程序库就是一个很好的例证。

1.4　JSP　的　劣　势

JSP 的劣势如下：

（1）JSP 技术极大地增加了产品的复杂性。

为了获得系统的跨平台功能和产品伸缩能力，Java 系统开发了多种产品，如 JRE、JDK、

J2EE、EJB、JSWDK、JavaBeans，这样极大地增加了产品的复杂性。

（2）Java 的高效率运行需要占用大量的内存和硬盘空间。

Java 程序的高速运行是通过 .class 文件常驻内存来实现的。另外，Java 程序还需要硬盘空间来存储一系列的.java 文件和.class 文件以及对应的版本文件。

（3）JSP 程序调试困难。

在调试 JSP 代码时，如果程序出错，JSP 服务器会返回出错信息，并在浏览器中显示。这时，由于 JSP 是先被转换成.java 文件（Servlet）后再运行的，所以，浏览器中所显示的代码出错的行数并不是 JSP 源代码的行数，而是指转换后的.java 文件（Servlet）中程序代码的行数。这给调试代码带来一定困难。所以，在排除错误时，可以采取分段排除的方法，即在可能出错的代码前后输出一些字符串，用字符串是否被输出来确定代码段从哪里开始出错，逐步缩小出错代码段的范围，最终确定错误代码的位置。

1.5 应用程序体系结构

随着 Web 技术的出现，早期网络的集中计算逐渐被分布式计算所替代，Web 技术是一种分布式计算技术，使用这种技术构建企业应用时，通常需要开发大量的程序，把这些程序分布在不同的计算机上，在应用中承担不同的职责。例如：有的程序负责展示用户界面，有的程序负责进行逻辑计算，有的程序负责进行数据处理。在软件开发的实践过程中，人们总结出了一些常用的软件系统结构模式，以供应用系统设计时参考。这些模式包括两层、三层或 N 层架构等，下面介绍应用程序的两层和三层架构模型。

1.5.1 两层架构模型

两层架构模型是软件系统中最常见的一种，也称为客户端/服务器（Client/Server）结构。它将应用程序一分为二，客户端负责完成与用户的交互任务，数据库服务器端负责数据管理。它的缺点是表现层和事务层都放在客户端，而数据逻辑层和数据存储层则置于服务器端，所以客户端/服务器也常被称为“胖客户端”模式。

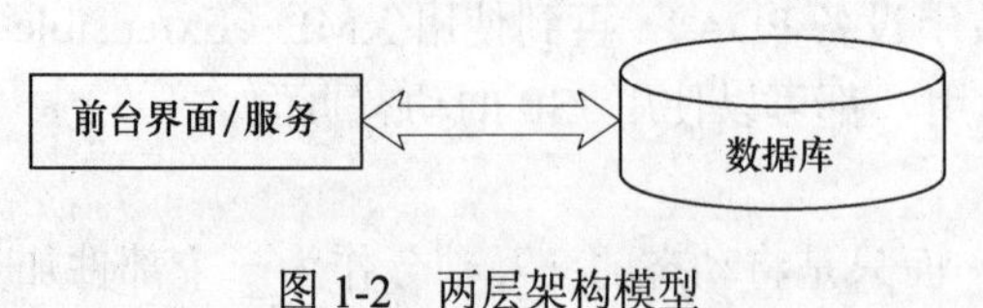

图 1-2 两层架构模型

在实际的系统设计中，此类结构主要用于在局域网范围内的前台客户端+后台数据库管理系统，如图 1-2 所示。目前有很多数据库前端开发工具（如 Java、C#、Delphi、PowerBuilder 等）可以用来专门制作这种结构的软件系统。

1.5.2 三层架构模型

在三层架构模型中，按照程序承担的不同角色，把应用程序分为三层：

（1）数据表示层：提供用户数据输入界面，运行在客户端上。

（2）逻辑计算层：提供数据计算功能，运行在应用服务器上。

（3）数据处理层：提供数据库处理功能，运行在数据库服务器上。

应用程序的三层架构模型如图 1-3 所示。

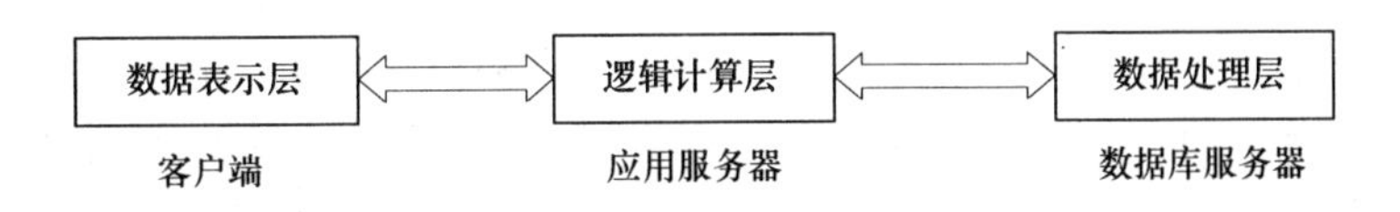

图 1-3　三层架构模型

客户端：本地用户使用的计算机，利用客户软件请求应用服务器提供服务。

应用服务器：接受客户请求进行数据计算，并把计算结果返回给客户。

数据库服务器：提供数据处理和事务处理。

目前最典型的基于三层 C/S 结构的应用模式便是 B/S/S（Brower/ Web Server/DB Server，浏览器/Web 服务器/数据库服务器）模式，在 B/S/S 结构中，浏览器是一个用于文档检索和显示的客户应用程序，并通过超文本传输协议 HTTP 与 Web 服务器相连。该模式下，通用的、低成本的浏览器节省了两层结构的 C/S 模式客户端软件的开发和维护费用。这些浏览器大家都很熟悉，包括 IE、Firefox、Chrome 等。

Web 服务器是指驻留于互联网上的某种类型计算机的程序。当浏览器（客户端）连到服务器上并请求文件或数据时，服务器将处理该请求并将文件或数据发送到该浏览器上，附带的信息会告诉浏览器如何查看该文件。Web 服务器不仅能够存储信息，还能在用户通过 Web 浏览器提供的信息的基础上运行脚本和程序。

1.5.3　JSP 技术支持的架构模型

JSP 技术开发的程序结构只能是 B/S/S 结构或 B/S 结构。下面是 JSP 技术支持的一般层次模型，如图 1-4 所示。通常情况下，JSP 页面由展示用户界面的 HTML 标记和进行数据计算两部分组成，因此数据展示层代码和数据计算代码可能处在同一 JSP 页面，它们都部署在 Web 服务器端。

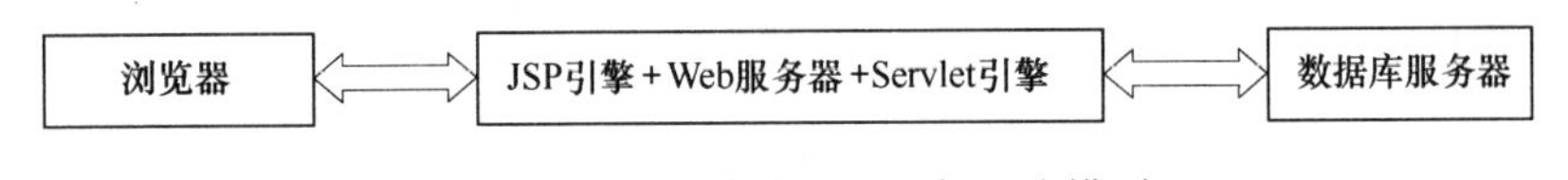

图 1-4　JSP 技术支持的一般层次模型

JSP 页面的三种形式如下：

（1）JSP 页面=HTML 标记+Java 程序片。

（2）JSP 页面=HTML 标记+Servlet 模块。

（3）JSP 页面=HTML 标记+Bean。

通常 Java 程序片、Servlet 模块实现逻辑计算功能，Bean 实现数据处理功能，HTML 标记实现数据展示功能。JSP 页面中的 Java 程序片最终被 JSP 引擎转译为 Servlet 模块，当客户发出 Servlet 请求时，由 Servlet 引擎将这些应用 Servlet 模块载入内存运行，以处理客户请求。

1.6　应用程序服务器

1.6.1　Web 服务器

Web 服务器也称为 WWW（World Wide Web，万维网）服务器，主要功能是提供网上信息浏览服务。常见的有 WebLogic、IIS、Apache、NSCA、WebSphere、Tomcat 等。

当用户在浏览器的地址栏中输入 Web 服务器的网络地址后，客户端的浏览器会向 Web 服务器发送调用资源请求。当 Web 服务器接收到一个 HTTP 请求后，就发送一个应答并在客户和服务器之间建立连接。Web 服务器查找客户端所需的文档，若 Web 服务器查找到所请求的文档，就会将所请求的文档传送给 Web 浏览器。若该文档不存在，则服务器会发送一个相应的错误提示文档给客户端。客户端接收到文档后，通过浏览器将它显示出来。当客户端浏览完成后，就断开与服务器的连接。

为了处理一个请求，Web 服务器可以响应一个静态页面或图片，进行页面跳转，或者把动态响应的产生委托给一些其他的程序例如 CGI（Common Gateway Interface，通用网关接口）脚本、JSP 脚本、Servlets、ASP 脚本、服务器端 JavaScript，或者一些其他的服务器端技术。无论它们的目的如何，这些服务器端的程序通常会产生一个 HTML 的响应来让浏览器可以浏览。

1.6.2 JSP 引擎和 Servlet 引擎

JSP 引擎和 Servlet 引擎都是系统模块（为应用程序提供服务的模块），也属于 Servlet 模块，它随着 Web 服务器启动载入内存，也随着 Web 服务器关闭而释放。Servlet 模块分两类：一类是应用 Servlet，它是 JSP 页面转译并编译的结果，即应用程序员编写的 Servlet；另一类是系统 Servlet，如 JSP 引擎、Servlet 引擎。

JSP 引擎的作用是当客户向服务器发出 JSP 页面请求时，将 JSP 页面转译为 Servlet 源代码，然后调用 javac 命令，把 Servlet 源代码编译为相应的字节码，并保存在相应的目录中。

Servlet 引擎的作用是管理和加载应用 Servlet 模块，当客户向相应的应用 Servlet 发出请求时，Servlet 引擎把应用 Servlet 载入虚拟机运行，由应用 Servlet 处理客户请求，将处理结果返回客户。

1.6.3 HTTP 协议

HTTP 协议（HyperText Transfer Protocol，超文本传输协议）是用于从 Web 服务器传输超文本到本地浏览器的传送协议。HTTP 协议是基于请求/响应模式，即客户与服务器的每一次交互往往始于客户提出一个请求，服务器给出响应后结束。客户向服务器传递的信息称为 HTTP 请求包，服务器向客户传递的信息称为 HTTP 响应包。

习　题

一、选择题

1．当用户请求 JSP 页面时，JSP 引擎就会执行该页面的字节码文件响应客户的请求，执行字节码文件的结果是（　　）。

A．发送一个 JSP 源文件到客户端　　B．发送一个 Java 文件到客户端

C．发送一个 HTML 页面到客户端　　D．什么都不做

2．当多个用户请求同一个 JSP 页面时，Tomcat 服务器为每个客户启动一个（　　）。

A．进程　　B．线程　　C．程序　　D．服务

3．下列动态网页和静态网页的根本区别描述错误的是（　　）。

A．静态网页服务器端返回的 HTML 文件是事先存储好的

B．动态网页服务器端返回的 HTML 文件是程序生成的

C．静态网页文件里只有 HTML 标记，没有程序代码

D．动态网页中只有程序，不能有 HTML 代码

4．不是 JSP 运行所必需的是（　　）。

A．操作系统　　B．JavaJDK

C．支持 JSP 的 Web 服务器　　D．数据库

5．URL 是 Internet 中资源的命名机制，URL 由三部分构成（　　）。

A．协议、主机 DNS 名或 IP 地址和文件名

B．主机、DNS 名或 IP 地址和文件名、协议

C．协议、文件名、主机名

D．协议、文件名、IP 地址

6．HTTP 的默认端口号是（　　）。

A．80　　B．8080　　C．70　　D．21

7．如果网页（　　），该网页是动态的。

A．有 GIF 动画图片动来动去　　B．有动画广告飞来飞去

C．能看影视　　D．是动态实时生成的

8．以下选项中（　　）是不正确的 URL。

A．http://www.google.cn

B．www.google.cn

C．http://localhost:8080/bookshop/index.jsp

D．ftp://ftp.link/down/search.jsp

9．客户发出请求、服务器端响应请求过程中，下列说法中（　　）是正确的。

A．在客户发起请求时，DNS 域名解析地址前，浏览器与服务器建立连接

B．客户在浏览器上看到结果后，释放浏览器与服务器连接

C．客户端直接调用数据库数据

D．Web 服务器把结果页面发送给浏览器后，浏览器与服务器断开连接

二、填空题

1．W3C 是指______。

2．Internet 采用的通信协议是______。

3．IP 地址用四组由圆点分割的数字表示，其中每一组数字都在______之间。

4．当今比较流行的技术研发模式是______和______的体系结构来实现的。

5．Web 应用中的每一次信息交换都要涉及到______和______两个层面。

6．静态网页文件里只有__________，没有程序代码。

7．JSP（Java Server Pages）是由 Sun 公司以 Java 语言为脚本语言开发出来的一种______

网页制作技术。

8．在三层架构中，按照程序承担的不同角色，把应用程序分为________、________、________三层。

三、简答题

1．静态网页和动态网页的区别是什么？

2．Web 应用程序的三个层面各司何职，该工作模式有哪些优点？

3．什么是 JSP？JSP 的运行过程是什么？

第2章　JSP 运 行 环 境

学习目标：

（1）了解 JSP 运行环境的构成。

（2）掌握 JDK、Tomcat 的安装与配置。

（3）掌握 Tomcat 的目录结构，学会配置虚拟目录。

（4）利用 JSP 开发工具能运行一个简单的 JSP 程序。

2.1　JSP 运行环境的构成

JSP 作为 Web 开发技术，它的运行环境分为两部分：服务器端和客户端。客户端主要使用 Web 浏览器，完成客户浏览网页，与网页交互的功能，通常使用 IE、NetScape 等浏览器，不需要再另外安装软件（当然，如果你的 JSP 中引用了某些组件，如为显示报表所使用的报表组件，或者安全加密组件等，那还需要将组件下载到客户端）；服务器端需要安装的软件有操作系统、JSP 编译程序、Web 应用程序服务器、JSP 开发环境、后台数据库和 JDBC 接口等。具体要求如下：

（1）操作系统：JSP 具有很好的跨平台性能，可以运行在大多数操作系统上，如 Windows 2000/XP/2003 以及 Linux、UNIX 系统等。本书选用 Windows XP 作为操作系统平台。

（2）JSP 编译程序：由 Sun 公司提供的免费 Java 开发工具——JDK。

（3）Web 应用程序服务器：Web 服务器有很多种，常见的有 Tomcat、WebLogic、Websphere 等，本书选用 Tomcat 作为 Web 服务器。

（4）JSP 开发环境：JSP 主要由 HTML 标签+Java 程序段组成，所以从理论上讲，可以使用任何文本编辑器进行开发。但是为了开发效率，在实际开发过程中一般会使用 MyEclipse 作为开发工具，它提供了很多辅助编码功能，如类方法、属性的自动跟出、类设计的可视化等，通过这些功能帮助我们进行快速、高效的开发。作为初学者来说，MyEclipse 使用较为烦琐，所以本书选择既方便又高效 Dreamweaver 作为开发工具。

（5）后台数据库：常见的后台数据库有 SQL Server 2000、Access、Oracle 等。本书选用 SQL Server 2000 作为后台数据库。

下面具体介绍 JSP 运行环境的下载、安装与配置。

2.2　JDK 的安装与配置

JDK（Java Development Kit）是 Sun 公司提供的免费 Java 开发工具，是一切 Java 应用程序的基础，可以说，所有的 Java 应用程序都是构建在 JDK 之上的。它是一组 API，也可以说是一些 Java Class，它包含 Java 编译器、解释器和虚拟机（JVM），为 JSP 页面文件、

Servlet 程序提供了编译和运行环境。

2.2.1 下载 JDK

JDK 可以在 Sun 公司的网站免费下载，具体网址为 http://www.oracle.com/technetwork/java/index.html。针对不同的开发平台，可以下载不同版本的 JDK。本书使用的版本是 JDK 1.6.0_29。

2.2.2 在 Windows 系统下安装 JDK

安装 JDK 的具体操作步骤如下：

（1）双击 jdk-6u29-windows-i586.exe，弹出 JDK 安装向导对话框，如图 2-1 所示。

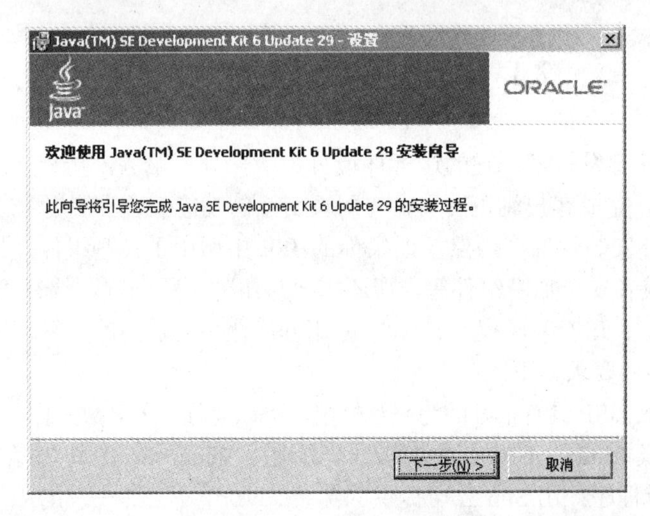

图 2-1 JDK 安装向导对话框

（2）单击“下一步”按钮，弹出“自定义安装”对话框，如图 2-2 所示。单击“更改”按钮，可以更改安装路径。

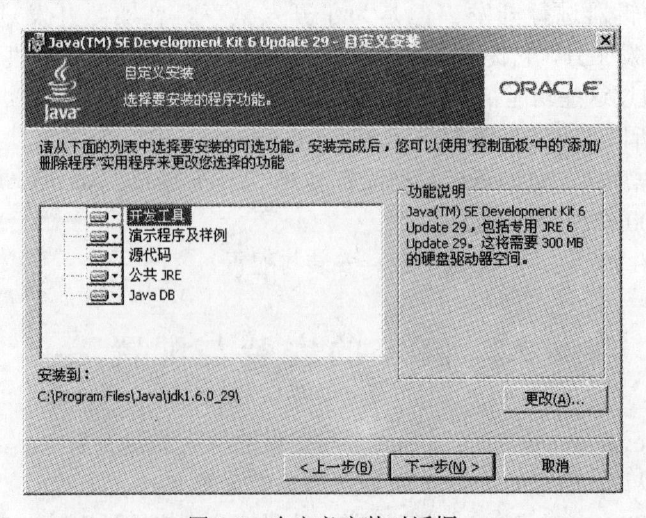

图 2-2 自定义安装对话框

（3）单击“下一步”按钮，安装程序开始安装，安装完成后，出现“jre 安装路径对话框”，如图 2-3 所示。单击“更改”按钮，可以更改安装路径。

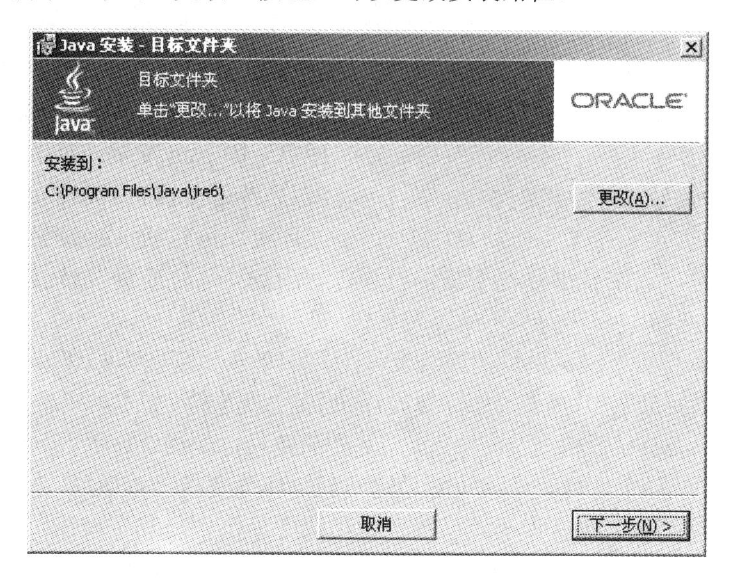

图 2-3　jre 安装路径对话框

（4）单击“下一步”按钮，安装程序开始安装，安装完成后单击“完成”按钮即可。

2.2.3　在 Windows 下配置环境变量

安装完 JDK 后，必须配置环境变量。其目的有三个：

（1）让操作系统自动查找编译器、解释器所在的路径。

（2）设置程序编译和执行时所需要的类路径。

（3）Tomcat 服务器安装时需要知道虚拟机所在的路径。

配置环境变量的步骤如下：

（1）在 Windows 桌面上右击“我的电脑”图标，在弹出的快捷菜单中选择“属性”命令，弹出“系统特性”对话框。选择“高级”选项卡，单击“环境变量”按钮，弹出“环境变量”对话框，如图 2-4 所示。

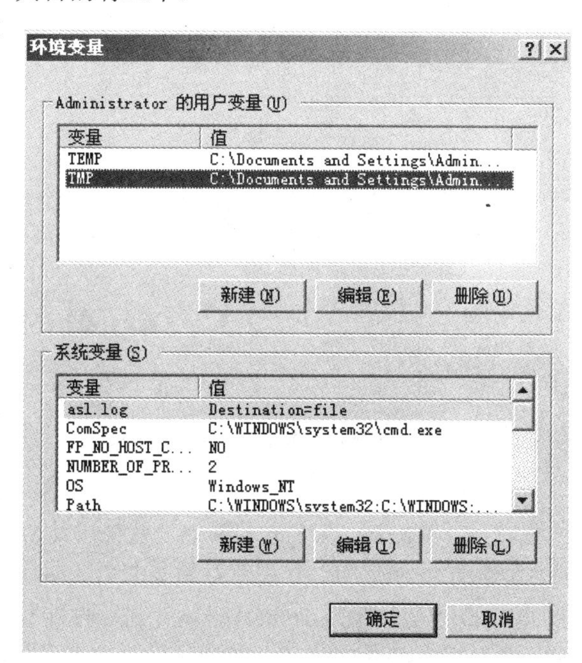

图 2-4　“环境变量”对话框

（2）单击“新建”按钮，弹出“新建系统变量”对话框。该对话框有两个文本编辑框，在“变量名”文本框中输入 path，在“变量值”文本框中输入“.; C:\Program

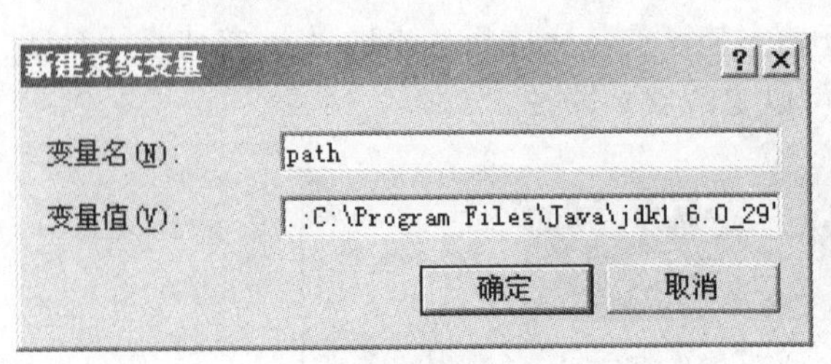

图 2-5 “新建系统变量”对话框

Files\Java\jdk1.6.0_29\bin”，设置 JDK 中 bin 文件夹的路径，如图 2-5 所示。单击“确定”按钮，完成 path 环境变量的设置，返回到“环境变量”对话框。如果系统变量中已经存在 path 变量，只需在系统变量一栏中选中 path 变量，单击“编辑”按钮，将 C:\Program Files\Java\jdk1.6.0_29\bin 这一环境变量路径添加到变量值一栏即可，单击“确定”按钮，完成 path 环境变量的设置，返回到“环境变量”对话框。注意不同变量值之间用“;”间隔。

（3）在“环境变量”对话框的“系统变量”栏中单击“新建”按钮，弹出“新建系统变量”对话框，在“变量名”文本框中输入 classpath，在“变量值”文本框中输入“.; C:\Program Files\Java\jdk1.6.0_29\lib”，设置 jdk 中 lib 文件夹的路径，如图 2-6 所示，单击“确定”按钮，完成了“classpath”环境变量的设置，返回到“环境变量”对话框。

（4）在“环境变量”对话框的“系统变量”栏中单击“新建”按钮，弹出“新建系统变量”对话框，在“变量名”文本框中输入“JAVA_HOME”，在“变量值”文本框中输入 C:\Program Files\Java\jdk1.6.0_29，设置 jdk 的安装路径，如图 2-7 所示，单击“确定”按钮，完成 JAVA HOME 环境变量的设置，返回到“环境变量”对话框。

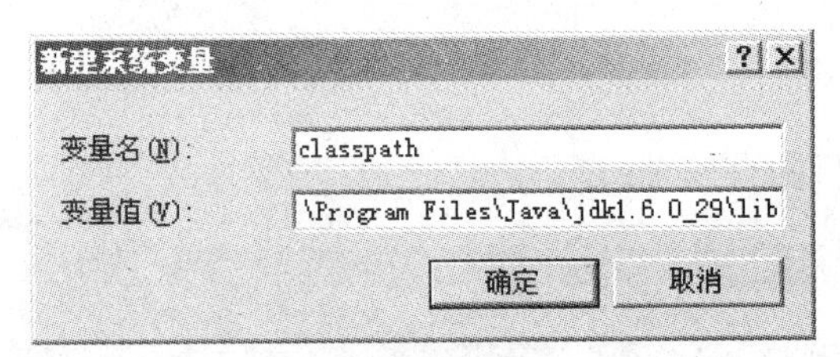

图 2-6 “新建系统变量”对话框

图 2-7 “新建系统变量”对话框

（5）在“环境变量”对话框中单击“确定”按钮，返回到“系统特性”对话框。再次单击“确定”按钮，退出“系统特性”对话框，完成环境变量的配置。

2.3 Tomcat 的安装与配置

2.3.1 Tomcat 的下载

Tomcat 是 Apache 软件基金会（Apache Software Foundation）的 Jakarta 项目中的一个核心项目，由 Apache、Sun 和其他一些公司及个人共同开发而成。由于有了 Sun 的参与和支持，最新的 Servlet 和 JSP 规范总是能在 Tomcat 中得到体现，Tomcat 5 支持最新的 Servlet 2.4 和 JSP 2.0 规范。因为 Tomcat 技术先进、性能稳定，而且免费，因而深受 Java 爱好者的喜爱，并得到了部分软件开发商的认可，成为目前比较流行的 Web 应用服务器。目前最新版本是 7.0。本书采用的是 Tomcat 5.5 版本，可以在 Apache Tomcat 官方网站下载各种版本，下载网址为 http://tomcat.apache.org/，如图 2-8 所示。

图 2-8 下载 Tomcat

2.3.2 Tomcat 的安装

Tomcat 下载完成后，得到一个压缩文件，经解压缩后便可以安装了。安装过程如下：

（1）双击解压后的 Tomcat 安装文件 apache-tomcat-5.5.34.exe，弹出 Apache Tomcat Setup 对话框，如图 2-9 所示。

图 2-9 Apache Tomcat Set 对话框

（2）单击 Next 按钮，询问是否接受许可协议，单击 I Agree 按钮，进入选择组件页面，如图 2-10 所示。建议选择默认安装，如果希望在计算机启动时自动启动 Tomcat，可以选择 Service Startup 复选框。

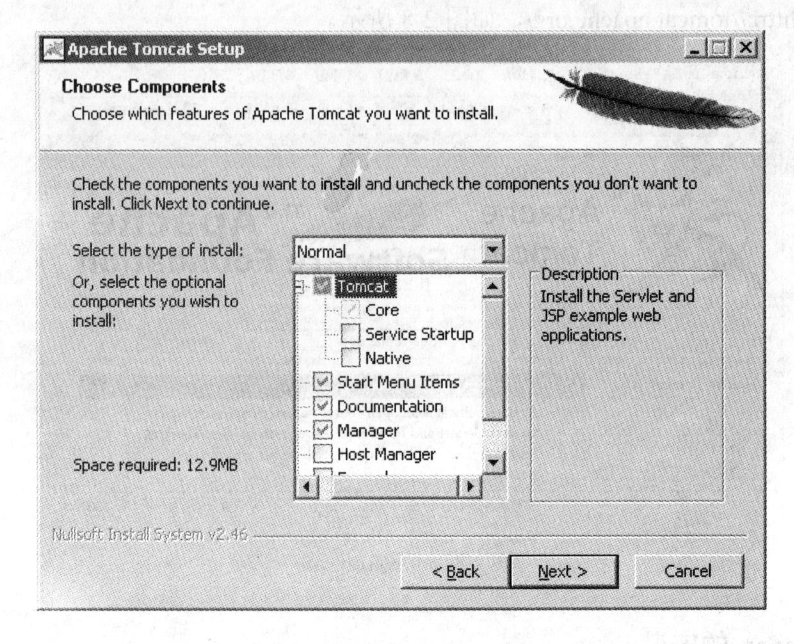

图 2-10　选择组件对话框

（3）单击 Next 按钮，弹出配置对话框，如图 2-11 所示。

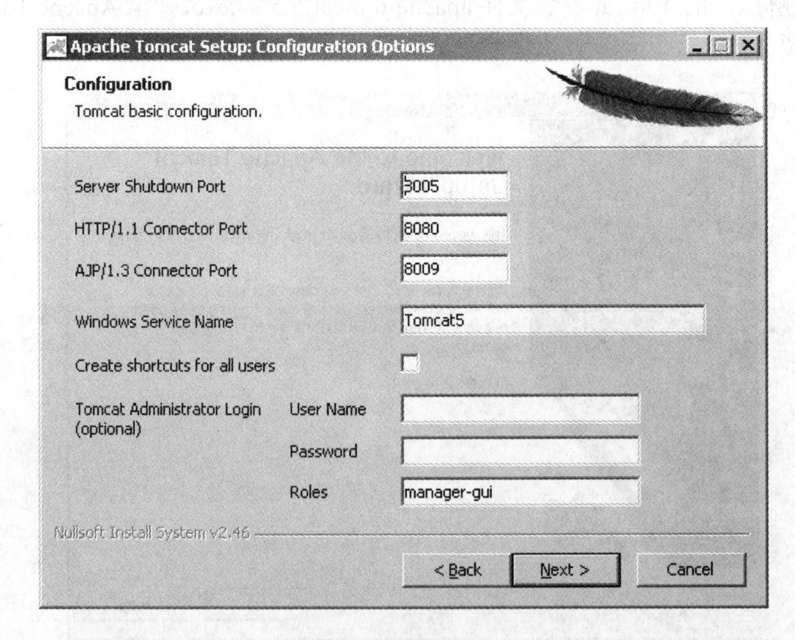

图 2-11　配置对话框

（4）设置 Tomcat 连接的端口号，默认的端口号为 8080，可以根据需要修改端口号，设置 Tomcat 管理员用户名和密码。

（5）单击 Next 按钮，弹出 Java 虚拟机对话框，选择 Java 虚拟机路径。

（6）单击 Next 按钮，弹出“Apache 安装路径”对话框，如图 2-12 所示。

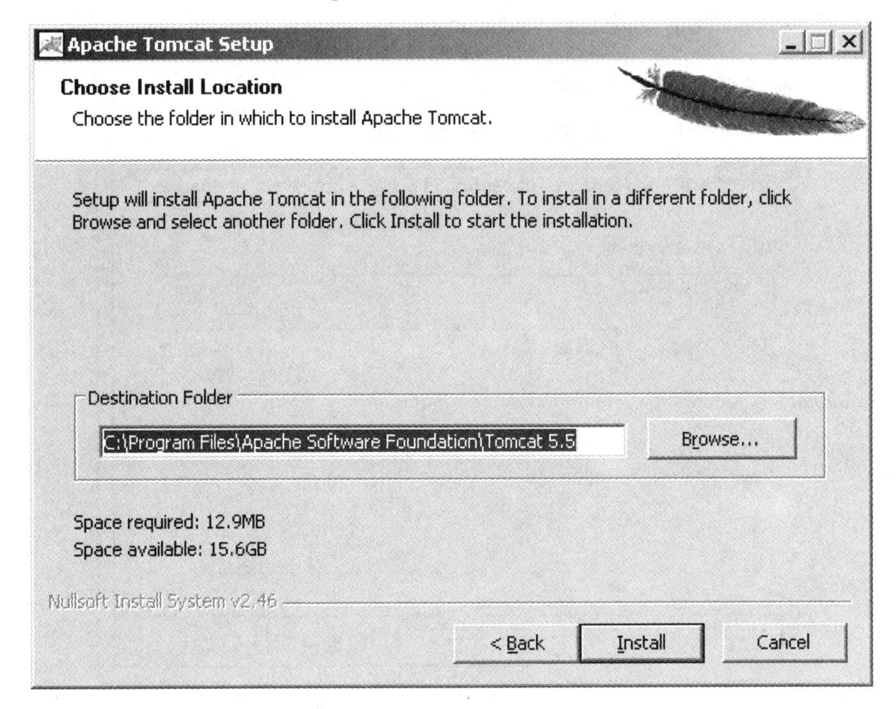

图 2-12　Apache 安装路径对话框

（7）单击 Install 按钮，完成整个安装过程，安装结束后单击 Finish 按钮即可。

2.3.3　Tomcat 的启动

Tomcat 安装成功后，必须启动 Tomcat 服务器，Tomcat 服务器的启动方式有 3 种，分别为：

（1）使用 Tomcat 自带的配置程序进行启动。

（2）控制台方式启动 Tomcat。

（3）在 Windows 服务下进行启动。

下面我们介绍这三种启动方式。

（1）使用 Tomcat 自带的配置程序进行启动。

1）单击“开始”→“所有程序”→Apache Tomcat5.5 Tomcat5 Configer Tomcat，或者进入 Tomcat 程序文件夹，在 Bin 文件夹下找到 Tomcat5w 程序，双击即可。弹出 Tomcat 配置窗口，如图 2-13 所示。

2）单击 Start 按钮，启动 Tomcat 服务器。单击 Stop 按钮，即可停止该服务。

（2）控制台方式启动 Tomcat。

1）进入 Tomcat 程序文件夹，在 Bin 文件夹下找到 Tomcat 5 程序，双击即可，如图 2-14 所示。

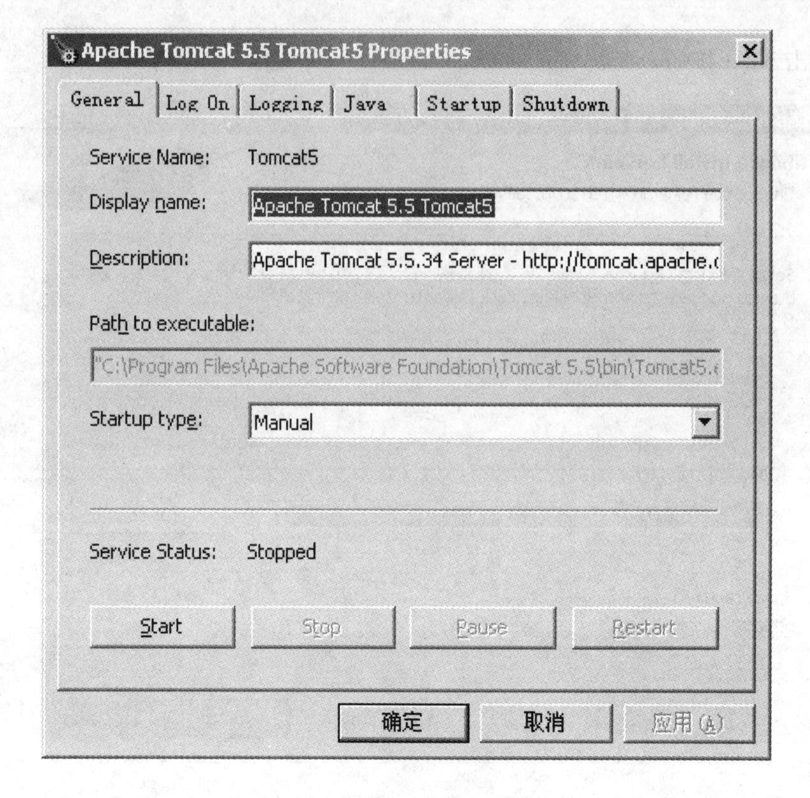

图 2-13　Tomcat 配置对话框

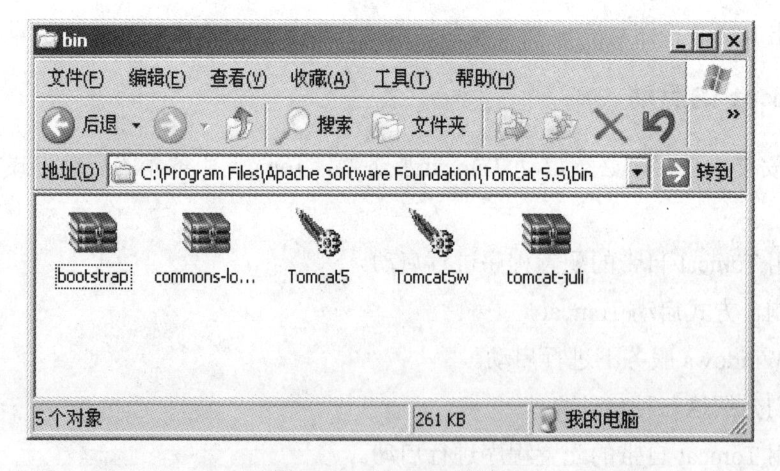

图 2-14　Tomcat 5 程序

2）Tomcat 启动后，出现 Doc 命令行窗口，如图 2-15 所示，关闭该窗口即可停止 Tomcat 服务。

注意：使用控制台模式启动 Tomcat 一般很少使用，但是对于程序员而言特别有用，因为我们从中可以得到关于服务器状态的更多信息。特别是在开发 JSP 程序时，可以使用 System.out.println()方法，将一些调试信息输出到控制台窗口中，便于跟踪调试。

（3）在 Windows 服务下启动 Tomcat。

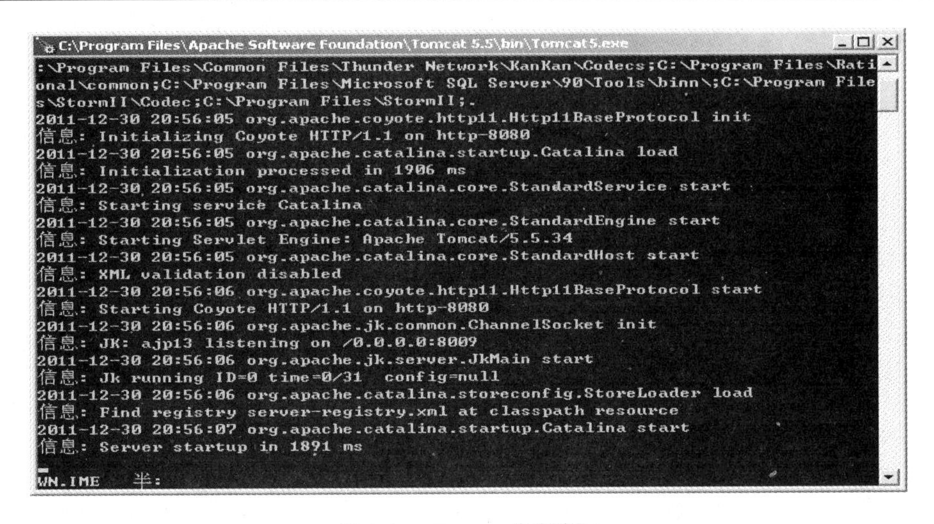

图 2-15　Tomcat 信息窗口

1）在 Windows 的“控制面板”→“管理工具”→“服务”中，找到 Apache Tomcat 5.5 Tomcat 5，双击出现 Apache Tomcat 5.5 Tomcat 5 的属性窗口，如图 2-16 所示。

2）单击“启动”即可启动服务。当然还可以把“启动类型”变更为“自动”。

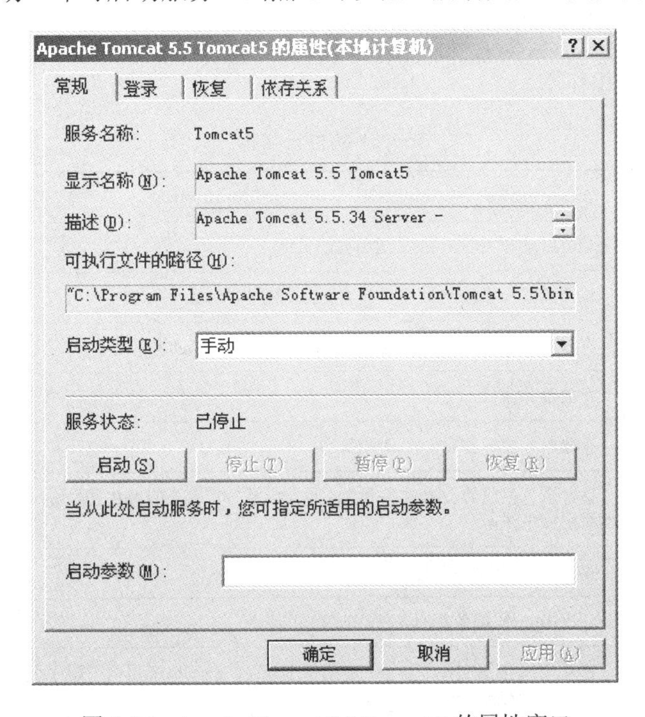

图 2-16　Apache Tomcat 5.5 Tomcat 5 的属性窗口

2.3.4　Tomcat 的测试

Tomcat 启动后，打开浏览器，在地址栏中输入 http://localhost:8080 或者 http://127.0.0.1:8080 后按 Enter 键，如果出现如图 2-17 所示的界面，则表示 Tomcat 正常运行。

图 2-17 Tomcat 主页

注意：其中 localhost 或者 127.0.0.1 表示本地主机，8080 表示访问的 Tomcat 服务器的端口号。

2.3.5 Tomcat 的目录结构

Tomcat 安装以后，首先要了解 Tomcat 的目录结构和作用。表 2-1 分别列出了 Tomcat 所包含文件夹的名字和作用。

表 2-1 Tomcat 的目录结构

目录名	作　用
\bin	存放启动和关闭 Tomcat 服务器的文件
\common	该目录下存放的 JAR 文件和类文件，能被各目录下的 JSP 页面和 Tomcat 服务器系统程序访问
\conf	存放服务器的各种配置文件，包括 server.xml、web.xml 等
\logs	存放服务器日志文件
\server	存放服务器各种后台管理文件
\shared	该目录下存放的 JAR 文件和类文件，能被各目录下的 JSP 页面访问，但是不能被 Tomcat 服务器系统程序访问
\src	存放 Tomcat 服务器相关的源代码
\temp	存放 Tomcat 服务器的各种临时文件
\webapps	存放 Web 应用文件，如 JSP 应用例子程序、Servlet 应用例子程序和默认 Web 服务目录 ROOT
\work	存放 JSP 页面转换为 Servlet 文件和字节码文件

注意：

（1）\common 目录下的文件可以被 Tomcat 服务器系统程序和所有 JSP 页面程序访问。

（2）\server 目录下的文件只能被 Tomcat 服务器系统程序访问。

（3）\shared 目录下的文件只能被 JSP 页面程序访问。

1. Tomcat 的默认服务目录

Tomcat 服务器的默认 Web 服务目录是：\Tomcat 5.5\webapps\ROOT。通常将 JSP 页面程序保存在该目录下。下面使用 Adobe Dreamweaver CS3 编辑第一个 JSP 程序 example.jsp，来实现显示系统当前的时间。具体步骤如下：

（1）打开 Adobe Dreamweaver CS3，单击“文件”→“新建”命令

（2）在“页面类型”选择框中选择 JSP，在“文档类型”下拉列表中选择“无”，即可出现代码编辑页面。

（3）在 Dreamweaver 中单击“代码”按钮即可直接在<body>与</body>标记符之间编写 JSP 代码，单击“设计”按钮，可利用 Dreamweaver 中的工具进行页面设计，省去了编写静态代码的麻烦，单击“拆分”按钮，则视图被分为两部分，上半部分可进行页面设计，下半部分可显示或者编写 JSP 代码。

【例 2-1】 编写一 JSP 程序，显示系统当前时间。该示例包含程序 example.jsp，显示效果如图 2-18 所示，代码如下。

```
<!-- example.jsp -->
<%@page  contentType="text/html;charset=utf-8"  language="java" %>
<html>
<head>
<meta  http-equiv="Content-Type" content="text/html; charset=utf-8">
<title>显示系统当前时间</title>
</head>
<body>
<%=new java.util.Date() %>
</body>
</html>
```

将 example.jsp 程序拷贝到 \Tomcat 5.5\webapps\ROOT 目录下，在浏览器地址栏中输入以下网址：http://localhost:8080/example.jsp，运行结果如图 2-18 所示。

图 2-18 ［例 2-1］运行结果

2. 设置 Tomcat 的虚拟目录

默认情况下，Tomcat 使用其安装目录中的 webapps\root 作为 JSP 页面的发布目录。也

就是说，只有把自己编写的 jsp 文件拷到这个目录下，才能在浏览器中通过输入地址：http://localhost:8080/? .jsp 进行查看。但如果想自己指定一个目录存放编写的 JSP 文件，例如 D:\Demo，要怎么设置呢？下面介绍设置 Tomcat 虚拟目录的操作步骤。

（1）在服务器上创建自己的目录，如 D:\Demo\2。

（2）配置 Web 目录。用记事本打开 \Tomcat 5.5\conf 目录下的文件 server.xml，在该文件末尾，有一标识符</Host>，在该标识符前面添加以下语句：

```
<Context path="/2" docBase="D:/Demo/2" debug="0" reloadable="true">
</Context>
```

或者：

```
<Context path="/2" docBase="D:/Demo/2" debug="0" reloadable="true"/>
```

1）Path：为虚拟目录的名称，就是在浏览器地址栏中输入的 URL 地址。

2）docBase：指定 Web 目录的物理路径。

3）debug：设定是否为调试模式，0 表示非调试模式，1 表示调试模式。

4）reloadable：值为 true 时表示 Tomcat 服务器在运行状态下会监视在 WEB-INF/classes 和 lib 目录下 class 文件的改动。如果监测到有 class 文件被更新，服务器会自动重新加载 Web 应用。这样的方式特别适合于开发人员，但会降低服务器效率，一般在发布网站时会设置为 false。

注意：修改保存后，一定要重启 Tomcat 服务器，修改才会生效。

虚拟目录设置完成后，将［例 2-1］所示的程序复制到 D:/Demo/2 目录下，在浏览器地址栏输入以下网址：http://localhost:8080/2/example.jsp，运行结果如图 2-19 所示。

图 2-19 ［例 2-1］运行结果

3. **修改 Tomcat 默认 Web 服务目录**

假设希望将 Tomcat 默认 Web 服务目录设置在 C:/jsp 目录下。使用记事本或其他文本编辑器打开 server.xml 文件，定位到如下语句：

```
<Host  name="localhost"  debug="0"  appBase="webapps"
       unpackWARs="true"       autoDeploy="true"
       xmlValidation="false"  xmlNamespaceAware="false">
```

将 appBase 的属性值 webapps 改为 c:/jsp，修改后的语句如下：

```
<Host  name="localhost"  debug="0"  appBase="c:/jsp"
       unpackWARs="true"  autoDeploy="true"  xmlValidation="false"
       xmlNamespaceAware="false">
```

然后在 C:/jsp 目录下创建子目录 ROOT，在 ROOT 目录下建立子目录 WEB-INF，（注意目录是区分大小写的），完成以上步骤后 Tomcat 的默认 Web 服务目录已改为 c:\jsp\ROOT。将 example.jsp 文件拷贝到该目录下，在浏览器地址栏输入以下网址：

http://localhost:8080/example.jsp，测试新的默认 Web 目录。

4. **修改服务器端口号**

一般情况下，Tomcat 默认的端口号是 8080。如果有其他应用程序占用了 8080 端口，例如已安装 Oracle 数据库提供的 Web 服务占用了 8080 端口，就要修改 Tomcat 服务器的默认端口。修改方法是：在 Tomcat 的 conf 目录中找到 server.xml 文件，在文件中找到如下语句：

```
<!-- Define a non-SSL HTTP/1.1 Connector on port 8080 -->
<Connector port="8080" maxHttpHeaderSize="8192"
           maxThreads="150" minSpareThreads="25" maxSpareThreads="75"
           enableLookups="false" redirectPort="8443" acceptCount="100"
           connectionTimeout="20000" disableUploadTimeout="true" />
```

将 port 修改为其他端口号，如 port="80"。然后保存文件，重启 Tomcat 服务器，在浏览器中输入 http://localhost:80，浏览器将正确显示 Tomcat 主页。

本书所写的 JSP 程序都放在 D:\Demo 目录（称为本地目录）下，通过站点映射功能，系统自动把这个目录中的内容复制到测试服务器中（即 Tomcat 的系统目录下的 webapps\root 目录中）。在浏览器中运行时，系统会从测试服务器中读取程序运行。

2.3.6 创建自己的运行环境

本书中，Tomcat 服务端口号统一使用 8080，并创建 13 个 Web 服务目录，用于保存各章的 JSP 页面程序。

13 个目录名分别是 D:/Demo/2，D:/Demo/3 、D:/Demo/4、D: /Demo/5 、D:/Demo/6、D:/Demo/7 、D:/Demo/8、D:/Demo/8/chat、D:/Demo/8/manager、D:/Demo/9、D:/Demo/10、D:/Demo/10/customchat、D: /Demo/10/manager，分别用来保存第 2～10 章的 JSP 页面文件。

配置 12 个 Web 服务目录。打开 server.xml 文件，添加下面的语句：

```
<Context path="/2"  docBase="D:/Demo/2"  debug="0" reloadable="true"/>
<Context path="/3"  docBase="D:/Demo/3"  debug="0" reloadable="true"/>
<Context path="/4"  docBase="D:/Demo/4"  debug="0" reloadable="true"/>
<Context path="/5"  docBase="D:/Demo/5"  debug="0" reloadable="true"/>
<Context path="/6"  docBase="D:/Demo/6"  debug="0" reloadable="true"/>
<Context path="/7"  docBase="D:/Demo/7"  debug="0" reloadable="true"/>
<Context path="/8"  docBase="D:/Demo/8"  debug="0" reloadable="true"/>
<Context path="/cust" docBase="D:/Demo/8/chat" debug="0" reloadable="true"/>
<Context path="/mana" docBase="D:/Demo/8/manager" debug="0"reloadable=
"true"/>
<Context path="/9"  docBase="D:/Demo/9"  debug="0" reloadable="true"/>
<Context path="/10" docBase="D:/Demo/10" debug="0" reloadable="true"/>
<Context path="/chat" docBase="D:/Demo/11/customchat" debug="0" reloadable=
"true"/>
<Context path="/manager" docBase="D:/Demo/11/manager" debug="0" reloadable=
"true"/>
```

保存修改后的 server.xml 文件，并重新启动 Tomcat。

习　题

一、选择题

1．下列关于 Tomcat 说法正确的是（　　）。

A．Tomcat 是一种编程语言

B．Tomcat 是一种开发工具

C．Tomcat 是一种编程思想

D．Tomcat 是一种开编程规范

E．Tomcat 是一个免费的开源的 Serlvet 容器

2．下列关于 Tomcat 个目录说法错误的是（　　）。

A．bin 目录——包含启动/关闭脚本

B．conf 目录——包含不同的配置文件

C．lib 目录——包含 Tomcat 使用的 JAR 文件

D．webapps 目录——包含 Web 项目示例，当发布 Web 应用时，默认情况下把 Web 文件夹放于此目录下

E．work 目录——包含 Web 项目示例，当发布 Web 应用时，默认情况下把 Web 文件夹放于此目录下

3．JDK 安装配置完成后。在 MS DOS 命令提示符下执行（　　）命令，测试安装是否正确。

A．javac　　B．Javac　　C．JAVAC　　D．JavaC

4．Tomcat 安装目录为：D:\Tomcat5.5，使用默认端口号。启动 Tomcat 后，为显示默认主页，在浏览器地址栏中输入（　　）。

A．http://localhost:80　　B．http://127.0.0.1:80

C．http://127.0.0.1:8080　　D．d:\Tomcat5.5\index.jsp

5．设置虚拟发布目录，要修改（　　）。

A．Tomcat 的 bin 目录中，tomcat5.exe 文件

B．Tomcat 的 bin 目录中，server.xml 文件

C．Tomcat 的 webapps\Root 目录中，index.jsp 文件

D．Tomcat 的 conf 目录中，server.xml 文件

6．配置 JSP 运行环境，若 Web 应用服务器选用 Tomcat，以下说法正确的是（　　）。

A．先安装 Tomcat，再安装 JDK

B．先安装 JDK，再安装 Tomcat

C．不需安装 JDK，安装 Tomcat 就可以了

D．JDK 和 Tomcat 只要都安装就可以了，安装顺序没关系

7．下列说法哪一项是正确的（　　）。

A．Apache 用于 ASP 技术所开发网站的服务器

B．IIS 用于 CGI 技术所开发网站的服务器

C．Tomcat 用于 JSP 技术所开发网站的服务器

D．WebLogic 用于 PHP 技术所开发网站的服务器

8．Tomcat 服务器的默认端口号是（　　）。

A．80　　　B．8080　　　C．21　　　D．2121

二、填空题

1．在安装完 JDK 后，必须配置 ______________。

2．Tomcat 启动后，打开浏览器，在地址栏中输入__________________________或者__________________后按 Enter 键，如果出现带猫图标的界面，则表示 Tomcat 正常运行。

3．JSP 服务器端操作环境的软件包括：__________、____________、____________、________________ 和____________。

4．JDK 在 JSP 环境中的作用是：________ 。

5．Tomcat 在 JSP 环境中的作用是：_______________。

三、简答题

1．JDK 安装完成后为什么要配置系统的环境变量，如何配置？

2．如何得知 JDK 安装正确？

3．Tomcat 服务器软件的默认发布目录是什么？

4．Web 应用程序可以存放在 Tomcat 的默认发布目录外吗？

四、上机练习

1．安装 JDK，配置系统的环境变量，并测试是否成功。

2．安装并配置 Tomcat，安装完成后启动 Tomcat 的默认主页。

3．创建一个虚拟目录，编写一个简单的 JSP 程序，在页面上输出“Hello，JSP”，将该程序存入虚拟目录并发布。

第 3 章　HTML 与 JavaScript 基础知识回顾

学习目标：

（1）掌握 HTML 的基本结构。

（2）掌握表格、表单、超链接、框架等 JSP 开发中常用的 HTML 标记语法。

（3）掌握 JSP 开发中常用的 JavaScript 对象。

3.1 HTML 基础知识

3.1.1 HTML 概述

超文本标记语言，即 HTML（Hypertext Markup Language），是用于描述网页文档的一种标记语言。简单地说，HTML 就是一种规范，一种标准，它通过标记符号来标记要显示的网页中的各个部分。网页文件本身是一种文本文件，通过在文本文件中添加标记符，可以告诉浏览器如何显示其中的内容（如：文字如何处理，画面如何安排，图片如何显示等）。浏览器按顺序阅读网页文件，然后根据标记符解释和显示其标记的内容。但需要注意的是，对于不同的浏览器，对同一标记符可能会有不完全相同的解释，因而可能会有不同的显示效果。由此可见，网页的本质就是 HTML，通过结合使用其他的 Web 技术（如脚本语言、CGI、组件等），可以创造出功能强大的网页。因而，HTML 是 Web 编程的基础，也就是说万维网是建立在超文本基础之上的。

3.1.2 HTML 页面的基本结构

一个网页对应于一个 HTML 文件，HTML 文件以.htm 或.html 为扩展名。可以使用任何能够生成 TXT 类型源文件的文本编辑器（例如记事本）来产生 HTML 文件。本书使用 Adobe Dreamweaver CS3 这一网页设计工具来进行网页设计，利用工具减少了书写网页代码的麻烦。但值得注意的是，要想灵活地开发一个动态网站，熟练掌握 HTML 语言至关重要。下面就通过一个例子来认识一下 HTML 基本结构。

【例 3-1】 设计第一个 HTML 例子 first.html，页面显示“欢迎光临，这是我的第一个网站”。显示效果如图 3-1 所示。first.html 代码如下。

```
<!-- first.html -->
<html>
<head>
<title>我的第一个网站</title>
</head>
<body>
<p>欢迎光临,这是我的第一个网站。</p>
</body>
```

```
</html>
```

[例 3-1]的运行效果如图 3-1 所示。

图 3-1　first.html 的运行效果

从［例 3-1］可以看出，标准的 HTML 文件都具有一个基本的整体结构，即 HTML 文件的开头与结尾标志、HTML 的头部与实体两大部分。

（1）标记符<HTML>：说明该文件是用 HTML 来描述的。它是文件的开头，而</HTML>则表示该文件的结尾，它们是 HTML 文件的始标记和尾标记。

（2）<head>…</head>：这两个标记符分别表示头部信息的开始和结尾。头部中包含的标记是页面的标题、序言、说明等内容，它本身不作为内容来显示，但影响网页显示的效果。例如在<title>…</title>这两个标记符中间设置网页的标题，网页标题不是显示在网页里，而是显示在浏览器窗口的标题栏上。

（3）<body>…</body>：这两个标记符之间包含的为网页的实体部分，网页中显示的实际内容均包含在这两个正文标记符之间。正文标记符又称为实体标记。

下面介绍 JSP 网站开发中经常用到的网页标记符。

3.1.3　JSP 开发中常用的 HTML 标记

1. 表格

（1）创建表格。

表格由<table>标签来定义。每个表格均有若干行（由<tr>标签定义），每行被分割为若干单元格（由 <td> 标签定义）。字母 td 表示表格数据（table data），即数据单元格的内容。数据单元格可以包含文本、图片、列表、段落、表单、水平线、表格等。表格定义的基本语法如下：

```
<table border="1">
<caption align=top | bottom | left | center | right>表名</caption>
<tr>
<th>表头 1</th>…<th>表头 n</th>
</tr>
<tr>
<td>单元格 1<td>…<td>单元格 n<td>
</tr>
…
</table>
```

1）表格标记<table>…</table>：用来定义表格，内含表名、表头、行和单元格。

2）表名标记<caption>…</caption>：用来定义表名，如果表格用于页面布局，也可以没有表名。表名标记具有对齐属性 align，默认值为 top。

3）行标记<tr>…</tr>：用来定义表格的一行或多行构成一个表格。

4）单元格标记<td>…</td>，<th>…</th>：在<th>与</th>之间显示表头，表头为黑体字。单元格内容在<td>与</td>之间显示，一行可以具有多个单元格。

（2）表格标记属性。

1）<table>标记属性。

表 3-1 列出了<table>标记属性的属性名和功能。

表 3-1　<table>标记的属性

属性名	功　能	示　例
border	设置边框宽度，以像素为单位，border=0 表示无边框	<table border=5>
width 和 height	设置表格的宽度和高度，以% 或像素为单位	<table width=90%　height=40%>
bgcolor	设置表格背景颜色，默认值为白色	<table bgcolor=green>
bordercolor	设置表格边框颜色	<table bordercolor=red>
cellspacing	设置单元格间的距离，以像素为单位，默认值为 1	<table cellspacing =10>
cellpadding	设置单元格里内容之间的距离。以像素为单位，默认值为 1	<table cellpadding =20>
align	设置表格在页面中的位置，可以取值 left、center、right	<table align=left>

2）单元格属性。

<tr>、<td>、<th>标记的属性值如表 3-2 所示。

表 3-2　单元格属性值

属性名	功　能	示　例
align	单元格内容水平对齐方式，可以取值 left、center、right	<tr align=left>，<td　align=right>
valign	设置单元格内容垂直对齐方式，可以取值 bottom（底部）、top（顶部）、middle（中间）	<td valign=bottom>
width 和 height	设置单元格的宽度和高度，以% 或像素为单位	<td width=90%　height=40%>
bgcolor	设置单元格背景颜色，默认值为白色	<td bgcolor=green>
rowspan	单元格向下跨 n 行，相当于合并单元格。n≤行数	<td rowspan=3>
colspan	单元格向右跨 m 列，相当于合并单元格。m≤列数	<td colspan=3>

【例 3-2】 创建一个 3 行 2 列的新书列表，运行效果如图 3-2 所示。该示例包含程序 book.html，代码如下。

```
<!-- book.html -->
<html>
<head>
    <title>新书列表</title>
</head>
<body>
<table  cellpadding=5  cellspacing=5  border=5 width=300>
<caption  align=center>新书列表</caption>
<tr>
    <th>书名</th>
    <th>价格</th>
</tr>
<tr>
    <td>JSP 动态网站开发技术</td>
```

```
        <td>38</td>
    </tr>
    <tr>
        <td>SQL Server2000 应用技术</td>
        <td>35</td>
    </tr>
    <tr>
        <td>java 程序设计基础</td>
        <td>45</td>
    </tr>
    </table>
    </body>
    </html>
```

运行结果如图 3-2 所示。

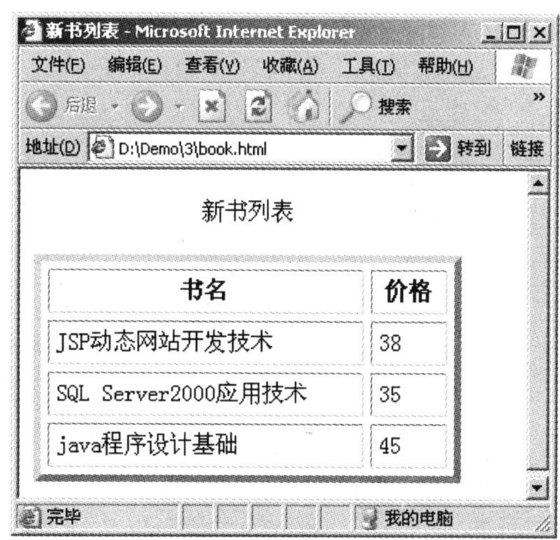

图 3-2　book.html 运行结果

2. 表单

（1）表单的定义：表单是指 HTML 标签，通过浏览器表单可以在互联网站上收集信息，实现用户与服务器的互动通信。

（2）表单的作用：表单是实现网页互动的元素，与客户端或服务器端脚本结合使用，可以实现互动性。简单地说就是 Web 站点通过表单从用户那里收集信息，然后将这些信息提交给服务器进行处理。从而实现访问者与服务器的信息互动。通常，通过通用网关接口（GGI）脚本、ColdFusion 页、Java Server Pag（JSP）或 ASP 来处理信息。

（3）表单的组成。

图 3-3 列出了一个用户注册的表单。

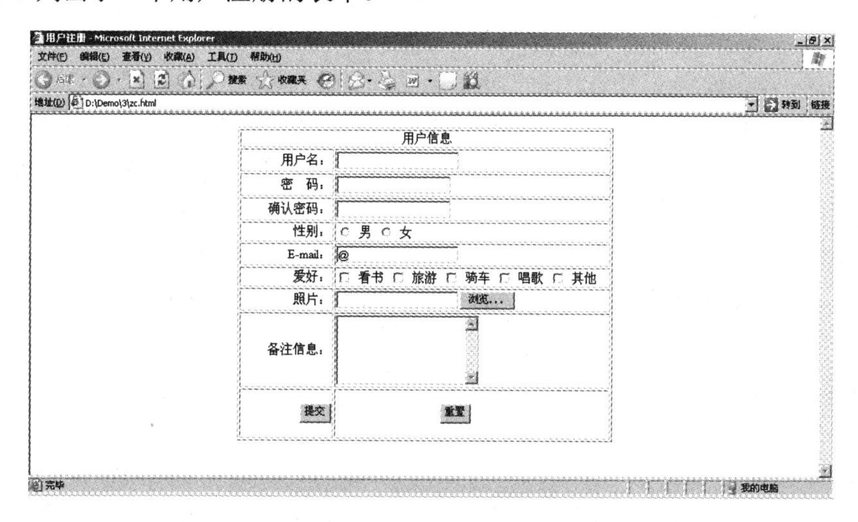

图 3-3　用户注册表单

从图 3-3 可以看到，表单包含了文本框、密码框、单选按钮、复选框、文件域、命令按钮等主要控件，下面介绍表单的这些控件。

1）表单。

表单本身是一个框架，它把提交控件、输入控件和格式化控件组合在一起，构成用户输入界面。表单的基本语法如下：

```
<form   method="post | get"    action="URL"    name="表单名字">
[数据输入组件(1至多个组件)][格式化组件]
[提交控件][重置控件]
</form>
```

- Method：指明提交表单的 HTTP 方法。可能的值为 post 或者 get。使用 post 方法时，post 将表单中的数据和调用程序分开，数据在消息体中发送，使用 post 方法比较安全。使用 get 方法时，get 方法把名称/值对加在 action 的 URL 后面，并且把新的 URL 送至服务器。在浏览器栏中可以看到用户输入的信息，这种方法不够安全，不建议使用。
- action：给出执行表单信息处理任务的服务器端应用程序的 URL。也就是提交表单时需要执行任务的文件。
- name：name 属性是可选项，开发者可以为表单命名，以便区别页面上的多个表单。

2）文本框。

文本框是一种让访问者自己输入内容的表单对象，通常被用来填写单个字或者简短的回答，如姓名、地址等。其语法格式如下：

```
<input type="text" name="..." size="..." maxlength="..." value="...">
```

- type="text"：定义该组件为单行文本输入框。
- name：该属性定义了文本框的名称，要保证数据的准确采集，必须定义一个独一无二的名称。
- size：该属性定义了文本框的宽度，单位是单个字符宽度。
- maxlength：该属性定义最多能输入的字符数。
- value：该属性定义了文本框的初始值。

3）多行文本框。

多行文本框也是一种让访问者自己输入内容的表单对象，只不过能让访问者填写较长的内容。其语法格式如下：

```
<textarea name="..." cols="..." rows="..." ></textarea>
```

- name：该属性定义了多行文本框的名称，要保证数据的准确采集，必须定义一个独一无二的名称。
- cols：该属性定义多行文本框的宽度，单位是单个字符宽度。
- rows：该属性定义多行文本框的高度，单位是单个字符宽度。

4）密码框。

密码框是一种特殊的文本域，用于输入密码。当访问者输入文字时，文字会被星号或其他符号代替，而输入的文字会被隐藏。其语法格式如下：

```
<input  type="password"  name="..."  size="..."  maxlength="...">
```

- type="password"：用来定义该组件为密码框。
- name：该属性定义密码框的名称，要保证数据的准确采集，必须定义一个独一无二的名称。
- size：该属性定义密码框的宽度，单位是单个字符宽度。
- maxlength：该属性定义最多输入的字符数。

5）隐藏域。

隐藏域是用来收集或发送信息的不可见元素，对于网页的访问者来说，隐藏域是看不见的。当表单被提交时，隐藏域就会将信息用你设置时定义的名称和值发送到服务器上。其语法格式如下：

```
<input  type="hidden"  name="..."  value="...">
```

- type="hidden"：定义该组件为隐藏域。
- name：该属性定义隐藏域的名称，要保证数据的准确采集，必须定义一个独一无二的名称。
- value：该属性定义隐藏域的值。

6）复选框。

复选框允许在待选项中选中一项以上的选项。每个复选框都是一个独立的元素，都必须有一个唯一的名称。其语法格式如下：

```
<input  type="checkbox"  name="..."  value="...">
```

- type="checkbox"：定义该组件为复选框。
- name：该属性定义复选框的名称，要保证数据的准确采集，必须定义一个独一无二的名称。
- value：该属性定义复选框的值。

7）单选框。

当需要访问者在待选项中选择唯一的答案时，就需要用到单选框了。其语法格式如下：

```
<input  type="radio"  name="..."  value="...">
```

- type="radio"：定义该组件为单选框。
- name：该属性定义单选框的名称，要保证数据的准确采集，单选框都是以组为单位使用的，在同一组中的单选项都必须用同一个名称。
- value：该属性定义单选框的值，在同一组中，它们的域值必须是不同的。

8）文件上传框。

有时需要用户上传自己的文件，文件上传框看上去和其他文本域差不多，只是它还包含了一个浏览按钮。访问者可以通过输入需要上传的文件的路径或者单击"浏览"按钮选择需要上传的文件。其语法格式如下：

```
<input  type="file"  name="..."  size="..."  maxlength="...">
```

- type="file"：定义该组件为文件上传框。
- name：该属性定义文件上传框的名称，要保证数据的准确采集，必须定义一个独一无二的名称。

- size：该属性定义文件上传框的宽度，单位是单个字符宽度。
- maxlength：该属性定义最多输入的字符数。

注意：在使用文件域以前，请先确定你的服务器是否允许匿名上传文件。表单标签中必须设置 ENCTYPE="multipart/form-data"来确保文件被正确编码；另外，表单的传送方式必须设置成 post。

9）下拉选择框。

下拉选择框允许你在一个有限的空间设置多种选项。其语法格式如下：

```
<select  name="..."  size="..."  multiple>
    <option  value="..."  selected>...</option>
    <option  value="..."  selected>...</option>
      ... ...
  </select>
```

- size：该属性定义下拉选择框的行数。
- name：该属性定义下拉选择框的名称。
- multiple：该属性表示可以多选，如果不设置本属性，那么只能单选。
- value：该属性定义选择项的值。
- selected：该属性表示默认已经选择本选项。

10）表单按钮。

表单按钮控制表单的运作。分为提交按钮、重置按钮和一般按钮三种。提交按钮用来将输入的信息提交到服务器；重置按钮用来重置表单；一般按钮用来控制其他定义了处理脚本的处理工作。其语法格式如下：

```
<input   type="submit"|"reset"|"button"    name="..."    value="...">
```

- type：定义表单按钮的类型。当 type="submit"时，定义该按钮为提交按钮；type="reset"时定义该按钮为复位按钮；type="button"时，定义该按钮为一般按钮，当为一般按钮时，可以在其后增加 onClick 等其他的事件属性，通过指定脚本函数来定义按钮的行为。
- name：该属性定义提交按钮的名称。
- value：该属性定义按钮的显示文字。

【例 3-3】 利用表单的主要控件制作一个用户注册表单，表单样式如图 3-3 所示。该示例包含文件 zc.html，代码如下所示。

```
<!--zc.html-->
<html >
<head>
<title>用户注册</title>
</head>
<body>
<form  action=""  method="post"  name="form1"  id="form1">
<table  width="476"  border="1"  align="center">
<tr> <td  colspan="2"  align="center">用户信息</td></tr>
```

```
    <tr>
        <td  width="113"  align="right"><div  align="right">用户名: </div></td>
        <td   width="347">   <input   type="text"   name="yhm"   id="textfield"
/></td>
    </tr>
    <tr>
        <td  align="right">
        <div align="right">密    码: </div>
        </td>
        <td><input  type="password"  name="mm"  id="textfield2" /></td>
    </tr>
    <tr>
         <td  align="right"><div  align="right">确认密码: </div></td>
         <td>  <input  type="password"  name="mm2"  id="textfield3" /></td>
    </tr>
    <tr>
      <td  align="right"><div  align="right">性别: </div></td>
      <td><input  type="radio"  name="xb"  id="radio"  value="男" /> 男
           <input  type="radio"  name="xb"  id="radio2"  value="女" />女
        </td>
    </tr>
    <tr>
       <td><div  align="right">E-mail: </div></td>
       <td><input  name="em"  type="text"  id="textfield4"  value="@" /></td>
    </tr>
    <tr>
        <td><div  align="right">爱好: </div></td>
        <td><input  type="checkbox"  name="ks"  id="checkbox" />看书
            <input  type="checkbox"  name="lv"  id="checkbox2" />旅游
            <input  type="checkbox"  name="qc"  id="checkbox3" />骑车
            <input  type="checkbox"  name="cg"  id="checkbox4" />唱歌
            <input  type="checkbox"  name="qt"  id="checkbox5" />其他
        </td>
    </tr>
    <tr>
       <td><div  align="right">照片: </div></td>
       <td><input  type="file"  name="zp"  id="fileField" /></td>
    </tr>
    <tr>
       <td  height="57"><div  align="right">备注信息: </div></td>
       <td><textarea  name="bz"  rows="5"  id="textfield5"></textarea></td>
    </tr>
    <tr>
       <td  height="57">
       <div align="right">
         <input  type="submit"  name="button"  id="button"  value="提交" />
    </div>
    </td>
    <td>  <input   type="reset"  name="button2"  id="button2"  value="重置"  />
 </td>
    </tr>
```

```
</table>
</form>
</body>
</html>
```

3. **超链接标记**

<a>标记为超链接标记，简称超链接，是网页中的重要元素。<a> 标签的 href 属性用于指定超链接目标的 URL。href 属性的值可以是任何有效文档的相对或绝对 URL，包括片段标识符和 JavaScript 代码段。如果用户选择了 <a> 标签中的内容，那么浏览器会尝试检索并显示 href 属性指定的 URL 所表示的文档，或者执行 JavaScript 表达式、方法和函数的列表。其语法格式如下：

```
<a href="链接目的地的URL"   target="目标窗口">热点</a>
```

- href：该属性指明所要链接资源文件的URL。URL 可以为绝对路径，例如 href="http://www.example.com/index.htm"，也可以为相对路径，例如 href= " index.htm " 。
- target：该属性指定所链接的页面在浏览器窗口中的打开方式，它的参数值主要有：_blank、_parent、_self、_top。_blank 表示在新浏览器窗口中打开链接文件；_parent 表示将链接的文件载入含有该链接框架的父框架集或父窗口中。如果含有该链接的框架不是嵌套的，则在浏览器全屏窗口中载入链接的文件，就像_self 参数一样。_self 表示在同一框架或窗口中打开所链接的文档。此参数为默认值，通常不用指定。_top 表示在当前的整个浏览器窗口中打开所链接的文档，因而会删除所有框架。
- 热点：链接时的提示文字或图像，文字一般为蓝色带下划线高亮显示。

注意：在超链接中，把 href 属性设为 mailto:电子邮箱地址，就可以直接在页面中发送邮件到指定信箱。

【例 3-4】 制作文本链接，单击文本，连接到郑州铁路职业技术学院网站主页。该示例包含文件 wblj.html，代码如下所示。

```
<!--wblj.html-->
<html>
<head>
<title>文本超链接</title>
</head>
<body>
<a  href= " http://www.zzrvtc.edu.cn/ " >郑州铁路职业技术学院</a>
</body>
</html>
```

【例 3-5】 制作图像链接，单击图像，连接到郑州铁路职业技术学院网站主页。该示例包含文件 txlj.html，代码如下所示。

```
<!-- txlj.html-->
<html>
<head>
<title>图像超链接</title>
</head>
<body>
<a  href="http://www.zzrvtc.edu.cn/">
```

```
<image  src="../image/fish.jpg"/>
</a>
</body>
</html>
```

【例 3-6】 页面上有一个“联系我们”的超链接，用户单击链接，即可打开信箱直接发送邮件。该示例包含文件 em.html，代码如下所示。

```
<!--em.html-->
<html>
<head>
<title>电子邮件超链接</title>
</head>
<body>
<a  href="mailto:788990@qq.com">联系我们</a>
</body>
</html>
```

4. 框架

通过使用框架，你可以在同一个浏览器窗口中显示不止一个页面。每份 HTML 文档称为一个框架，并且每个框架都独立于其他的框架。通常我们使用框架把浏览器窗口划分为几个大小不同的子窗口，每个子窗口显示不同的页面。框架的语法结构如下：

```
<frameset  rows="行高"  cols="列宽"  frameborder=0|1  border=n  bordercolor=
"颜色">
    <frame  src="子窗口 1 的 URL"  name="子窗口名称 1">…</frame>
    <frame  src="子窗口 2 的 URL"  name="子窗口名称 2">…</frame>
    …
</frameset>
```

- rows：指定窗口上下分割时，每个子窗口的高度，“行高”是一组用“，”分开的数值，可以用百分数来表示，也可以用像素来表示。
- cols：指定窗口左右分割时，每个子窗口的宽度，“列宽”也是一组用“，”分开的数。
- frameborder：指定子窗口是否显示边框，0 不显示边框，1 显示边框。
- border：指定框架边框的宽度，以像素为单位。
- bordercolor：指定框架颜色。

【例 3-7】 使用框架对页面布局，布局效果如图 3-4 所示。该示例包含文件 kj.html、top.html、left.html、right.html，代码如下所示。

```
<!--kj.html-->
<html>
<frameset  rows="50%,50%"  border=5>
    <frame  src="top.html"  name="top">
<frameset  cols="25%,75%">
    <frame  src="left.html"  name="left">
    <frame  src="right.html"   name="right">
</frameset>
</frameset>
</html>

<!-- top.html -->
```

```
<html>
<head>
<title>框架 A</title>
<style  type="text/css">
<!--
body {
 background-color: #0033FF;
}
.STYLE1 {
 font-size: x-large;
 font-weight: bold;
 color: #FFFF00;
}
-->
</style></head>
<body>
<span class="STYLE1">这是框架 A</span>
</body>
</html>

<!-- left.html -->
<html>
<head>
<title>框架 B</title>
<style  type="text/css">
<!--
body {
 background-color: #33CCFF;
}
.STYLE1 {
 font-size: x-large;
 font-weight: bold;
 color: #000000;
}
-->
</style></head>
<body>
<span  class="STYLE1">这是框架 B</span>
</body>
</html>

<!-- right.html -->
<html>
<head>
<title>框架 C</title>
<style type="text/css">
<!--
body {
 background-color: #CC6666;
}
.STYLE1 {
 font-size: x-large;
 font-weight: bold;
```

```
color: #000000;
}
-->
</style></head>
<body>
<span  class="STYLE1">这是框架 C</span>
</body>
</html>
```

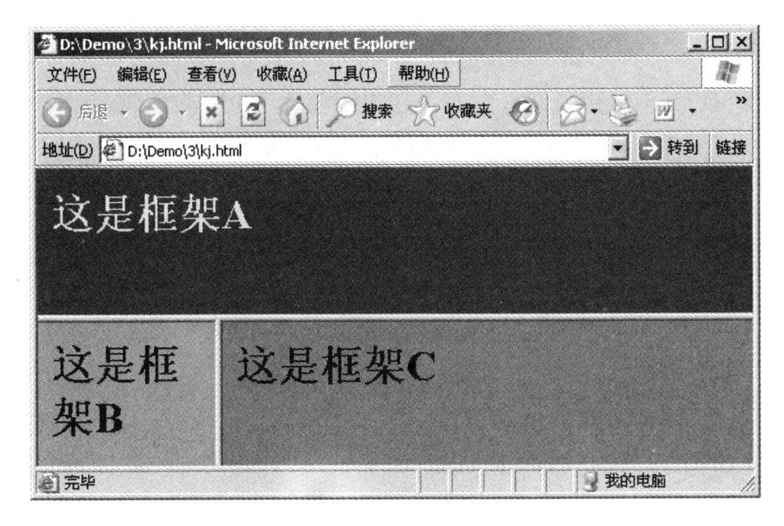

图 3-4　［例 3-7］运行效果

3.2　JavaScript 基础知识回顾

JavaScript 是一种基于对象和事件驱动并具有安全性能的脚本语言。使用它的目的是与 HTML 超文本标记语言、Java 脚本语言（Java 小程序）一起实现在一个 Web 页面中链接多个对象，与 Web 客户交互作用，从而可以开发客户端的应用程序等。它是通过在标准的 HTML 语言中嵌入或调入实现的。

3.2.1　JavaScript 的基本结构

可以使用两种方式将 JavaScript 语句插入 HTML 文档中。一种是应用 HTML 的 <script>标记，直接把 JavaScript 语句嵌入到 HTML 文档中；另一种是使用<script>标记的 src 属性，把 JavaScript 源文件链接到 HTML 文档中。下面就来看一下这两种方式的语法结构。

使用<script>标记把 JavaScript 语句嵌入到 HTML 文档中。其语法格式如下：

```
<script    language="JavaScript" >
<!--
  JavaScript 语句
-->
</script>
```

1）通过标识<script>...</script>指明 JavaScript 脚本源代码将放入其间。

2）通过属性 language ="JavaScript"说明标识中使用的是何种语言，这里是 JavaScript 语言，表示在 JavaScript 中使用的语言，也可以是 VBScript 语言。

3）注释标记“<!-- -->”是可选项，如果使用，可以使不支持 JavaScript 的浏览器忽略嵌入 HTML 文档中的 JavaScript 语句。

4）JavaScript 脚本可以放在 HTML 文档的文件头<head>部分，也可以放在文件体<body>内。包含在<head>内的脚本在页面装载之前运行，函数一般都放在文件头<head>标记之间。

【例 3-8】将 JavaScript 代码嵌入到 HTML 中，要求当页面载入时弹出一个“欢迎光临”的提示框。显示效果如图 3-5 所示。该示例包含文件 js.html，代码如下。

```
<!--js.html-->
<html>
<head>
    <title>A simple example of javascript</title>
</head>
<body>
    Page is loading.
<script  language="JavaScript">
<!--
    window.alert("欢迎光临");
-->
</script>
</body>
</html>
```

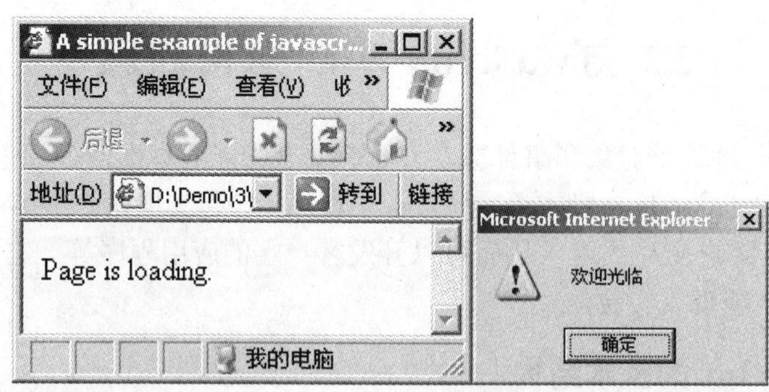

图 3-5 ［例 3-8］运行效果

3.2.2 事件处理

JavaScript 是基于对象（object-based）的语言。这与 Java 不同，Java 是面向对象的语言。而基于对象的基本特征，就是采用事件驱动（event-driven）。通常鼠标或热键的动作我们称之为事件（Event），而由鼠标或热键引发的一连串程序的动作，称之为事件驱动（Event Driver）。而对事件进行处理的程序或函数，我们称之为事件处理程序（Event Handler）。

在 JavaScript 中对象事件的处理通常由函数（Function）担任。其基本格式与函数全部一样。语法格式如下：

```
Function 事件处理名(参数表)
{
事件处理语句集,……
}
```

JavaScript 的常用事件如表 3-3 所示。

表 3-3　　JavaScript 的常用事件

事件名称	说　明
onClick	鼠标左键单击页面对象时发生。如鼠标左键单击按钮等
onChange	对象内容发生改变时发生。如文本框内容改变时
onFocus	对象获得焦点（鼠标）时发生
onBlur	对象失去焦点（鼠标）时发生
onload	网页载入浏览器时发生，发生对象为 HTML 的<body>标记
onUnload	用户离开当前页面时发生，发生对象为 HTML 的<body>标记
onMouseOver	鼠标移到对象上时发生
onMouseOut	鼠标离开对象上时发生
onMouseMove	鼠标在对象上移动时发生
onMouseDown	鼠标在对象上按下时发生
onMouseUp	鼠标在对象上释放时发生
onSubmit	表单提交时发生。如单击“提交”按钮，产生 onSubmit 事件
onResize	窗口大小改变时发生

JavaScript 的基本语法本书将不再详细介绍，在相关的课程中会详细讲解 JavaScript 语法。下面通过例子重点介绍使用 JavaScript 进行表单验证。这在开发 JSP 网站中是经常用到的。

【例 3-9】 用户界面上有一个输入学生学号的输入框和密码输入框，要求输入以 20 开头的 6 位学号后才能输入密码。如果输入不正确，将提示用户重新输入。显示效果如图 3-6 所示。该示例包含文件 yhyz.html，代码如下。

```
<!--yhyz.html-->
<html>
<head>
<title>验证学号</title>
<script  language="JavaScript">
function input(){   //响应获得鼠标焦点事件,清空输入卡号文本框,输入卡号
  if(document.myForm.card.value=="请输入 20 开始的 6 位数字 20xxxx")
     document.myForm.card.value=""
}
function verify(){  //响应失去鼠标焦点事件,验证卡号输入格式是否正确
  var  cardNumber=document.myForm.card.value
  if(cardNumber.substr(0,2)!="20"  || isNaN(cardNumber)){
      alert("输入格式错误,请重新输入以 20 开头的 6 位数字!")
      document.myForm.card.focus()
  }
```

```
}
</script>
</head>
<body>
<form  name="myForm"  method="post"  action=" ">
  请输入学号：<br>
<input  name="card"  type="text"  size=28  value="请输入 20 开始的 6 位数字
      20xxxx" onFocus="input()"  onBlur="verify()"> <p>
  请输入密码：<br>
<input name="pass" type="password" size=30>
</body>
</html>
```

注意：本例中所涉及的对象的定位知识可以参考“3.2.3 节 window 对象中的 window 对象定位”。

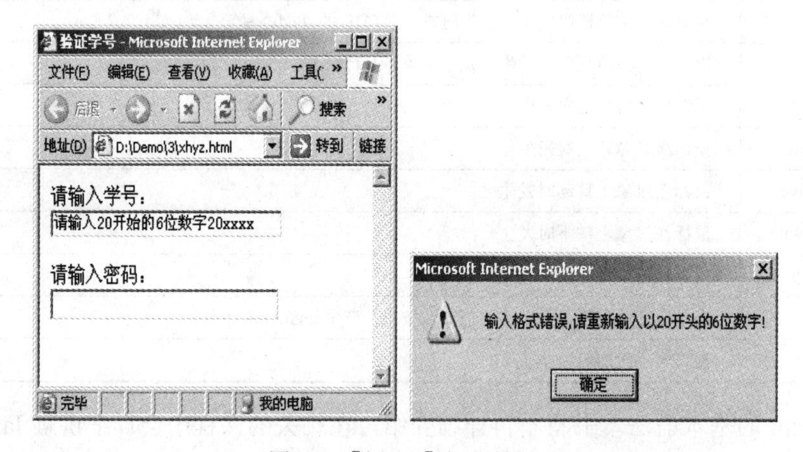

图 3-6 ［例 3-9］运行效果

3.2.3 window 对象

JavaScript 是基于对象的脚本编程语言，那么它的输入输出就是通过对象来完成的。其中有关输入可通过窗口（window）对象来完成，而输出可通过文档（document）对象的方法来实现。

1. window 对象的定位

为了控制页面元素，需要为 window 对象定位，定位过程与我们打开网页浏览的过程类似，如［例 3-9］用户输入学号信息验证，其定位过程为 window→document→form→text。下面详细介绍 window 对象是如何定位的。

（1）打开浏览器页面，即看到浏览器窗口，就是顶层的 window 对象。

（2）见到的页面文档内容，就是 document 对象。

（3）页面包含表单 form，是 document 下层的 form 对象。

（4）表单中包含各种控件，如文本框、密码框等，即为 form 下层的 text、password 等对象。

从［例 3-9］可以看到，表单对象的名称为 myForm，输入学号的文本框名称为 card，所以要想定位到输入学号文本框对象，其引用层次依次为 window→document→myForm→

card。因为 window 对象为根对象，所以可以省略。即为 document→myForm→card。

2. window 对象属性和方法

window 对象是 JavaScript 浏览器对象模型中的顶层对象，包含多个常用方法和属性。表 3-4 列举了 window 对象的主要属性。表 3-5 列举了 window 对象的主要方法及其应用说明。

表 3-4　window 对象的主要属性

属性名称	说　明	使用范例
name	当前窗口的名字	window.name
parent	当前窗口的父窗口	parent.name
self	当前打开的窗口	self.status="Web 技术"
top	窗口集合中的最顶层窗口	top.name
status	设置当前打开窗口状态栏的显示数据	self.status="安装完成！"
defaultStatus	当前窗口状态栏的显示数据	self.defaultStatus="你好!"

表 3-5　window 对象的主要方法及其应用说明

方法名称	说　明	使用范例
alert()	创建一个带提示信息和“确定”按钮的对话框	window.alert("请输入姓名！")
confirm()	创建一个带提示信息、“确定”和“取消”按钮的对话框	window.confirm("链接到 google?")
close()	关闭当前打开的浏览器窗口	window.close()
open()	打开一个新的浏览器窗口	window.open(URL，"新窗口名"，新窗口设置)
prompt()	创建一个带提示信息、“确定”、“取消”按钮及输入字符串字段的对话框	window.prompt("请输入姓名!")
setTimeout()	设置一个时间控制器	window.setTimeout("clearTimeOut()"，3000)
clearTimeout()	清除原来时间控制器内的设置	window.clearTimeout()

3. window 对象的主要事件

window 对象的主要事件如表 3-6 所示。

表 3-6　window 对象的主要事件

事件名	应用说明
onLoad	网页载入浏览器时发生
onUnLoad	网页从浏览器窗口中删除时发生
onBeforeUnLoad	网页被关闭前发生
OnResize	客户调整窗口大小时发生
OnScroll	客户滚动窗口时发生
OnError	载入的网页产生错误时发生

4. JSP 中常用的 window 对象方法介绍

经常上网的读者可能会到过这样一些网站，一进入首页立刻会弹出一个窗口，该窗口也可以通过单击一个链接或按钮弹出，通常在这个窗口里会显示一些注意事项、版权信息、警告、欢迎光顾之类的话或者要特别提示的信息。其实制作这样的页面效果非常容易，只要在该页面的 HTML 中加入几段 JavaScript 代码即可实现。

（1）最基本的弹出窗口代码。

一个基本的弹出窗口代码如下：

```
<script  language="JavaScript">
<!--
    window.open ('page.html')
-->
</script>
```

其中，window.open ('page.html') 用于控制弹出新的窗口 page.html，如果 page.html 不与主窗口在同一路径下，前面应写明路径，绝对路径(http://)和相对路径(../)均可。这一段代码可以加入 HTML 的任意位置，<head>和</head>之间可以，<body>和</body>之间也可以，越放前越早执行，如果页面代码较长，又想使页面早点弹出就尽量把代码往前放。

（2）经过设置后的弹出窗口。

下面介绍弹出窗口的设置。下面的代码定制了弹出窗口的外观、尺寸大小、弹出的位置。具体代码如下：

```
<script  language ="javascript">
<!--
   window.open('page.html','newwindow','height=100,width=400,top=0,left=0,
toolbar=no,menubar=no,scrollbars=no,resizable=no,location=n o,status=no') //
这句要写成一行
-->
</script>
```

其中，window.open 为弹出新窗口的命令；page.html 为弹出窗口的文件名；newwindow 为弹出窗口的名字(不是文件名)，非必须，可用空' '代替；height=100 为 窗口高度；width=400 为窗口宽度；top=0 为窗口距离屏幕上方的像素值；left=0 为窗口距离屏幕左侧的像素值；toolbar=no 设置是否显示工具栏，yes 为显示，no 为不显示；menubar，scrollbars 表示菜单栏和滚动栏是否显示，yes 为显示，no 为不显示；resizable=no 表示是否允许改变窗口大小，yes 为允许；location=no 表示是否显示地址栏，yes 为允许；status=no 表示是否显示状态栏内的信息（通常是文件已经打开），yes 为允许；

（3）用函数控制弹出窗口。

下面是一个完整的代码。

```
<html>
<head>
<script  language="JavaScript">
<!--
    function openwin( ) {
    window.open("page.html","newwindow","height=100,width=400,toolbar=no,
    menubar=no,scrollbars=no,resizable=no,location=no,status=no")
```

```
//写成一行
      }
-->
</script>
</head>
<body onload="openwin()">
任意的页面内容...
</body>
</html>
```

这里定义了一个函数 openwin( )，函数内容就是打开一个窗口。在调用它之前没有任何用途。如何调用该函数呢？

- 方法一：<body onload="openwin()">，在浏览器读页面时弹出窗口。
- 方法二：<body onunload="openwin()"> 在浏览器离开页面时弹出窗口。
- 方法三：用一个连接调用：<a href="#" onclick="openwin()">打开一个窗口</a>，注意这里使用的“#”是虚连接。
- 方法四：用一个按钮调用：<input type="button" onclick="openwin()" value="打开窗口">

（4）同时弹出两个窗口。

如何在一个页面同时弹出两个窗口呢？很简单，代码如下：

```
<script  language="JavaScript">
<!--
   function openwin() {
   window.open  ("page.html","newwindow","height=100,width=100,top=0,
left=0,toolbar=no,menubar=no,scrollbars=no,resizable=no,location=no  ,status=no")
//写成一行
   window.open ("page2.html","newwindow2","height=100,width=100,top=100, left
=100,toolbar=no,menubar=no,scrollbars=no,resizable=no,loca tion=no,status=no")
//写成一行
      }
   -->
   </script>
```

注意：为避免弹出的两个窗口覆盖，用 top 和 left 控制弹出的位置不要相互覆盖即可。最后再用上面说过的 4 种方法调用即可。两个窗口的 name（newwindows 和 newwindow2）不要相同或者干脆全部为空。

（5）主窗口打开文件 1.htm，同时弹出小窗口 page.html。

将如下代码加入主窗口<head>区：

```
<script  language="JavaScript">
<!--
   function openwin() {
   window.open("page.html","","width=200,height=200")
   }
-->
</script>
```

加入后再将<a href="1.htm" onclick="openwin()">open</a>加入<body>区即可。

（6）弹出的窗口之定时关闭控制。

下面再对弹出的窗口进行控制，效果就更好了。如果再将一小段代码加入弹出的页面（注意是加入 page.html 的 HTML 中，可不是主页面中），让它 10 秒后自动关闭就更酷了。具体步骤如下：

首先，将如下代码加入 page.html 文件的<head>区：

```
<script language=" JavaScript ">
function closeit()
{      setTimeout("self.close()",10000) //毫秒      }
</script>
```

然后，再用<body onload="closeit()">代替 page.html 中原有的<body>代码段即可。这段代码的作用是调用关闭窗口的代码，10 秒钟后就自行关闭该窗口。

（7）在弹出窗口中加上一个关闭按钮。

具体代码如下：

```
<form>
<input  type='button'  value='关闭'  onClick='window.close()'>
</form>
```

通过上面的详细介绍，相信大家对 window 弹出窗口已经运用自如了。下面介绍 docment 对象。

3.2.4 document 对象

使用 document 对象可以对 HTML 文档进行检查、修改或添加内容，并处理该文档内部的事件。在 Web 页面上，document 对象可通过 window 对象的 document 属性引用，或者直接引用。

1. document 对象的属性

使用 document 对象的属性设置 HTML 文档中的基本数据和字符串的显示效果，如标题、前景色、背景色等。表 3-7 列举了 document 对象的主要属性。

表 3-7 document 对象的主要属性

属性名称	说　明	范　例
alinkColor	活动超级链接色	document.alinkColor="green"
bgColor	背景色	document.bgColor="ff8800"
fgColor	前景色	document.fgColor="ff0000"
linkColor	未曾访问过的超级链接的颜色	document.linkColor="blue"
vlinkColor	访问过的超级链接的颜色	document.vlinkColor="red"
lastModified	最后一次修改页面时间	date= lastModified
location	页面的 URL 地址	url_info=document.location
title	页面的标题	tit_info=document.title

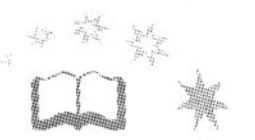

2. document 对象的方法和事件

表 3-8 和表 3-9 分别列举了 document 对象的方法和事件。

表 3-8　　document 对象的主要方法

方法名称	说　明	范　例
clear()	清除文件窗口内数据	document.clear()
close()	关闭文档	document.close()
open()	打开文档	document.open()
write()	向当前文档写入数据	document.write("Web 技术")
getElementById("对象 id")	获得指定 id 对象的元素	document.getElementById("advImage").style.pixelTop
getElementByName("对象名")	获得指定对象名的一组同名对象元素	document.getElementByName("MyCheckbox")

表 3-9　　document 对象的主要事件

鼠标事件	说　明
onClick	单击鼠标左键时发生
ondblClick	双击鼠标左键时发生
onMouseDown	按下鼠标左键时发生
onMouseMove	在对象上移动鼠标时发生
onMouseOut	鼠标离开对象时发生
onMouseOver	鼠标移到对象上时发生
onMouseUp	释放鼠标左键时发生
onSelectStart	开始选取对象内容时发生
onDragStart	以拖曳方式选取对象时发生
onKeyDown	用户按下按键时发生
onKeyPress	用户按下按键时发生 onKeyDown 事件，然后产生 onKeyPress 事件，如果用户按住按键不放，则产生一系列 onKeyPress 事件
onKeyUp	用户释放按键时发生
onHelp	用户按下系统定义的帮助键时发生

3.2.5　doucment 对象应用案例

【例 3-10】 在页面上制作一个浮动广告，广告位置自定，要求该广告可以随垂直和水平滚动条同步移动。显示效果如图 3-7 所示。该示例包含文件 fdgg.html，代码如下所示。

```
<!-- fdgg.html-->
<html><head><title>制作浮动广告</title>
<script  langnge="JavaScript">
  var  advInitTop=100
  var  advInitLeft=190
  function move(){
document.getElementById("advImage").style.pixelTop=advInitTop+document.
 body.scrollTop
```

```
document.getElementById("advImage").style.pixelLeft=advInitLeft+document.
 body.scrollLeft
 }
 window.onscroll=move
</script>
</head>
<body>
  <div  id="advImage"
    style="position:absolute;left:10px;top:120px;width:160px;height:200p
    x;z-index:1">
    <img src="..\image\adv.jpg" width="160" height="200">
  </div>
  <img src="..\image\ztzy.jpg">
</body>
</html>
```

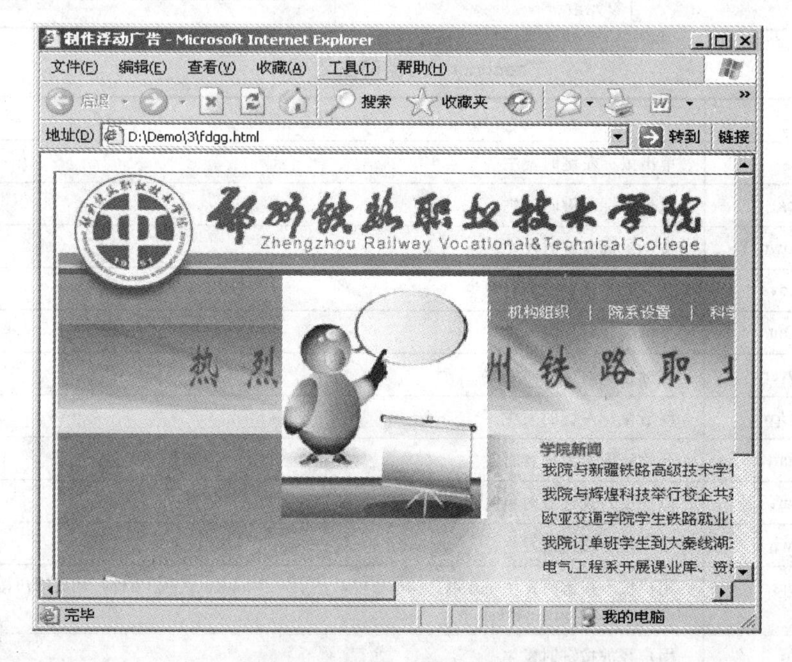

图 3-7 ［例 3-10］运行效果

3.2.6 JavaScript 综合应用案例——客户端用户信息验证

【例 3-11】 有一用户注册表单，要求在客户端验证用户信息，当用户输入用户名为空时，提示用户名不能为空，当密码和确认密码为空时，提示密码、确认密码不能为空，当密码与确认密码不一致时提示确认密码不正确。如果注册成功转到 login.jsp 页面，并提示客户注册成功。显示效果如图 3-8 所示。该示例包含文件 yhtest.html，代码如下。

```
<!--yhtest.html-->
<html>
<head>
<title>新增用户</title>
<script  language="JavaScript">
function cmdbutton_onClick(){
```

```
  if(document.yhzc.username.value==""){
     alert("用户名不能为空,请输入用户名！") ;
     document.yhzc.username.focus();return false;
  }
  if(document.yhzc.userpassword.value==""){
      alert("密码不能为空,请输入密码！") ;
      document.yhzc.userpassword.focus();return false;
    }
  if(document.yhzc.qrpassword.value==""){
     alert("请输入确定密码！") ;
     document.yhzc.qrpassword.focus();return false;
    }
  if(document.yhzc.userpassword.value!=document.yhzc.qrpassword.value){
     alert("确定密码不正确！") ;
     document.yhzc.qrpassword.focus();return false;
    }
   alert("客户端注册成功") ;
   return true;
}
</script>
</head>
<body>
<form name="yhzc" method="post" action="login.jsp" >
  <table  align="center" width="407" border="0">
    <tr>
      <td height="49" colspan="2"><div align="center">用户注册</div></td>
    </tr>
    <tr>
      <td width="106" height="35" align="right">
          <div align="center">用户名称：</div>
      </td>
    <td width="291"><input type="text" name="username" id="username">
        * 用户名不能为空
    </td>
</tr>
<tr>
   <td height="35" align="right"><div align="center">密 码：</div></td>
   <td><label>
      <input type="password" name="userpassword" id="userpassword">
      </label>
     *<label>密码不能为空</label>
   </td>
</tr>
<tr>
   <td height="35" align="right"><div align="center">确认密码：</div></td>
   <td><label>
     <input type="password" name="qrpassword" id="qrpassword">
     </label>
    *<label>密码不能为空</label>
   </td>
</tr>
<tr>
```

```
    <td  height="35"  align="right"><div  align="center">类 型: </div></td>
    <td><label>
      <select  name="usertype"  id="usertype" >
        <option value="0">管理员</option>
        <option value="1">普通用户</option>
      </select>
     </label></td>
</tr>
<tr>
   <td  height="35"  align="right"><div  align="center">年 龄: </div></td>
   <td><label>
   <input  type="text"  name="userage"  id="userage">
  </label></td>
</tr>
<tr>
   <td  height="35"  align="right"><div  align="center">电 话: </div></td>
   <td><label>
    <input  type="text"  name="usertele"  id="usertele">
    </label></td>
</tr>
<tr>
  <td  height="35"  align="right"><div  align="center">
  <input type="submit"  name="cmdbutton"  id="button" value="提交" onClick=
      "return  cmdbutton_onClick();">
  </div></td>
  <td><label>
    <input type="reset" name="button2" id="button2" value="重置">
    </label></td>
    </tr>
  </table>
</form>
```

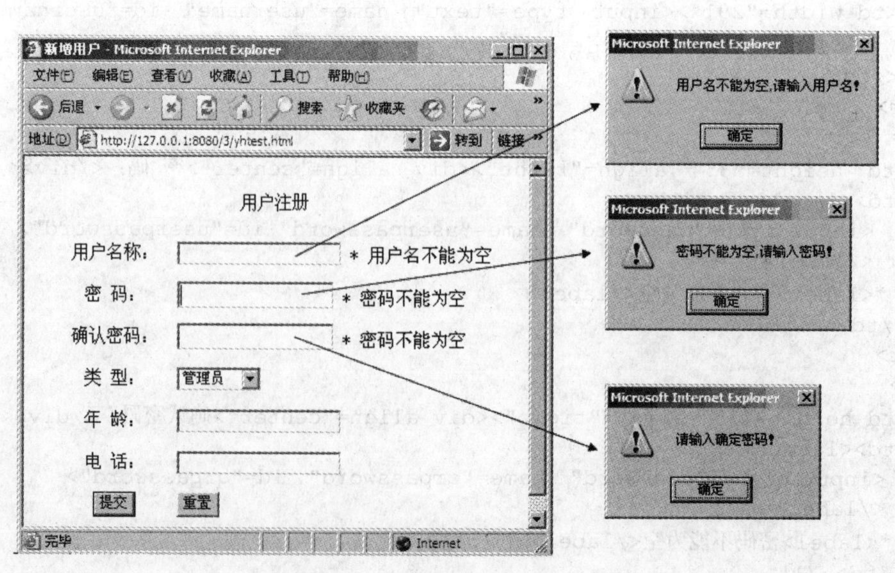

图 3-8 [例 3-11] 运行效果

习　　题

一、选择题

1. 为使页面具有红背景色（　　）语句正确。

A. <body background =red>　　B. <body text = red >

C. <body vlink=red>　　D. <body bgcolor = red >

2. 以下代码段显示（　　）。

```
<ul >
   <li>列表</li>
   <li>列表</li>
  </ul>
```

A. 以字母 a 开始的有序列表　　B. 以实心圆点标记的有序列表

C. 以实心圆点标记的无序列表　　D. 描述列表

3. 对以下语句描述（　　）正确。

```
<img src="..\images\xinxinqu.jpg" >
```

A. 在页面上插入一幅图像　　B. 在页面上插入一首歌曲

C. 插入一段影视　　D. 插入电子信箱

4. 为链接到文件 chaolianjie.html 中名为“内容简介”位置，语句（　　）正确。

A. <a href="内容简介">

B. <a href="chaolianjie.html 内容简介">

C. <a href="chaolianjie.html">

D. <a href="chaolianjie.html#内容简介">

5. 以下代码段创建一个（　　）的表格。

```
<table>
  <tr>
    <td>Web 技术 </td>
    <td> Web 技术</td>
  </tr>
</table>
```

A. 一行两列边框为 1　　B. 两行一列没有边框

C. 一行两列没有边框　　D. 两行一列边框为 1

6. 以下代码段创建一个（　　）的表格。

```
<table border=2>
  <tr><th rowspan=3>  </th><th> </th></tr>
  <tr><td>  </td> </tr>
  <tr><td>  </td> </tr>
</table>
```

A. 三行两列 6 个单元格　　B. 三行两列 4 个单元格

C. 两行三列 6 个单元格　　D. 两行三列 5 个单元格

7. 以下代码段（　　）。

请选择兴趣

```
<input type=checkbox name="复选框"  checked> 旅游
<input type=checkbox name="复选框"> 音乐
```

请选择性别:

```
<input type=radio name="单选按钮 1" > 男
<input type=radio name="单选按钮 2" > 女
```

A. 非常正确

B. 一组复选框用不同的名字，一组单选钮用相同名字

C. 一组单选按钮要用相同的名字

D. 一组复选框要用不同的名字

8. 以下代码段，显示效果（　　）。

```
<html>
<style type="text/css">
<!--
  font { color:red;
     font-family:楷体;
    }
--></style>
<body>
   <font>Web 技术</font>
   <h2>新技术</h2>
</body></html>
```

A. 文字“Web 技术”和“新技术”显示成宋体、黑色

B. 文字“新技术”显示成楷体、红色

C. 文字“Web 技术”显示成楷体、红色

D. 文字“Web 技术”和“新技术”显示成楷体、红色

9. JavaScript 语句：document.write((num1=8)!=(num2=8))，在浏览器窗口显示结果为（　　）。

A. true　　B. Undefined　　C. Null　　D. false

10. 以下关于 JavaScript 语言描述，正确的是（　　）。

A. 不区分大小写

B. 一定要用分号作为行结束标志

C. 可以用两种方法进行注释，“//……”和“/*……*/”

D. 是纯面向对象的

11. 打开网页时的浏览器窗口是（　　）对象。

A. window　　B. document　　C. form　　D. location

二、填空题

1. HTML 文档通常分两部分，位于__________和__________ 标记之间的部分称为 HTML 文件头，位于_________和 _________ 之间的部分称为正文。

2. <body>标记_____________属性用于设置页面的背景颜色，_______属性用于设置页

面背景图像。

3．HTML 中，与文字布局相关的标记有________、________、________、________和________对齐方式等。

4．__________用于字体格式设置，其附带的属性可用于文字字体、颜色大小的设置。

5．HTML 提供三种列表方式：____________、____________和____________。

6．框架网页的设计可以使用标记____________ 和 ____________来实现。

三、简答题

1．什么是事件？什么是事件处理程序？

2．什么是脚本语言？它的功能是什么？

3．window 对象的主要属性和方法是什么？各举出三个例子，可以多列。

四、上机练习

1．制作一个页面，页面上有 2 个文本框和 1 个提交按钮，在第 1 个文本框中输入信息，单击“提交”按钮后，将在第 2 个文本框中显示第 1 个文本框输入的内容。

2．制作一个浮动广告，在页面下载时自动打开，并与水平和处置滚动条同步移动。

3．使用 JavaScript 编制代码完成以下功能：

（1）要求输入一个姓名。

（2）用确认框检查输入是否正确（是否为合法输入字符，位长是否合理等）。

（3）根据输入给出相应的提示。

第 4 章　JSP 基础语法

学习目标：

（1）了解 JSP 页面的基本构成。

（2）掌握注释、表达式、Java 程序片的语法规则。

（3）了解 JSP 多线程，掌握中文乱码的处理。

（4）掌握 JSP 中各种静态标记与动态标记。

JSP 是动态网页开发技术之一，JSP 页面具有实时性、交互性与动态功能。由于 JSP 页面是基于 Java 的，所以利用 JSP 技术开发的动态网页具有很好的跨平台性能，本章介绍 JSP 的基本语法。

在讲解 JSP 语法前，我们先看一个完整的例子。在这个例子中包含了 JSP 注释、表达式输入、程序块等多个 JSP 特性。

【例 4-1】 制作一个 JSP 页面，页面上输出两行由大变小的文字，并显示系统日期时间。

效果如图 4-1 所示。该示例包含程序 ex4-01.jsp 和 ex4-01.html，代码如下所示。

```
<!--ex4-01.jsp-->
<%@page language="java"  contentType="text/html; charset=GBK"%>
<%@page import="java.util.*,java.text.*"%>
<html>
<head><title>JSP 基础语法</title>
<%!
   String getDate()
   { return new java.util.Date().toString();}
%>
</head>
<body><center>
<jsp:include page="ex4-01.html"/>
</center><br>
<div align="center">
<%--使用 Java 语言的 for 循环语句控制输出字体的大小--%>
<%  for( int i=2; i<4; i++)    //输出两行文字
   out.println( "<h" + i + ">郑州铁路职业技术学院</h" + i + ">" );
%><hr>
<font size=4 color=red>现在时间是：</font>
<%=getDate()%>
<!--页面访问时间：<%=(new java.util.Date()).toLocaleString()%>-->
</div>
</body></html>

<!--ex4-01.html-->
<html><head><title>JSP 基础语法</title></head>
<body>
```

```
<center>
 <font size=4 color=green>字体由大变小显示效果</font>
</center>
</body></html>
```

图 4-1　[例 4-1] 运行效果

4.1　JSP 页面的基本结构

从［例 4-1］可以看出，JSP 文件由两大部分组成。一部分为<%...%>标记以外的部分，如 HTML 的静态代码、JavaScript 脚本等；另一部分为<%...%>标记以内的代码，标记内的代码即为 JSP 代码。一个完整的 JSP 页面主要由以下 6 种元素组成：

（1）HTML 标记：用来创建用户界面，实现数据的输入和展示。在第 3 章已经进行了详细的介绍与回顾。

（2）注释：包括 HTML 注释、JSP 注释和脚本注释。

（3）声明变量、方法和对象，在“<%!”和“%>”之间声明。

（4）表达式（Expression），在 “<%=”和“%>”之间定义。

（5）Java 代码块（Scriptlet），在标记 “<%”和“%>”之间定义。用来实现逻辑计算。

（6）JSP 标记：用来控制页面属性。它包括指令（Directive）标记，在“<%@”和“%>”之间定义 ；动作（Action）标记，在“<jsp:”和“>”之间定义；和自定义标记。

下面详细介绍 JSP 页面的这几种组成元素 HTML 标记。

4.1.1　注释

注释是编写程序时，写程序的人给一个语句、程序段、函数等的解释或提示，能提高程序代码的可读性，以便于以后的参考、修改。因为注释是解释性文本，在运行程序时，会被程序跳过，不做处理，所以有时也可在调试程序时将可能认为出错的代码标记为注释，用来快速检查、调试程序。注释分为三种，包括 HTML 注释和隐藏注释（JSP 注释、脚本注释）。

（1）HTML 注释。指在客户端显示的注释称为 HTML 注释。通过浏览器查看源文件时，可看到 HTML 注释。其语法格式如下：

```
使用格式：<!--注释内容[<%=表达式%>]-->
```

注意：如果在注释中使用了 JSP 表达式，所有嵌入的 JSP 代码仍在服务器端编译执行。并将执行结果返回给客户端。

（2）JSP 注释。JSP 注释是在客户端见不到的，故也称隐藏注释。JSP 注释写在 JSP 代码中，是为 JSP 代码做的注释，其目的是方便编程人员查看，JSP 引擎在编译时忽略其 JSP 注释中的内容，它们既不在客户端浏览器中显示，也不能在客户端的“查看源文件”中看到，具有较高的安全性。其格式如下：

```
<%--注释--%>
```

（3）脚本注释。JSP 脚本中使用的是 Java 语言，所以 Java 的三种注释方法都可以使用。脚本注释也属于隐藏注释，用户通过浏览器查看源文件时看不到脚本注释。脚本注释要在标记<%...%>内，其使用格式如下：

```
① //注释内容          单行注释
② /*注释内容*/        多行注释
③ /**注释内容*/       多行注释
```

4.1.2 声明

对 JSP 文件中用到的变量、方法和对象进行声明，是 JSP 编程中不可或缺的。声明定义在<%!...%>之间，其声明的使用格式如下：

<%!声明;[声明;]...%>

例如，

```
<%! int i=6;%>                                    //声明变量
<%! int a,b,c;double d;%>                         //声明多个变量
<%! Circle  MyCircle =new Circle(9.0);%>          //声明对象
<%! String  getDate();%>                          //声明方法
```

注意：

- 可以一次声明多个变量和方法，变量之间以“，”分开，以“；”结尾。
- 在“<%!” 和“%>”标记符之间声明的变量，通过 JSP 引擎转译为 Java 文件时，成为某个类的成员变量，即全局变量。变量的类型可以是 Java 语言允许的任何数据类型。这些变量在整个 JSP 页面中均有效。当多个用户请求同一个 JSP 页面时，JSP 引擎为每一个用户启动一个线程，线程有 JSP 引擎管理。多个用户共享 JSP 页面的成员变量，任何一个用户对成员变量的修改都会影响到其他用户。应用这一特点，可以制作计数器等应用。
- 在“<%!”和“%>”标记符之间定义的方法，在整个 JSP 页面内均有效，即在整个 JSP 页面内，任何 Java 代码块都可以调用这些方法。

【例 4-2】 制作一个计数器，统计网页访问人数。该示例包含程序 ex4-02.jsp，代码如下所示。

```
<!--ex4-02.jsp-->
<%@page  import="java.util.*" contentType="text/html; charset=GBK"%>
<html><head><title>站点计数器</title></head>
<body><center>
<font  size=5>站点计数器</font></center><hr>
<%!  int num=0;
       String str1,str2; %>
<%  str1="你好！你是第 ";
    str2=" 位访问本站点的客人。";
    num++;  %>
<%!  Date MyDate=new Date();%>
<div  align="center"><font size="4" color=blue><b>
<%=str1%><%=num%><%=str2%></font><p>
 第一位客人访问时间是：<%=MyDate.toLocaleString()%>
</div>
</body>
</html>
```

运行结果如图 4-2 所示。

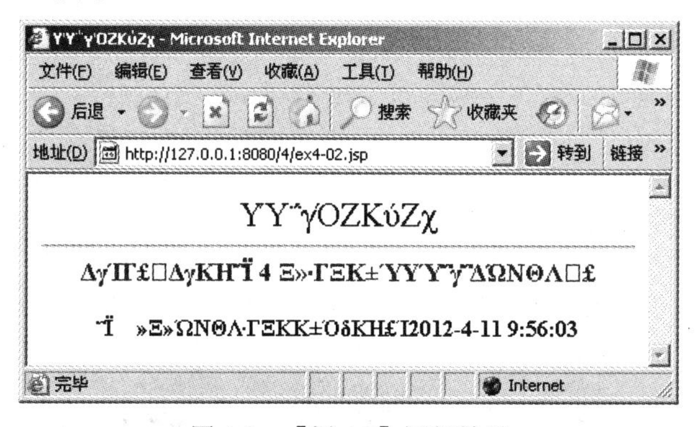

图 4-2　[例 4-2] 运行效果

从图 4-2 可以发现，怎么是乱码呢？后面再讲解具体的原因及解决方法。目前进行如下设置：选择浏览器的“查看”→“编码”→“自动选择”命令即可。运行结果如图 4-3 所示。

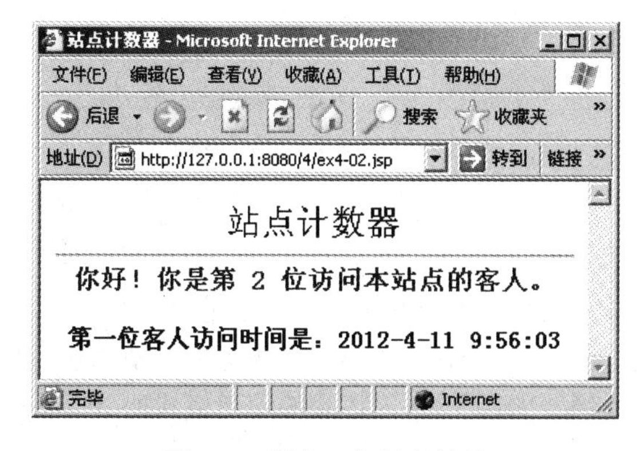

图 4-3　[例 4-2] 运行结果

刷新该页面，可以发现随着每一次刷新，访问计数器就不断增加。

在上面的例子中，程序运行时直接修改了变量 num。现在来设计一个方法，由该方法负责修改变量的值。

【例 4-3】 定义一个方法制作一个计数器，统计网页访问人数。该示例包含程序 ex4-03.jsp，代码如下所示。

```
<!--ex4-03.jsp-->
<%@page  import="java.util.*"  contentType="text/html; charset=GBK"%>
<html><head><title>站点计数器</title>
<%! int  num=0;
    int  countNum(){
    num++;
    return num;
    }
%>
</head>
<body><center>
  <font size=5>站点计数器</font></center><hr>
<%!  String str1,str2; %>
<%   str1="你好！你是第 "; str2=" 位访问本站点的客人。";  %>
<%!  Date MyDate=new Date();%>
<div align="center"><font size="4" color=blue><b>
<%str1+countNum()+str2%></font><p>
      第一位客人访问时间是：<%=MyDate.toLocaleString()%>
</div>
</body>
</html>
```

运行结果如图 4-4 所示。

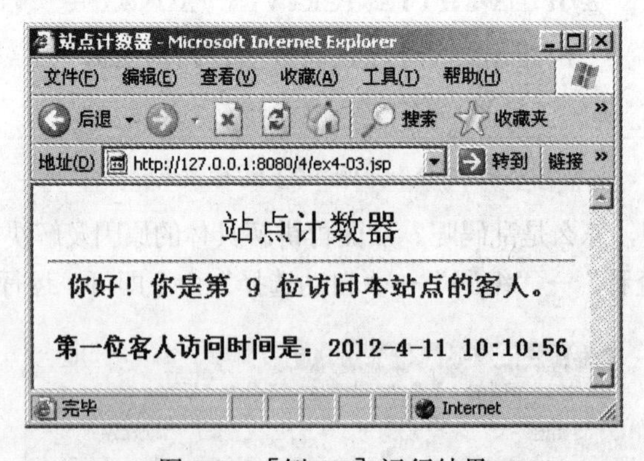

图 4-4 ［例 4-3］运行结果

4.1.3 表达式

JSP 的表达式是由变量、常量组成的算式，可以在“<%=”和“%>”标记符之间插入一个表达式，这个表达式必须能计算出数据值。表达式的值由服务器负责计算，并将计算结果以字符串形式发送到客户端显示。表达式的使用格式如下：

```
<%= 表达式 %>
```

注意：

- “<%=”是一个完整的符号，“<%” 和 “=”之间不能有空格。
- 不能使用“;”做表达式的结束标志。
- 表达式可成为其他 JSP 元素的属性值，一个表达式可以由一个或多个表达式组成，按从左到右的顺序求值。
- out.println 和<%= %>的功能一样，建议使用<%= %>，更加方便，程序可读性更强。

例如，求 x=a+b+c 的值，代码如下：

```
<%!
      int  a=30;
      int  b=40;
      int  c=50;
%>
<%=  a+b+c  %>
```

4.1.4　Java 代码块

在 JSP 中，代码块的英文名称是 Scriptlet。我们知道，在 Java 中，let 指的是小应用程序，如 applet 指运行于客户端的应用小程序，Servlet 指服务器端的小程序，而 Scriptlet 指的是嵌套在 JSP 页面中的、使用 Java 语言编写的小程序。可以在“<%”和“%>”标记符之间包含多个 Java 语句，构成 Java 代码块。一个 JSP 页面可以有许多 Java 代码块，JSP 引擎按顺序执行这些 Java 代码块。

在 Java 代码块中定义变量通过 JSP 引擎转译为 Java 文件时，这些变量成为某个方法的变量，即局部变量。局部变量在本 JSP 页面内的所有 Java 代码块中起作用（JSP 页面转译为 Servlet 源代码时，JSP 页面内的所有 Java 代码块合并到同一方法中）。

注意：在<%! ... %>之间定义的变量其作用范围均为全局的，而在<% ... %>中定义的变量其作用范围均为局部的。

Java 代码块的定义格式如下：

```
<% 代码  %>
```

Java 代码块可以和页面的静态元素组合在一起生成动态页面。其主要功能如下：

（1）声明将要用到的变量（特别强调一下，在这里只能声明变量，不能声明方法）。

（2）编写 JSP 表达式。

（3）编写 JSP 语句，使用 Java 语言，必须遵从 Java 语言规范。

（4）使用任何隐含的对象和任何用<jsp:useBean>声明过的对象。

（5）填写任何文本和 HTML 标记。

注意：要特别说明的是：在<% %>代码块中，绝对不允许在其中定义方法，只能定义变量和写执行代码。

为什么会有这种情况呢？其实也很好理解，JSP 为<% %>中的变量针对每个用户分配一块空间，而方法则是使用相同的内存空间，因此才不允许将方法写入此中。

【例 4-4】 在 Java 代码块中声明局部变量，为不同用户分配不同的内存空间，每个客户都有自己的值，互不影响。效果如图 4-5 所示。该示例包含程序 ex4-04.jsp，代码如下所示。

```
<!--ex4-04.jsp-->
<%@page     contentType="text/html; charset=GB2312"%>
<% String   str = request.getParameter("name");%>
<html>
<head><title>java 代码块中的局部变量</title></head>
<body>
<%
   if(str!=null){
%>
<h1>你好！我是：<%=str%></h1>
<%
   }else{
%>
请在地址栏目输入姓名:?name=<%}%>
</body>
</html>
```

图 4-5 ［例 4-4］显示效果

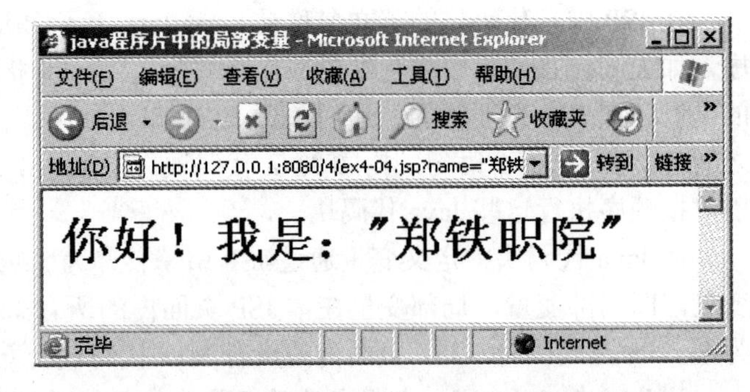

图 4-6 ［例 4-4］输入参数后运行效果

从图 4-5 可以看出，没有取出 name 的值。为什么呢？程序要求在地址栏中指定 name 的值，具体原因在以后讲到 request 对象时再进行解释。现在按要求在地址栏中输入?name=“郑铁职院”，重新运行，运行结果如图 4-6 所示：

【例 4-5】 定义一个方法，求 1-100 的连续和。运行结果如图 4-7 所示。该示例包含程序 ex4-05.jsp，代码如下所示。

```
<!--ex4-05.jsp-->
<%@page contentType="text/html;charset=GB2312" %>
<html>
<body  bgcolor=cyan><font size=3>
<%!
    long continueSum(int n){
       int sum=0;
       for(int i=1;i<=n;i++){
       sum=sum+i;
       }
       return sum;
    }
%>
```

```
 <P> 1 到 100 的连续和:<BR>
<%  long  sum ;
     sum=continueSum(100);
     out.print(" "+sum);
%>
</font>
</body>
</html>
```

图 4-7　[例 4-5] 运行效果

4.2　JSP 中多线程同步

当客户端第一次请求某一个 JSP 文件时，服务器端把该 JSP 编译成一个 CLASS 文件，并创建一个该类的实例，然后创建一个线程处理客户端的请求。如果有多个客户端同时请求该 JSP 文件，则服务器端会创建多个线程。每个客户端请求对应一个线程。但在某些情况下，会涉及多线程同步问题，例如订票系统中保存票数的数据，当一个用户操作某个成员变量时，不允许其他用户同时操作同一个成员变量，这该怎么解决呢？为解决这种多线程同步问题，可以在操作成员变量的方法前加上关键字 synchronized。当 A 线程在调用带关键字 synchronized 的方法时，如果 B 线程也要调用该方法，必须等到 A 线程调用结束，B 线程才能调用，这样可以保证数据的一致性。

【例 4-6】 模拟一个订票过程，当有用户订票时，票数减 1，订票时不允许其他用户订票。运行结果如图 4-8 所示。该示例包含程序 ex4-06.jsp，代码如下所示。

```
<!--ex4-06.jsp-->
<%@page  contentType="text/html; charset=GBK"%>
<html><head><title>多线程同步</title></head>
<body>
<font size=4>订票过程</font><hr>
<%!  int num=10;
     synchronized void setSub(){
     num--;
     }
%>
<%   setSub();
    if(num>0)
       out.print("你好! 订票成功! 还有"+num+" 张票,欢迎订购。");
```

```
    else
      out.print("对不起票已售完。");
%>
</body>
</html>
```

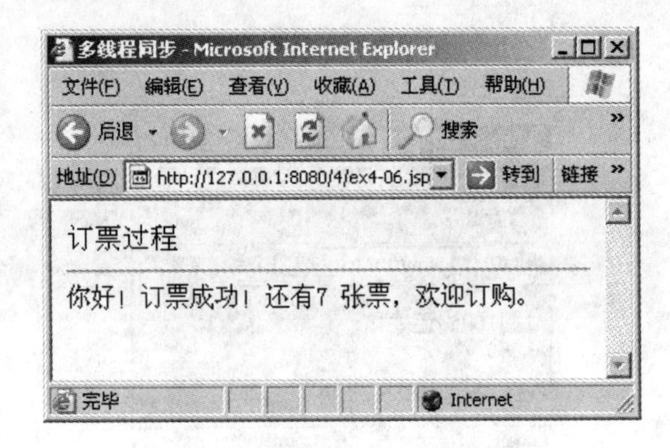

图 4-8　[例 4-6] 运行效果

4.3　JSP 中文乱码处理问题

大多数人对 JSP 页面中的中文乱码问题都非常头痛，试了很多方法都不能解决。在[例 4-2] 中也遇到了乱码问题，该怎么解决呢？首先先来了解一下问题的原因。

因为页面数据是从服务器一端放入响应（response）中，然后发送给浏览器，如果响应中的数据无法被正常解析，就会出现乱码问题。

为什么在输入英文字符时就没有问题呢？因为在 ISO-8859-1，GB_2312，UTF-8 以及任意一种编码格式下，英文编码格式都是一样的，每个字符占 8 位。而中文就比较麻烦了，在 GB_2312 下一个中文占 16 位，两字节；而在 utf-8 下一个中文要占 24 位，三字节。浏览器在不知道确定编码方式的情况下，就会把这些字符从中间截断，再显示的时候就乱了。所以，想要解决乱码问题，就要告诉浏览器我们到底使用了什么样的编码方式。具体解决方法有以下 4 种：

（1）指定浏览器的编码方式。

在浏览器的菜单栏中选择“查看”→“编码”→“简体中文（GB2312）”命令，可以解决常量形式的中文乱码问题，但是仍然不能解决赋值形式的乱码问题，例如表单数据的提交等。

（2）在 http 的响应（response）中添加编码信息，使用如下方式：

```
<%@page contentType="text/html; charset=GBK"%>
```

或者：

```
<%@page contentType="text/html; charset=gb2312"%>
```

这段要放在 JSP 页面的第一行，用来指定响应的类型和编码格式，contentType 为 text/html 就是 html 内容，charset 表示编码为 GB_2312。这样浏览器就可以从响应中获得编码格式了。

另外，还需要在HTML中指定以下编码格式：

```
<head>
    <meta http-equiv="Content-Type" content="text/html; charset=gb2312" />
    <title>title</title>
</head>
```

meta部分用来指定当前HTML的编码格式，注意这一段要放在head标签中，并且放到head标签的最前面，尤其是在标题（title）中有中文的情况下。使用这种方法有时也不能完全解决乱码问题，可以使用第3种方法。

（3）输入文字采用ISO-8859-1编码。

ISO-8859-1编码对ASC码进行了扩展，使用8位二进制表示一个字符，正好一个字节，每个字节解释为一个字符。数据库中一般用的也是ISO-8859-1字符集存储数据，Java程序在处理字符时默认采用统一的ISO-8859-1字符集（体现Java国际化思想），所以在添加数据时，默认的字符集编码是ISO-8859-1。所以只要把输入的文字转换成ISO-8859-1编码就可以解决问题了，这也是解决问题最彻底的一种方法。

具体解决方法是获取输入的字符串，将其转化为ISO-8859-1编码，并把编码存入一个byte型数组中，再把数组转化成字符串对象。具体代码如下：

```
<%@page contentType="text/html; charset=GB2312"%>
......
<% String str=request.getParameter("myName");
   byte a[]=strt.getBytes(“ISO-8859-1”);
   str=new String(a);
%>
```

说明：myName为表单对象的“name”属性值。

（4）调用Request对象的setCharacterEncoding方法。

该方法是比较常用的消除乱码的一种方法，其效果跟方法3相同，但使用起来较为方便。但此方法必须在request.getParameter()方法前使用，即在该方法前编写如下语句：

```
<% request.setCharacterEncoding("GBK"); %>
```

【例4-7】 创建一用户界面，使用户能够录入用户名、密码、留言信息并显示出来。运行效果如图4-9和图4-10所示。该示例包含程序ex4-07.jsp，代码如下所示。

```
<!--ex4-07.jsp-->
<%@page  contentType="text/html;charset=GB2312" %>
<%@page  import="java.util.*" %>
<html>
<head>
<title>文本信息的获取
</title>
</head>
<body>
  <!--下面是表单,提供用户输入界面 -->
  <form  action=""  method="post">
   <p>输入你的姓名：<input  type="text"  name="myname"  value="" ><br>
   输入你的密码：<input type="password" name="mypassword"  value="" >
```

```
    <p>输入你的留言：<br>
    <textarea  name="mycomment"  rows=2  rols=40  >
    </textarea>
    <input  type="submit"  value="提交">
    <input  type="reset"  name="button"  id="button"  value="重置">
    <p>
   </form>
    <!--下面是 Java 代码块,处理用户提交的信息 -->
   <%  String name=request.getParameter("myname");
       if(name==null)
       name=" ";
       byte b[]=name.getBytes("ISO-8859-1");
       name=new String(b);
       String password=request.getParameter("mypassword");
       if(password==null)
       password=" ";
       byte c[]=password.getBytes("ISO-8859-1");
       password=new String(c);
       String comment=request.getParameter("mycomment");
       if(comment==null)
       comment=" ";
       byte d[]=comment.getBytes("ISO-8859-1");
       comment=new String(d);
       out.println("姓名: "+name);
       out.println("<br>");
       out.println("密码:"+password);
       out.println("<br>");
       out.println("备注:"+comment);
   %>
 </body>
 </html>
```

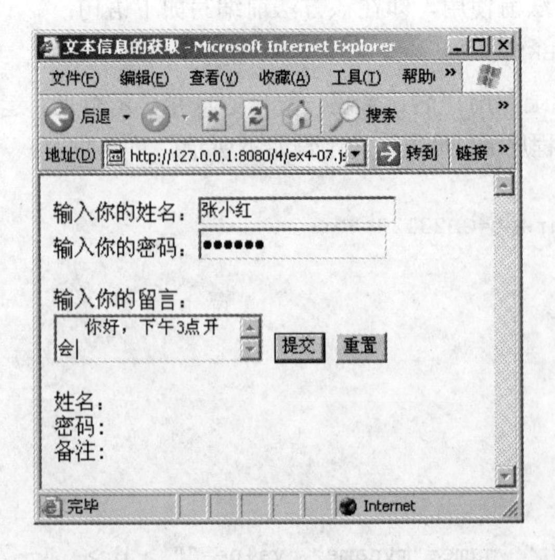

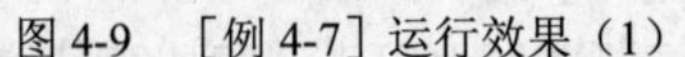

图 4-9 ［例 4-7］运行效果（1）

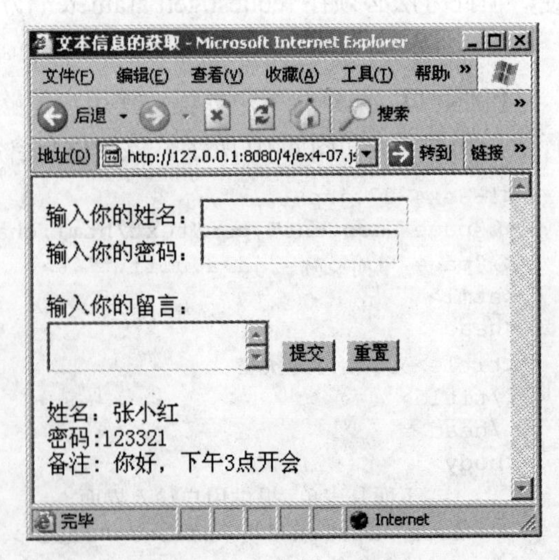

图 4-10 ［例 4-7］运行效果（2）

4.4 JSP 标 记

4.4.1 JSP 标记概述

JSP标记就是在JSP文件中使用的标记。它类似于HTML语法中的标记，像head、table。通过在JSP文件中引用它(就像使用HTML标记那样)，可以更方便地实现对Java代码模块的重用。JSP标记接口简单，易于使用，也易于开发和维护，通过使用JSP标记，可以方便地处理JSP正文的内容，比如改变文本显示样式，所以学好JSP标记至关重要。

JSP标记有指令标记、动作标记和自定义标记，下面分别介绍这三种标记。

4.4.2 JSP 指令标记

JSP指令用来设置与整个JSP页面相关的属性，它并不直接产生任何可见的输出，而只是告诉引擎如何处理其余JSP页面。JSP指令以“<%@”开始，以“%>”结束。include和 page指令是两个常用的JSP指令。

1. page 指令

page指令主要用来定义整个JSP页面的各种属性。一个JSP页面可以包含多个page指令，指令中，除了import属性外，每个属性只能定义一次，否则JSP页面编译将出现错误。

（1）page指令的格式。

page指令的格式如下：

```
<%@page 属性1="属性值1" 属性2="属性值2"…属性n="属性值n" %>
```

或者：

```
<%@page
   [language="java"]
   [extends="classname"]
   [import="packname/classname"]
   [session="true/false"]
   [buffer="none/sizekb"]
   [autoFlush="true/false"]
   [isThreadeSafe="true/false"]
   [info="info_text"]
   [errorPage="error_url"]
   [isErrorPage="true/false"]
   [contentType="MIME_type"]
   [pageEncoding="  "]
%>
```

注意：page指令区分大小写，属性是可选项，一般习惯把page指令写在页面的开始。

（2）page指令的属性。

page指令的属性与属性说明如表4-1所示。

表 4-1　　page 指令的属性

属性名	使用说明	范　例
language	JSP 页面使用语言，默认值为 Java	language="java"
import	导入 Java 包和类，可在同一页面指定多个属性值，用“,”号分开	import="java.util.* ", " java.io.*"
extends	定义 JSP 转换为 Java 时所继承的类，属性值是类全名	extends="package.class"
session	是否允许使用内置 session 对象，默认值是 true	session= " false "
errorPage	抛出异常时转向页面的 URL	errorPage="error.jsp"
isErrorPage	是否是其他 JSP 页面的异常处理页面。设为 true，能使用内置 exception 对象，默认值是 false	isErrorPage="true"
contentType	页面输出内容的 MIME 类型和 JSP 文件的字符编码	contentType="text/html;Charset=GBK"
isThreadsafe	是否支持多线程，取值 true 支持多线程，默认值是 true	isThreadsafe="true"
buffer	内置输出流对象 out 缓冲区的大小，取值 buffer="none|8kb|sizekb"，none 则没有缓冲区，默认为 8kb	buffer="none"
autoFlush	out 缓冲区被填满时是否自动刷新，默认值是 true	autoFlush= "true"
info	定义一个加入到已编译成功的页面中的字符串	info="text"

（3）page 指令应用案例。

【例 4-8】 编写程序，打印一个 10 行 10 列的表格，表格内容为行数与列数之积，并将这个页面显示成 Word 文档。运行效果如图 4-11 和图 4-12 所示。该示例包含程序 ex4-08.jsp，代码如下所示。

提示：要想将一个页面显示为任意风格的形式，只要合理利用 MIME 类型就可以了，这里只需将 contentType 的属性值设置为 application/msword 即可。

```
<!--ex4-08.jsp-->
<%@page  contentType="application/msword"%>
<html>
<body>
<%  int row = 10 ;
    int col = 10 ;
%>
<table border="1" bordercolor="#3399FF" bgcolor="#663399">
<%  for(int i=0;i<row;i++){  %>
 <tr>
<%    for(int j=0;j<col;j++){%>
      <td><%=i * j%></td>
<%    }  %>
</tr>
<%  }    %>
</table>
</body>
</html>
```

打开保存后的 Word 文档，效果显示如图 4-12 所示。

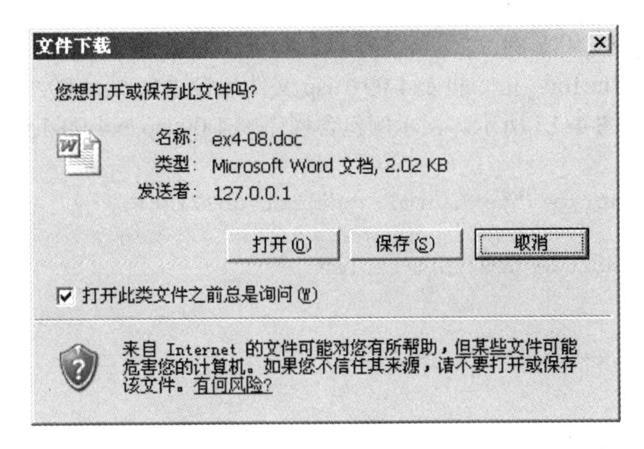

图 4-11　[例 4-8] 显示效果

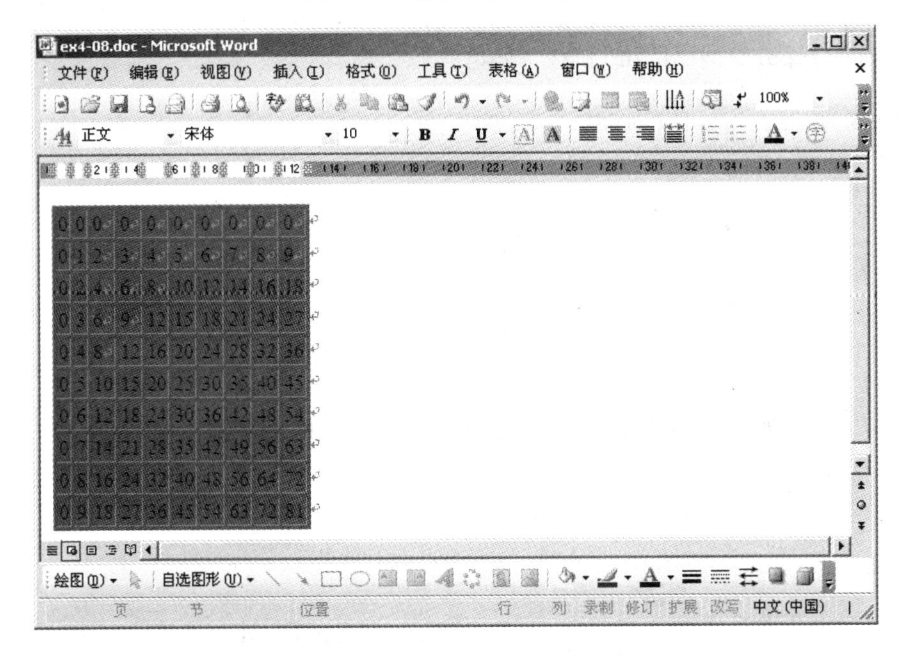

图 4-12　打开 Word 文档后的显示效果

2. include **指令标记**

include 指令可以在 JSP 页面该指令出现的位置静态嵌入一个文件，包含的过程是静态的，包含的文件可以是 JSP、HTML、文本或是 Java 程序。所谓静态包含是指用被插入的文件内容代替该指令标签，与当前 JSP 文件合并成新的 JSP 页面后，再由 JSP 引擎转译为 Java 文件。

（1）include 指令使用格式。

include 指令使用格式如下所示：

```
<%@ include  file="文件 URL"%>
```

注意：被插入的文件必须与当前 JSP 页面在同一 Web 服务目录下；被插入的文件与当前 JSP 页面合并后的 JSP 页面必须符合 JSP 语法规则。

（2）include 指令应用案例。

【例 4-9】 应用 include 指令将 ex4-09-1.jsp 文件包含进来，ex4-09-1.jsp 文件负责输出系统时间。运行效果如图 4-13 所示。该示例包含程序 ex4-09.jsp,ex4-09-1.jsp，代码如下所示：

```
<!--ex4-09.jsp-->
<%@page  contentType="text/html; charset=gb2312"%>
<html>
<head><title>include 指令应用</title>
</head>
<body>
<%@include  file="ex4-01-9.jsp"%>
</body>
</html>

<!--ex4-09-1.jsp-->
<%@page  contentType="text/html;charset=gb2312"%>
<%@page  import="java.util.*" %>
<h2>现在的日期和时间是：
<%=(new Date()).toLocaleString()%>
</h2>
```

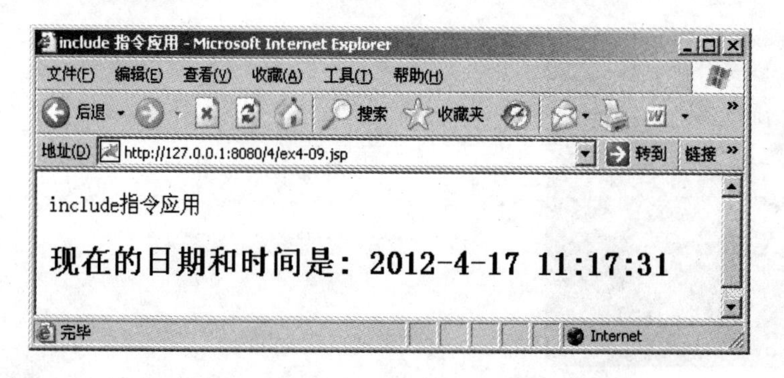

图 4-13 ［例 4-9］运行效果

［例 4-9］将文件 ex4-09-1.jsp 包含到了文件 ex4-09.jsp 中，其效果等同于 ex4-09-11.jsp，ex4-09-11.jsp 代码如下所示：

```
<!--ex4-09-11.jsp-->
<%@page  contentType="text/html;charset=GB2312"%>
<%@page  import="java.util.*"  %>
<html>
<head><title>include 指令应用</title>
<body>
<p>include 指令应用</p>
<h2>
现在的日期和时间是：
<%=(new Date()).toLocaleString()%>
</h2>
</body>
</html>
```

4.4.3 JSP动作标记

1. param动作标签

param 动作标签以“参数名—参数值”对的形式，把一个或多个参数传送到要插入的文件中去，该标签经常与jsp:include、jsp:forward、jsp:plugin标签一起使用，将param标签中的变量值传递给动态加载的文件。

param动作的使用格式如下：

```
<jsp:param  name="参数名"  value="变量值"/>
```

其中name属性指定要传递的参数名；value属性设定要传送的参数值。如果要传递多个参数，可以在一个JSP文件中使用多个<jsp:param>标记。

param动作标签经常与jsp:include、jsp:forward、jsp:plugin标签一起使用，有关该标签的例子将结合jsp:include、jsp:forward标签进行讲解。

2. include动作标签

该标签的作用是当前JSP页面动态包含一个文件，即将当前JSP页面、被包含的文件各自独立转译和编译为字节码文件。当前JSP页面执行到该标签处时，才加载执行被包含文件的字节码。

（1）include动作指令使用格式。

include动作指令的语法格式如下：

```
<jsp:include  page="文件的URL"  flush="true|false"/>
```

或：

```
<jsp:include  page="文件的URL "  flush="true|false ">
  <jsp:param  name="参数名1"   value="参数值1"/>
  <jsp:param  name="参数名2"   value="参数值2"/>
  ……
</jsp:include>
```

注意：如果不使用param标记传递参数，要使用第一种格式；如果需要传递参数，可以使用第二种格式，也可以使用第一种格式，但是在“文件的URL”中要包含：?name=XXX的格式。

（2）include动作指令应用案例。

【例4-10】利用jsp:include指令和param动作指令传递参数，求1-500的连续和。运行效果如图4-14所示。该示例包含程序ex4-10.jsp，ex4-10-1.jsp，代码如下所示。

```
<!--ex4-10.jsp-->
<%@page contentType="text/html;charset=GB2312" %>
<HTML>
<body  bgcolor=Cyan >
  <P>动态加载页面文件ex4-10-1.jsp,计算1~500的连续和
  <jsp:include page="ex4-10-1.jsp">
       <jsp:param name="computer" value="500"/>
  </jsp:include>
</body>
</html>
```

```
<!--ex4-10-1.jsp-->
<%@page contentType="text/html;charset=GB2312" %>
<HTML>
<body>
<% String str=request.getParameter("computer"); //获取值
   int n=Integer.parseInt(str);
   int sum=0;
   for(int i=1;i<=n;i++){
     sum=sum+i;
   }
%>
<P>从 1 到<%=n%>的连续和是:<BR>
<%=sum%>
</body>
</html>
```

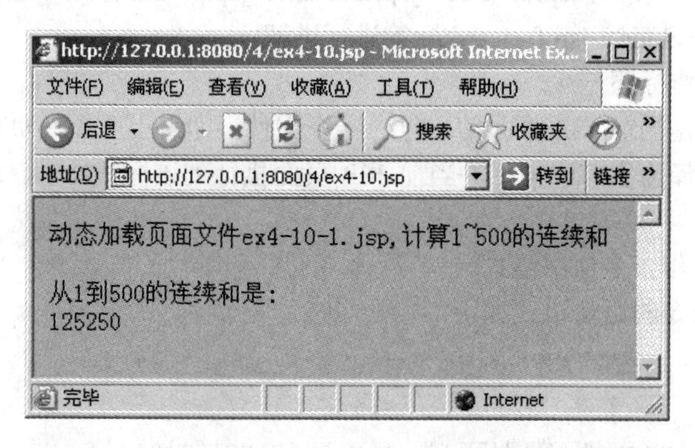

图 4-14 ［例 4-10］运行效果

（3）include 动作指令与 include 包含指令的区别。

在前面章节中，介绍了@include 包含指令与 jsp:include 包含指令，到底两种包含有什么区别呢？通过下面两段代码，来总结一下二者的区别。

【例 4-11】 已知 demo.jsp 为被包含的文件，includedemo.jsp 和 includedemo01.jsp 中分别包含了 demo.jsp 文件，运行效果如图 4-15 和图 4-16 所示。请思考一下为什么会出现两种不同的运行效果。

```
<!--demo.jsp-->
<%@page  contentType="text/html;charset=GBK"%>
<%  int i = 1000 ;  %>
<h2>demo.jsp 中的 i 的值为<%=i%></h2>
```

代码 1：

```
<!--includedemo.jsp-->
<%@page  contentType="text/html;charset=GBK"%>
<h1>includedemo.jsp</h1>
<%  int i = 10 ;  %>
<h2>includedemo.jsp 中的 i 的值为<%=i%></h2>
<%@include  file="demo.jsp"%>
```

代码2：

```
<!--includedemo01.jsp-->
<%@page contentType="text/html;charset=GBK"%>
<h1>includedemo01.jsp</h1>
<%  int i = 10 ;  %>
<h2>includedemo01.jsp 中的 i 的值为<%=i%></h2>
<jsp:include  page="demo.jsp"/>
```

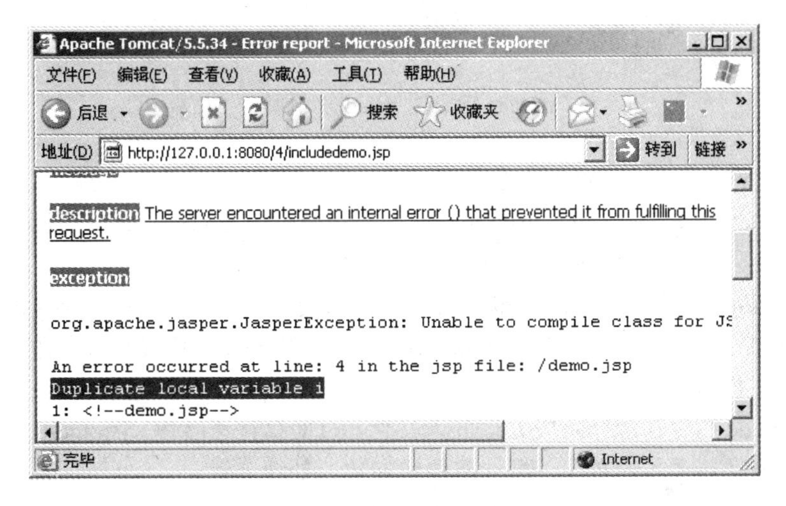

图4-15　代码1运行效果

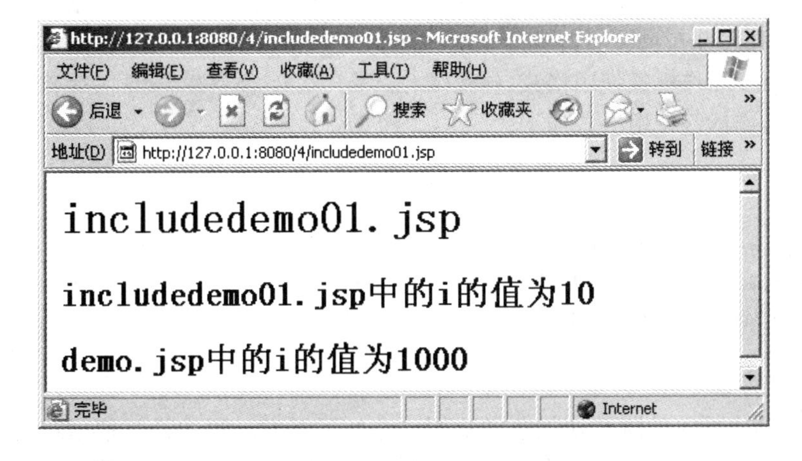

图4-16　代码2运行效果

从图4-15和图4-16中可以看出，代码1的运行出现了错误，代码2则正常运行。为什么呢？因为代码1中运用了@include包含，它属于静态包含，静态包含是将全部内容包含进来以后再一起进行处理，等于先包含后处理，这样就等于重复定义了变量i，所以会出错；而代码2中运用的是jsp:include包含，属于动态包含，发现结果正确，而且不会相互影响，因为动态包含是将各个页面先分别处理，处理完成后再把内容包含进来，所以互不影响。include指令与include动作指令的工作原理如图4-17所示。

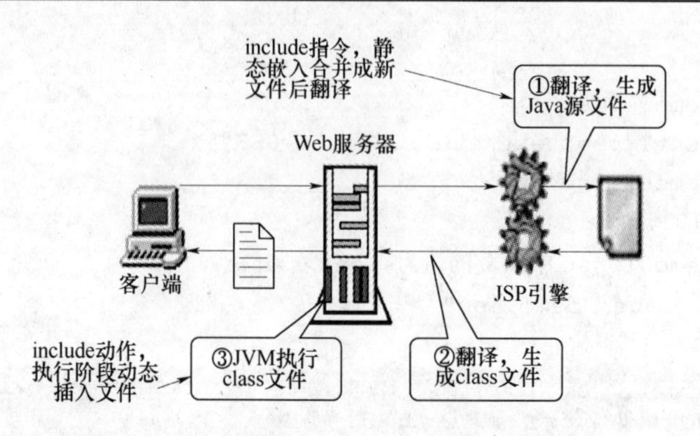

图 4-17 include 指令与 include 动作指令工作原图

通过以上分析可以得出如下结论：

- @include 指令是静态的，jsp:include 动作指令是动态的；使用动态包含比使用静态包含更方便，而且可以向被包含的文件中传递参数。
- jsp:include 动作在执行时对被包含的文件分别进行处理，JSP 页面与被插入的文件在逻辑和语法上是独立的。@include 指令的 JSP 页面和被嵌入文件在语法上不独立，互相影响。
- @include 指令在翻译阶段处理嵌入文件，页面执行速度快。jsp:include 动作在执行阶段处理被插入的文件，可动态传递参数，处理灵活。

3. **forward 动作标记**

forward 为跳转指令，其功能为在 forward 动作标记出现处，停止当前页面的执行，转到另一个新页面，并在页面转向时清空缓冲区。

（1）forward 动作标签使用格式。

forward 动作标签使用格式如下：

```
<jsp:forward page="要转向页面 URL|<%=表达式%>"/>
```

或：

```
<jsp:forward page="要转向页面 URL|<%=表达式%> ">
    <jsp:param name="参数名 1" value="参数值 1"/>
    <jsp:param name="参数名 2" value="参数值 2"/>
    ......
</jsp:forward>
```

forward 动作标签的跳转功能非常实用，在实际开发过程中经常使用这种方式实现跳转。在后面要讲到 Response 对象的 SendRedirect()方法，也可以实现跳转，但是使用 forward 动作标签，页面跳转后地址不会显示在地址栏，而使用 Response 对象的 SendRedirect()方法则会将跳转地址显示在地址栏。在实际开发中，为了安全起见，一般不希望用户看到我们的页面地址，因此很多时候使用 forward 动作标签跳转方式。

（2）forward 动作标签应用案例。

【例 4-12】 设计两个 JSP 页面，主页面产生随机数并传递给另一重定向页面，重定向页面获得随机数并输出。运行效果如图 4-17 所示。该示例包含程序 ex4-12.jsp，redirect.jsp，代码如下所示。

```
<!--ex4-12.jsp-->
<%@page contentType="text/html;charset=GB2312" %>
<html>
<body>
<%  double i=Math.random();  %>
<jsp:forward page="redirect.jsp">
     <jsp:param  name="number" value="<%=i%>" />
</jsp:forward>
</body>
</html>

<!--redirect.jsp-->
<%@page contentType="text/html;charset=GB2312" %>
<html>
<body  bgcolor=cyan>
<font size=8>
<%  String str=request.getParameter("number");
    if(str==null)
       str="0";
    double  n=Double.parseDouble(str);
%>
<P>您传过来的数值是:<BR>
<%=n%>
</font>
</body>
</html>
```

图 4-18　[例 4-12] 运行效果

4. plugin 动作标记

plugin 动作标签指示 JSP 页面加载 Java plugin 插件，该插件由客户负责下载，并使用该插件运行 Java Applet 小应用程序。

（1）plugin 动作标记使用格式。

plugin 动作标记使用格式如下：

```
<jsp:plugin  type="bean|applet"  code="类文件名"  codebase="类文件目录路径"
     [name="对象名"]
     [archive="相关文件路径"]
     [align="bottom|top|middle|left|right"]  //对齐方式
```

```
    [height="displayPixels"]       //高度
    [width="displayPixels"]       //宽度
    [hspace="leftRightPixels"]    //水平间距
    [vspace="topBottomPixels"]  //垂直间距
    [jreversion="Java 环境版本"]
    [nspluginurl="供 NC 使用的 plugin 加载位置"]
    [iepluginurl="供 IE 使用的 plugin 加载位置"]>
<jsp:params>
        <jsp:param name="参数名 1 " value="参数值 1 "/>
        <jsp:param name="参数名 2" value="参数值 2"/>
        ......
</jsp:params>
<jsp:fallback>错误信息</jsp:fallback>]
</jsp:plugin>
```

plugin 指令属性说明如下：

- type：指定插件的类型是 Bean 还是 Applet。type 属性没有默认值，必须指定一个。
- code：指定 Java 插件执行的字节码文件名字，扩展名必须是.class，保存在由 codebase 属性指定的目录里。
- codebase：说明将要被下载的 Java Class 文件的目录，如果没有提供该项属性，默认使用 plugin 动作的 JSP 文件的目录路径。
- name：指定 Bean 或 Applet 实例的名字，以供程序调用。
- archive：一些由逗号分开的路径名，预装一些将要使用的 class，用来提高 Applet 的性能。
- align：对象对齐方式。
- height：指定将要显示的 Applet 或 Bean 的长宽值，以像素为单位。
- hspace、vspace：Applet 或 Bean 显示时在屏幕左右上下需要留下的空间，以像素为单位。
- jreversion：运行 Applet 或 Bean 所需要的 Java Runtime Environment 的版本号。
- nspluginurl：指定 Netscape Navigator 用户能够使用的 JRE 的下载地址，此值是一个标准的 URL。
- iepluginurl：指定 IE 用户能够使用的 JRE 的下载地址，它也是一个标准的 URL。
- <jsp:params>：需要向 Applet 或 Bean 传送的参数和参数值。
- <jsp:fallback>错误信息</jsp:fallback>：设置一段文字，当 Java 插件不能启动时，向用户显示出错信息文字；如果插件能够启动 Applet 或 Bean 不能执行，浏览器将弹出一个错误信息。

（2）plugin 动作标签应用案例。

【例 4-13】 已知有一个 Applet 小程序可以实现加减乘除运算，在 JSP 页面中用 plugin 插件调用该小程序。该示例包含程序 ex4-13.jsp，Applet 小程序 AppletMenuDemo.java，代码如下所示。

```
<!--ex4-13.jsp-->
<%@page  contentType="text/html;charset=GB2312" %>
```

```
<html>
<body>
<jsp:plugin type="applet" code="AppletMenuDemo.class" width="600"  height=
"400">
      <jsp:fallback>
        Plugin tag OBJECT or EMBED not supported by browser.
      </jsp:fallback>
</jsp:plugin>
</body>
</html>

AppletMenuDemo.java
import java.awt.*;
import java.awt.event.*;
import javax.swing.*;
public class AppletMenuDemo extends JApplet implements ActionListener{
  private JTextField jtfNum1,jtfNum2,jtfResult;
  private JButton jbtAdd,jbtSub,jbtMul,jbtDiv;
  private JMenuItem jmiAdd,jmiSub,jmiMul,jmiDiv,jmiClose;
  public void init(){
    JMenuBar jmb = new JMenuBar();
    JMenu operationMenu = new JMenu("Operation");
    operationMenu.setMnemonic('O');
    jmb.add(operationMenu);
    JMenu exitMenu = new JMenu("Exit");
    exitMenu.setMnemonic('E');
    jmb.add(exitMenu);
    operationMenu.add(jmiAdd= new JMenuItem("Add",'A'));
    operationMenu.add(jmiSub = new JMenuItem("Subtract",'S'));
    operationMenu.add(jmiMul = new JMenuItem("Multiply",'M'));
    operationMenu.add(jmiDiv = new JMenuItem("Divide",'D'));
    exitMenu.add(jmiClose = new JMenuItem("Close",'C'));
    jmiAdd.setAccelerator(
    KeyStroke.getKeyStroke(KeyEvent.VK_A,ActionEvent.CTRL_MASK));
    jmiSub.setAccelerator(
    KeyStroke.getKeyStroke(KeyEvent.VK_S,ActionEvent.CTRL_MASK));
    jmiMul.setAccelerator(
    KeyStroke.getKeyStroke(KeyEvent.VK_M,ActionEvent.CTRL_MASK));
    jmiDiv.setAccelerator(
    KeyStroke.getKeyStroke(KeyEvent.VK_D,ActionEvent.CTRL_MASK));
    JPanel p1 = new JPanel();
    p1.setLayout(new FlowLayout());
    p1.add(new JLabel("Number 1"));
    p1.add(jtfNum1 = new JTextField(3));
    p1.add(new JLabel("Number 2"));
    p1.add(jtfNum2 = new JTextField(3));
    p1.add(new JLabel("Result"));
    p1.add(jtfResult = new JTextField(4));
    jtfResult.setEditable(false);
    JPanel p2 = new JPanel();
    p2.setLayout(new FlowLayout());
    p2.add(jbtAdd = new JButton("Add"));
    p2.add(jbtSub = new JButton("Subtract"));
```

```
    p2.add(jbtMul = new JButton("Multiply"));
    p2.add(jbtDiv = new JButton("Divide"));
    setJMenuBar(jmb);
    getContentPane().add(p1,BorderLayout.CENTER);
    getContentPane().add(p2,BorderLayout.SOUTH);
    jbtAdd.addActionListener(this);
    jbtSub.addActionListener(this);
    jbtMul.addActionListener(this);
    jbtDiv.addActionListener(this);
    jmiAdd.addActionListener(this);
    jmiSub.addActionListener(this);
    jmiMul.addActionListener(this);
    jmiDiv.addActionListener(this);
    jmiClose.addActionListener(this);
   }
   public void actionPerformed(ActionEvent e){
     String actionCommand = e.getActionCommand();
     if(e.getSource() instanceof JButton){
          if ("Add".equals(actionCommand))
            calculate('+');
          else  if ("Subtract".equals(actionCommand))
            calculate('-');
          else  if ("Multiply".equals(actionCommand))
            calculate('*');
          else  if ("Divide".equals(actionCommand))
            calculate('/');
     }
     else if (e.getSource() instanceof JMenuItem){
          if ("Add".equals(actionCommand))
              calculate('+');
          else if ("Subtract".equals(actionCommand))
              calculate('-');
          else if ("Multiply".equals(actionCommand))
              calculate('*');
          else if ("Divide".equals(actionCommand))
              calculate('/');
          else if ("Close".equals(actionCommand))
              this.stop();
     }
   }
   private void calculate(char operator){
    int num1 = (Integer.parseInt(jtfNum1.getText().trim()));
    int num2 = (Integer.parseInt(jtfNum2.getText().trim()));
    int result = 0;
    switch (operator){
      case '+': result = num1 + num2;
                break;
      case '-': result = num1 - num2;
                break;
      case '*': result = num1 * num2;
                break;
      case '/': result = num1 / num2;
    }
```

```
    jtfResult.setText(String.valueOf(result));
   }
}
```

［例 4-13］重点考察利用 plugin 小程序调用 Applet 插件，读者可直接应用 AppletMenuDemo.class 文件。AppletMenuDemo.java 小程序不需要掌握其编码规则，只需知道其功能，并将其生成.class 文件即可。运行效果如图 4-19 所示。

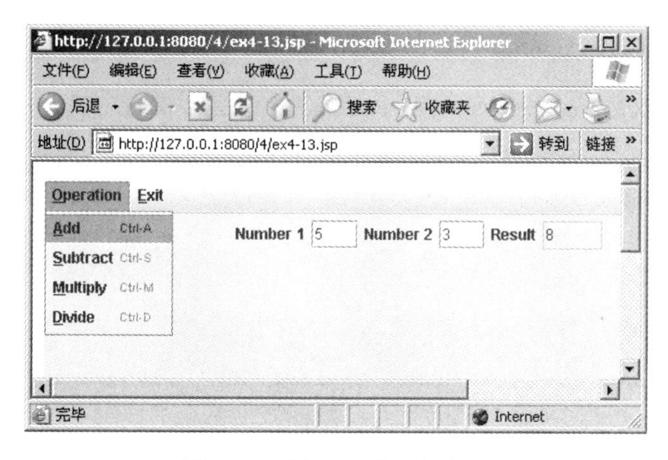

图 4-19　［例 4-13］运行效果

4.4.4　综合案例

【例 4-14】 制作郑州铁路职业技术学院网站主页的用户信息验证功能，显示效果如图 4-20 所示。用户在界面输入用户名和密码，如果输入正确，则转至登录成功页面；如果输入不正确，则要求重新输入。运行效果如图 4-20 所示。

本例中，数据库相关知识还未学习，所以在用户输入信息验证时避开数据库验证环节，只是单独模拟验证过程，假设输入用户名为“张三”，密码为 666666 时验证成功。

本例涉及 7 个程序。ex4-14.jsp 为主程序，为郑州铁路职业技术学院主页，该页面顶部用 include 指令标记静态嵌入 top.jsp 文件；中间用 include 指令标记静态嵌入 login.jsp 文件，负责用户登录；底部用 include 动作标签动态插入 bottom.jsp 文件，整个页面具有统一风格；yz.jsp 为验证程序，当用户输入正确用户名、密码后则跳转到 success.jsp；否则跳转到 error.jsp 文件中，代码如下所示。

```
<!--ex4-14.jsp-->
<%@page contentType="text/html; charset=GBK"  language="java" %>
<html>
<head>
<meta http-equiv="Content-Type" content="text/html; charset=GBK">
<title>JSP 验证标记</title>
</head>
<body>
<%@include file="top.jsp"%>
<%@include file="login.jsp"%>
<jsp:include page="bottom.jsp" />
```

```
</body>
</html>

<!--top.jsp-->
<%@page  contentType="text/html; charset=GBK"  language="java" %>
<html>
<head>
<meta http-equiv="Content-Type"  content="text/html; charset=GBK">
<title>top</title>
</head>
<body>
<table width="100%" border="0" cellpadding="1" cellspacing="1" bgcolor="#FFFFFF">
<tr>
<td bgcolor="#36ABB4"><img src="image/top.gif" width="1000" height="138" /></td>
</tr>
</table>
</body>
</html>

<!--login.jsp-->
<%@page  contentType="text/html; charset=GBK"   language="java" %>
<html>
<head>
<meta http-equiv="Content-Type" content="text/html; charset=GBK">
<title>登录</title>
</head>
<body>
<form method="post" action="yz.jsp" >
<p>办公自动化系统登录</p>
<table width="389" border="1">
   <tr>
     <td width="119">用户名</td>
     <td  width="254"><input  type="text"  name="userName"  id="textfield"/
></td>
   </tr>
   <tr>
     <td>密 码</td>
     <td><input type="password" name="passName" id="textfield2" /></td>
   </tr>
   <tr>
     <td><input  type=submit  value="  提  交  " /></td>
     <td><input  type="reset"  value="  重  置  " /></td>
   </tr>
</table>
</form>
</body>
</html>

<!--bottom.jsp-->
<%@page contentType="text/html; charset=GBK" %>
<style type="text/css">
<!--
.STYLE2 {font-size: large}
```

```
-->
</style>
<table width="100%" border="0" cellpadding="1" cellspacing="1" bgcolor=""
class="td">
    <tr>
      <td bgcolor="#36ABB4" ><img src="image/bot.jpg" width="304" height="97" />
          <img src="image/xh.gif" width="112" height="35" />
       <img src="image/xxqjs.gif" width="112" height="35" />
       <img src="image/spkx.gif" width="112" height="35" />
       <img src="image/zzgd.gif" width="112" height="35" />
      </td>
   </tr>
   <tr>
     <td bgcolor="#36ABB4" ><div align="center">Copyright 2012  你好！请联
系我们：0371-66990011   地址：河南省郑州市二七区幸福路2号(450052)</div>
          </td>
      </tr>
</table>

<!--yz.jsp-->
<%@page contentType="text/html; charset=GBK" language="java" %>
<html>
<head>
<meta http-equiv="Content-Type" content="text/html; charset=GBK">
<title>验证</title>
</head>
<body>
<%  request.setCharacterEncoding("GBK");
    String name=request.getParameter("userName");
    String password=request.getParameter("passName");
    if(name.equals("张三") && password.equals("666666")){
%>
       <jsp:forward page="success.jsp">
           <jsp:param name="sucName" value="<%=name%>"/>
       </jsp:forward>
<%
     }
     else{
%>
       <jsp:forward page= "error.jsp" >
           <jsp:param name="errName" value="<%=name%>"/>
       </jsp:forward>
<%  }  %>
</body>
</html>

<!--sucess.jsp-->
<%@page contentType="text/html; charset=GBK"%>
<html><head><title>登录成功</title></head>
<body>
<%=request.getParameter("sucName")%>:你好！欢迎光临！
</body></html>
```

```
<!--error.jsp-->
<%@page contentType="text/html; charset=GBK"%>
<html><head><title>登录错误</title></head>
<body>
<%=request.getParameter("errName")%>:你输入的用户名或密码错误。请重新
<a href="ex4-14.jsp">登录</a>!
</body></html>
```

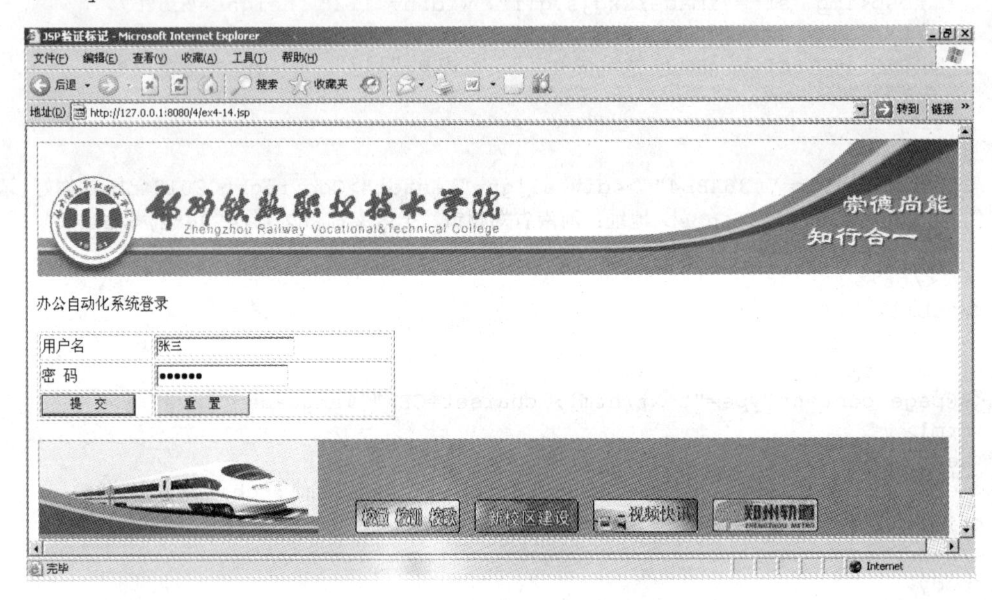

图 4-20 [例 4-14] 运行效果

习 题

一、选择题

1．JSP 的编译指令标记通常是指（ ）。

A．Page 指令、Include 指令和 Taglib 指令

B．Page 指令、Include 指令和 Plugin 指令

C．Forward 指令、Include 指令和 Taglib 指令

D．Page 指令、Param 指令和 Taglib 指令

2．可以在以下哪个标记之间插入 Java 程序片？（ ）。

A．<% 和 %> B．<% 和 />

C．</ 和 %> D．<% 和 !>

3．下列哪一项不属于 JSP 动作指令标记？（ ）。

A．<jsp:param> B．<jsp:plugin>

C．<jsp:useBean> D．<jsp:javaBean>

4．JSP 的 Page 编译指令的属性 Language 的默认值是（ ）。

A．Java B．C C．C# D．SQL

5. JSP 的哪个指令允许页面使用者自定义标签库？（　　）。

A. Include 指令　　B. Taglib 指令

C. Include 指令　　D. Plugin 指令

6. 可以在以下哪个标记之间插入变量与方法声明？（　　）。

A. <% 和 %>　　B. <%! 和 %>

C. </ 和 %>　　D. <% 和 !>

7. 能够替代“<”字符的替代字符是（　　）。

A. <　　B. >　　C. <　　D.

8. <jsp:useBean id="bean 的名称" scope="bean 的有效范围" class="包名.类名"/>动作标记中，scope 的值不可以是（　　）。

A. page　　B. request　　C. session　　D. response

9. 下列（　　）注释为隐藏型注释。

A. <!-- 注释内容 [<%= 表达式 %>] -->

B. <!-- 注释内容 -->

C. <%-- 注释内容 --%>

D. <!—[<%= 表达式 %>] -->

10. 下列变量声明在（　　）范围内有效。

```
<%! Date dateTime;
    int countNum;
%>
```

A. 从定义开始处有效，客户之间不共享

B. 在整个页面内有效，客户之间不共享

C. 在整个页面内有效，被多个客户共享

D. 从定义开始处有效，被多个客户共享

11. 在“<%!”和“%>”标记之间声明的 Java 的方法称为页面的成员方法，其在（　　）范围内有效。

A. 从定义处之后有效　　B. 在整个页面内有效

C. 从定义处之前有效　　D. 不确定

12. 在“<%=”和“%>”标记之间放置（　　），可以直接输出其值。

A. 变量　　B. Java 表达式　　C. 字符串　　D. 数字

13. include 指令用于在 JSP 页面静态插入一个文件，插入文件可以是 JSP 页面、HTML 网页、文本文件或一段 Java 代码，但必须保证插入后形成的文件是一个完整的（　　）。

A. HTML 文件　　B. JSP 文件

C. TXT 文件　　D. Java 源文件

14. JSP 页面可以在“<%=”和“%>”标记之间放置 Java 表达式，直接输出 Java 表达式的值。组成“<%=”标记的各字符之间（　　）。

A. 可以有空格　　B. 不可以有空格

C. 必须有空格　　D. 不确定

15. 当一个客户线程执行某个方法时，其他客户必须等待，直到这个客户线程调用执行完毕该方法后，其他客户线程才能执行，这样的方法在定义时必须使用关键字（　　）。

A．public　　B．static

C．synchronized　　D．private

二、填空题

1．一个完整的 JSP 页面是由普通的 HTML 标记、JSP 指令标记、JSP 动作标记、变量声明与方法声明、__________、__________、__________7 种要素构成。

2．JSP 页面的基本构成元素，其中变量和方法声明（Declaration）、表达式（Expression）和 Java 程序片（Scriptlet）统称为__________。

3．指令标记、JSP 动作标记统称为__________。

4．“<%!”和“%>”之间声明的方法在整个页面内有效，称为__________。

5．在“<%!”和“%>”之间声明的变量又称为________，其作用范围为整个 JSP 页面。

6．JSP 页面的程序片中可以插入__________标记。

7．当 JSP 页面的一个客户线程在执行__________方法时，其他客户必须等待。

8．JSP 页面中，输出型注释的内容写在__________和__________之间。

9．JSP 声明函数时，如果在前面加上__________关键字，功能是当前一个用户在执行该方法时，其他用户必须等待，直到该用户完成操作。

10．Page 指令的属性 Language 的默认值是__________。

三、上机题

1．应用 Date 函数读取系统当前时间，如果在 0～12 点之间输出“早上好”，在 12～19 点之间输出“下午好”，其余时间输出“晚上好”。

2．应用 JSP 技术计算圆的周长和面积，并输出显示。

3．应用 JSP 技术在浏览器中输出 3 行文字，要求文字由小变大显示。

JSP

项目篇——JSP 重点知识学习

第 5 章　综合实例——在线聊天室

学习目标：

（1）了解在线聊天室系统的需求与设计目标。

（2）掌握在线聊天室系统的数据库设计。

（3）熟练掌握在线聊天室系统各功能模块的设计思想。

5.1　项　目　背　景

在线聊天室系统在互联网进入中国的初期被广泛使用，并深受网友的喜爱。随着 QQ、MSN 等 P2P 聊天软件的出现，在线聊天室已经很少使用。但是新兴的软件也有自己的弱点，那就是需要安装客户端，而在线聊天室因其不需要安装客户端、显示快捷、功能丰富等特点，依然占据着牢固的位置，如新浪的 show 软件，虽然有客户端，但其内核仍使用这种方式。

在线聊天室这个项目，虽然项目不大，但综合了 JSP 课程所涉及的各个知识点，非常适合初学者学习。为了突出这些知识点，本书将在线聊天室的界面尽量简化，主要突出程序代码部分，目的是便于大家更专注于 JSP 的用法。至于界面设计，有兴趣的读者可以自己设计其界面风格，将其与本项目结合，效果会更加完美。

5.2　需　求　分　析

为保证最终的软件产品能符合用户的需求，设计人员必须充分理解系统的目标和用户的操作习惯。无论开发简单的应用程序，还是开发大型的商业软件，开发人员首先要做的事情就是明确系统的功能。

在线聊天室系统以网站的形式供用户在线聊天，用户在进入聊天室后不需要安装客户端，即可在聊天室畅所欲言、分享个人心情、互相交流信息，使用非常方便。为能够使学习目的更加明确，更适合初学者学习，本系统将聊天室系统使用范围缩小到公司或者学校内部使用，用户账户由用户注册后管理员统一管理。通过相关调查，要求聊天室网站具有以下功能：

（1）用户无需下载客户端，即可在线聊天。

（2）用户分为管理员与普通用户两类。

（3）管理员负责查看、更改、删除用户信息（只能删除未发言用户信息，为保证数据完整性，已发言用户信息不能删除）；也可以查看用户聊天信息、删除聊天记录。

（4）提供普通用户注册功能。用户注册后即可登录聊天。

（5）普通用户登录后可实时查看聊天内容。

5.3 总 体 设 计

5.3.1 项目规划

在线聊天室网站由两部分组成，一部分是网站前台，用于用户登录网站后实时交流；另一部分是网站后台，用于对网站普通用户信息的管理和留言信息的查看。

（1）网站前台。普通用户即可登录。要求实现：首页、用户注册、用户登录、用户聊天模块。

（2）网站后台。管理员方可登录。要求实现登录、用户信息管理（包括查询用户信息、更改用户信息、删除用户信息）、聊天信息管理（查询聊天信息、删除聊天信息）功能模块。

5.3.2 系统功能结构图

在线聊天室系统用户权限分为管理员和普通用户两部分。管理员拥有最高权限，负责用户管理（包括查询、更改、删除用户信息）和查看留言功能；普通用户使用自己的账号登录系统后，可以选择表情进行发言聊天。管理员和普通用户的系统功能结构图如图 5-1 和图 5-2 所示。

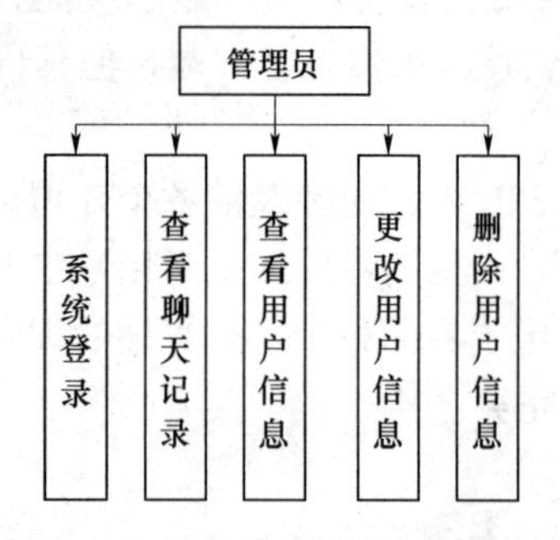

图 5-1　管理员系统功能结构图

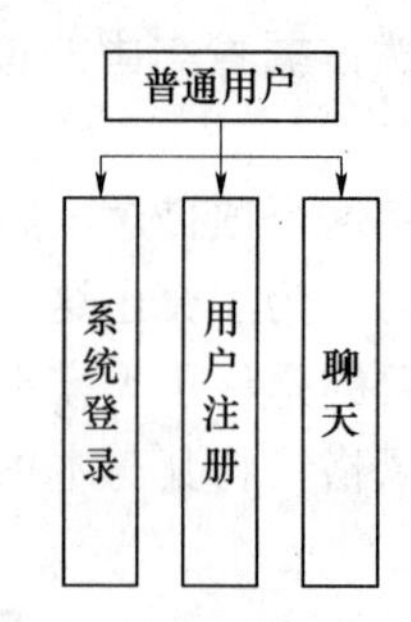

图 5-2　普通用户系统功能结构图

5.4 系 统 设 计

5.4.1 设计目标

为突出教学重点，简化复杂功能，在线聊天网站适用于各企业员工以及学校内部使用。主要实现如下目标：

（1）网页界面风格美观大方、操作简便、快捷。数据存储安全可靠。

（2）实现普通用户注册、聊天功能。

（3）实现管理员对用户信息、聊天信息的管理。

（4）保证网站运行稳定、安全可靠。

（5）系统易于维护、操作。

5.4.2 开发及运行环境

- 硬件平台：

（1）CPU：P41.8GHz。

（2）内存：256MB 以上。

- 软件平台：

（1）操作系统：Windows 2000 或 Windows XP 等。

（2）数据库：SQL Server 2000。

（3）开发工具包：JDK1.6.0、Dreamweaver。

（4）JSP 服务器：Tomcat5.5。

5.4.3　逻辑结构设计

本系统采用 SQL Server 2000 数据库，系统数据库名称为 zxlt。数据库 zxlt 中包含两张表。下面分别给出数据表概要说明及数据表结构。

（1）数据表 d_user：用户信息表，记录用户基本信息。

序号	字段名	类　型	含　义	备　　注
1	Id	char(4)	用户号	主键，非空
2	name	Char(8)	用户姓名	非空
3	Password	char(6)	密码	非空
4	Type	int	类型	非空。0 表示管理员，1 表示普通用户
5	Age	int	年龄	允许空
6	tele	char(15)	电话	允许空

（2）数据表 j_content：该表保存聊天的内容。主键是使用 SQL Server 自动增长功能，外键是用户 user_id，它依赖于表 d_user 的主键 id。

序号	字段名	类　型	含　义	备　　注
1	id	uniqueidentifier	序号	主键，非空，自动增加
2	user_id	Char(4)	用户号	非空
3	dt	DateTime	时间	非空
4	s_content	Varchar（150）	内容	非空

（3）创建数据库表的语句如下：

```
/*==============================================================*/
/* Database name:  PhysicalDataModel_1                          */
/* DBMS name:      Microsoft SQL Server 2000                    */
/* Created on:     2012-3-4 8:11:11                             */
/*==============================================================*/
alter table j_content
      drop constraint FK_J_CONTEN_REFERENCE_D_USER
go
if exists (select 1  from  sysobjects  where  id = object_id('d_user') and
type = 'U')
    drop table d_user
go
if exists (select 1  from  sysobjects  where  id = object_id('j_content'  and
type = 'U')
```

```
    drop table j_content
go

/*==============================================================*/
/* Table: d_user                                                */
/*==============================================================*/
create table d_user (
    id                   char(4)              not null,
    name                 char(8)              not null,
    password             char(6)              not null,
    type                 int                  not null,
    age                  int                  null,
    tele                 char(15)             null,
    constraint PK_D_USER primary key  (id)
)
go
/*==============================================================*/
/* Table: j_content                                             */
/*==============================================================*/
create table j_content (
    user_id              char(4)              not null,
    id                   uniqueidentifier     not null,
    dt                   datetime             not null,
    s_content            varchar(150)         not null,
    constraint PK_J_CONTENT primary key  (id)
)
go
alter table j_content
     add constraint FK_J_CONTEN_REFERENCE_D_USER foreign key (user_id)
     references d_user (id)
go
```

（4）为便于做实验,我们先在 d_user 表中插入两条记录。

```
insert into d_user (id,name,password,type,age,tele) values ('0000','admin',
'0000',0,32,'000000');
insert into  d_user (id,name,password,type,age,tele) values ('0001','张三',
'0001',1,32,'111111');
```

5.4.4 功能模块及对应页面介绍

（1）网站前台，即普通用户功能模块：位于 customchat 文件夹中。

- 登录页面：login.jsp，完成普通用户登录功能。
- 登录验证：check.jsp，用户输入登录信息后进行验证。
- 登录验证错误页面：login_error.jsp，用户登录信息输入错误后的转向页面。
- 用户注册页面：register.jsp，完成新用户注册功能。
- 用户注册验证：zcyz.jsp，将注册信息保存在数据库中。
- 注册成功页面：register_result.jsp，注册成功后的转向页面。
- 聊天页面：chat.jsp，该页面为框架页面，由 content.jsp 和 input.jsp 两个页面组成。其中 content.jsp：负责显示聊天记录内容；input.jsp：用于输入聊天内容。
- 验证码文件：image.jsp，用于显示验证码。

（2）网站后台管理，即管理员功能模块：位于 manager 文件夹中。

- 登录页面：login.jsp，用于完成管理员登录功能。

- 登录验证：check.jsp，对管理员输入的登录信息进行验证。
- 登录验证错误页面：login_error.jsp，管理员登录信息输入错误后的转向页面。
- 主操作页面：manager_main.jsp，管理员登录成功后的主操作界面。
- 查询用户信息页面：search.jsp，用于完成查询用户信息的基本功能。
- 更改用户信息页面：update.jsp，验证是否登录，如未登录，提示重新登录；如果已经登录，转向 gx.jsp 页面。
- 输入更新用户 ID 页面：gx.jsp，注意 ID 号不可修改。ID 输入正确后，经 cx.jsp 页面进行验证，成功后转向修改信息页面：xg.jsp。
- 修改用户信息页面：xg.jsp，输入完成后，通过 xgyz.jsp 完成信息修改。注意：如果未输入修改信息，将保持原来信息不变。
- 删除用户信息页面：delete.jsp。经过 delyz.jsp 页面完成删除功能。注意：如果已经发言的用户则不能删除其信息，以保证数据完整性。
- 查询聊天信息页面：view_content.jsp，完成查询用户聊天信息功能。
- 删除聊天信息页面：del_content.jsp：验证管理员是否登录，如未登录，提示重新登录；如果已经登录，转向 del_c.jsp 页面。
- 输入删除用户 ID 页面：del_c.jsp，经过 delyz.jsp 完成删除用户聊天信息功能。
- 验证码文件：image.jsp，用于显示验证码。

5.5　界　面　展　示

在线聊天系统的界面如图 5-3～图 5-20 所示。

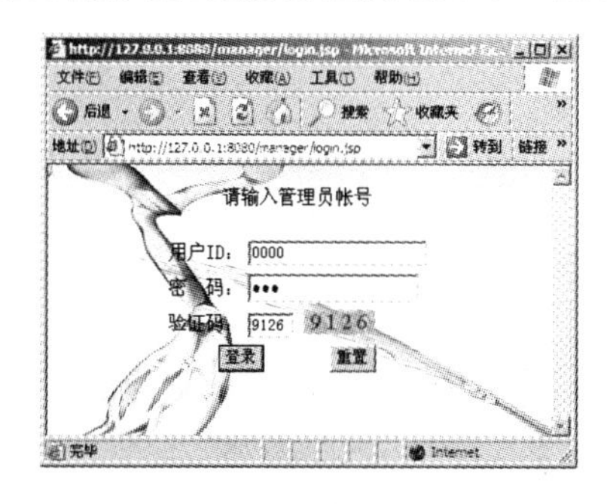

图 5-3　管理员登录界面

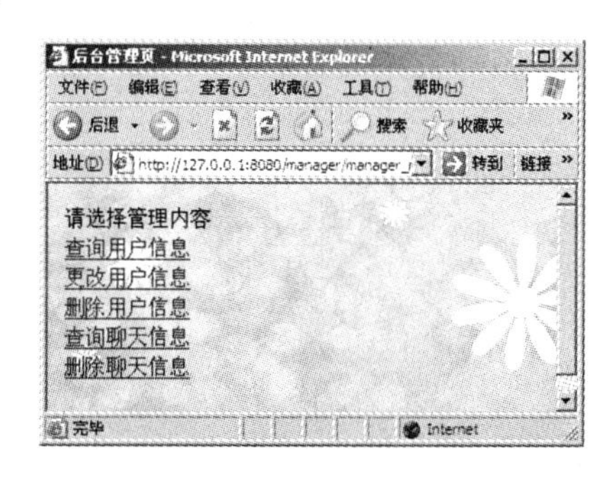

图 5-4　管理员登录主界面

图 5-5　查找用户界面

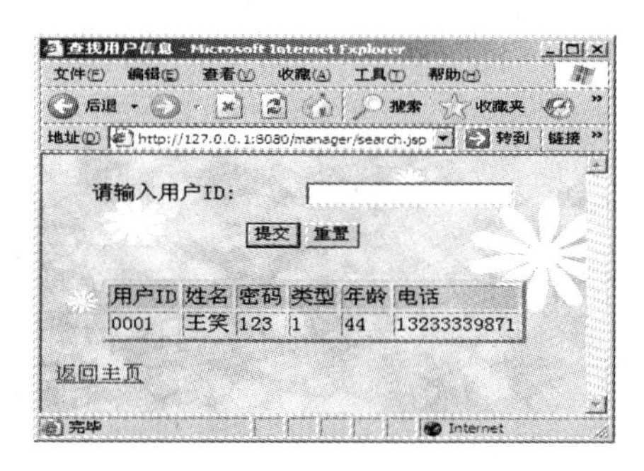

图 5-6　查找用户信息

图 5-7 修改用户信息界面

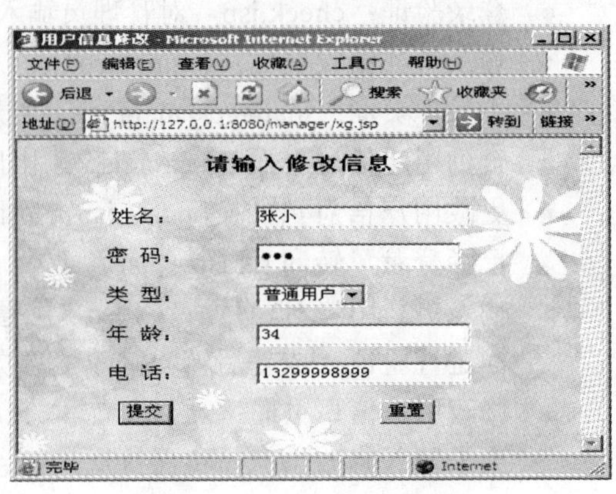

图 5-8 用户修改信息界面

图 5-9 用户修改信息成功界面

图 5-10 删除用户信息界面

图 5-11 用户信息删除成功界面

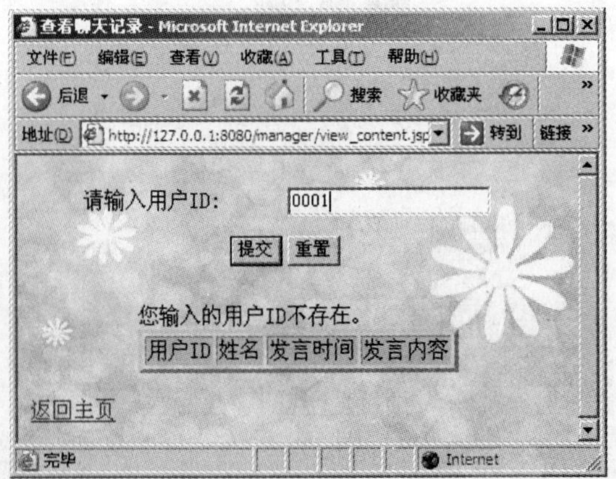

图 5-12 查看聊天记录界面

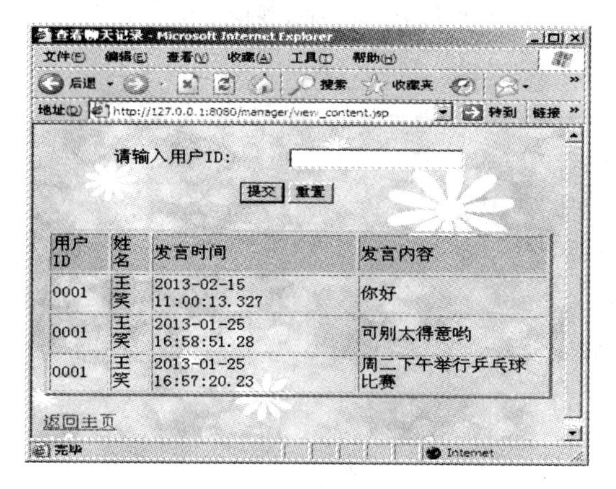

图 5-13　查询聊天记录结果界面

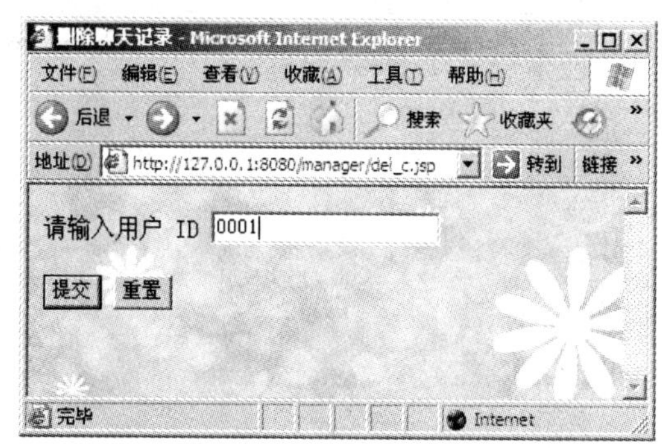

图 5-14　删除聊天记录界面

图 5-15　聊天记录删除成功界面

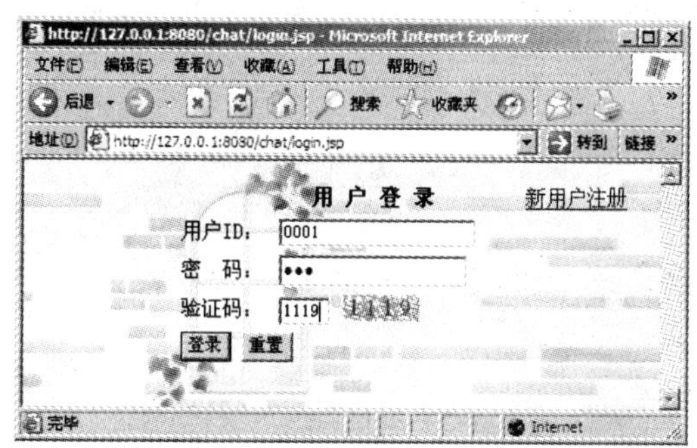

图 5-16　普通用户登录界面

图 5-17　普通用户主界面

图 5-18　用户发言显示界面

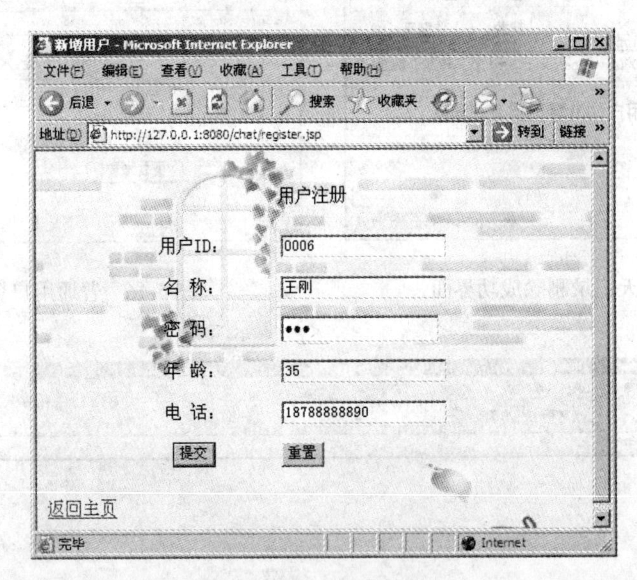

图 5-19　用户注册界面

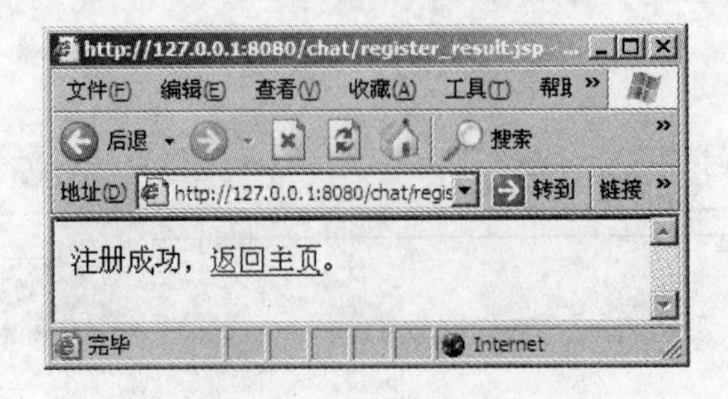

图 5-20　用户注册成功界面

5.6　涉及的知识点

（1）JSP 内置对象。Request 对象，用于接收表单参数；Response 对象，用于网页跳转；Session 内置对象，包括图片验证码的使用、用户信息的保存，以及控制合法用户使用系统；Application 内置对象，用于保存聊天信息，方便登录后查看聊天信息。

（2）JavaBean。将 JDBC 数据库操作进行封装，方便多次访问调用。

（3）JSP 访问数据库。

（4）JDBC：主要用于用户的登录验证及用户的管理；有关数据库操作均使用 JDBC 技术。

本书将结合知识点对项目进行分解，按照项目化教学方法在以后各章中详细讲解所涉及的知识点。

第 6 章　JSP 内 置 对 象

学习目标：

（1）了解 JSP 页面内置对象的用法。

（2）掌握 JSP 内置对象的常用方法。

（3）理解 JSP 中 4 种属性的使用范围。

6.1　项目分解（一）：利用 JSP 内置对象实现用户登录模块

1. 任务描述

第 5 章中，本书对在线聊天室系统进行了详细介绍。细心的读者可能会发现，不管是管理员还是普通用户，登录模块都是必不可少的，而且二者登录模块的编程、界面几乎相同。

本章以普通用户操作为例，介绍用户登录模块。管理员登录模块实现与之相似。

用户要想进入聊天系统，首先必须进行登录。登录时要求用户输入正确的用户名、密码、验证码后，方可进入在线聊天室，否则要求用户重新输入。

2. 任务涉及知识要点

（1）利用 Request 对象获取客户输入的用户名、密码、验证码。

（2）利用 Response 对象实现客户输入正确后的页面跳转。

（3）利用 Session 对象获取验证码，与客户输入的验证码进行比较。

（4）从数据库中取出用户名、密码，与客户输入内容比较是否一致。

知识点（1）、（2）、（3）的具体内容本章将进行详细讲解，知识点（4）涉及的数据操作内容将在第 7 章进行讲解。

3. 任务界面实现

如图 6-1～图 6-3 为用户登录模块的界面实现。

图 6-1　普通用户登录界面

图 6-2　登录失败界面

图 6-3　登录成功后的在线聊天界面

4. 任务实现代码

登录模块由 4 个 JSP 文件组成，分别为 login.jsp、check.jsp、login_error.jsp、 image.jsp。

login.jsp：用户登录界面

```
<%@page contentType="text/html;charset=GBK"%><style type="text/css">
<!--
body {
    background-image: url(image/bj.jpg);
}
.STYLE1 {
    font-size: 16px;
    font-weight: bold;
}
-->
</style>
<label></label>
<form action="check.jsp" method="post" class="STYLE2" >
<table width="447" border="0" align="center">
   <tr>
       <td width="291"> <div align="right">
       <span class="STYLE1">用 户 登 录</span></div>
       </td>
       <td width="146"><div align="right">
       < a href="register.jsp">新用户注册</a></div>
       </td>
   </tr>
```

```
</table>
<table align="center" border="0">
    <tr>
        <td width="71">用户 ID: </td>
        <td width="174"><input type="text" name="userid"></td>
    </tr>
    <tr>
        <td>密  码: </td>
        <td><input type="password" name="password"></td>
    </tr>
    <tr>
        <td>验证码: </td>
        <td>
        <input type="text" name="code" size="4" maxlength="4">
        <img src="image.jsp">
          </td>
    </tr>
    <tr>
        <td colspan="2">
        <input type="submit" value="登录">
        <input type="reset" value="重置">
            </td>
       </tr>
</table>
</form>
```

check. jsp：登录验证

```
<%@page contentType="text/html;charset=GBK"%>
<%@page import="java.sql.*"%>
<jsp:useBean id="Mybean" scope="page" class="bean.DataBaseConnBean"/>
<% request.setCharacterEncoding("GBK") ;    // 进行乱码处理
    String code = request.getParameter("code") ;      // 接收表单参数
    String rand = (String)session.getAttribute("rand") ;
    if(!rand.equals(code)){
%>
        <jsp:forward page="login_error.jsp?tips=您输入的验证码不正确！" />
<% } %>
<% String bName=request.getParameter("userid");
   if(bName==null){
      bName="";
   }
   String bPassword=request.getParameter("password");
   if(bPassword==null){
       bPassword="";
   }
  String sql="select * from d_user where id ='"+bName+"' and
             password = '"+bPassword+"' and type = 1" ;
   ResultSet rs=Mybean.executeQuery(sql);
   if (rs.next()){
       session.setAttribute("name",rs.getString("name") );
       session.setAttribute("id",rs.getString("id"));
```

```
        Mybean.close();
        response.sendRedirect("chat.jsp");
%>
<%  }
    else{
      Mybean.close();
%>
      <jsp:forward  page="login_error.jsp?tips=您输入的用户名或密码不正确!"/>
<%  }  %>
```

login_error.jsp：登录错误界面

```
<%@page contentType="text/html;charset=GBK"%>
<html><style type="text/css">
<!--
body {
      background-image: url(image/bj4.gif);
      background-repeat: repeat;
}
-->
</style>
<body>
<%  request.setCharacterEncoding("GBK") ;              // 进行乱码处理
    String tips = request.getParameter("tips") ;      // 判断验证码
%>
<%=tips%>,请重新<a href="login.jsp">登录</a>。
</body>
</html>
```

image.jsp

```
<%@page contentType="image/jpeg"%>
<%@page  import="java.awt.*,java.awt.image.*,java.util.*,javax.imageio.*" %>
<%!  Color getRandColor(int fc,int bc){//给定范围获得随机颜色
        Random random = new Random();
        if(fc>255) fc=255;
        if(bc>255) bc=255;
        int r=fc+random.nextInt(bc-fc);
        int g=fc+random.nextInt(bc-fc);
        int b=fc+random.nextInt(bc-fc);
        return new Color(r,g,b);
     }
%>
<%  response.setHeader("Pragma","No-cache"); //设置页面不缓存
    response.setHeader("Cache-Control","no-cache");
    response.setDateHeader("Expires",0);
    int width=60,height=20;
BufferedImage image = new BufferedImage(width,height,BufferedImage.TYPE_INT_RGB);
  // 在内存中创建图像
      Graphics g = image.getGraphics();// 获取图形上下文
      Random random = new Random();//生成随机类
      g.setColor(getRandColor(200,250)); // 设定背景色
      g.fillRect(0,0,width,height);
```

```
        g.setFont(new Font("Times New Roman",Font.PLAIN,18)); //设定字体
        //g.setColor(new Color());
        //g.drawRect(0,0,width-1,height-1);
        // 随机产生 155 条干扰线,使图像中的认证码不易被其他程序探测到
        g.setColor(getRandColor(160,200));
        for (int i=0;i<155;i++){
            int x = random.nextInt(width);
            int y = random.nextInt(height);
            int xl = random.nextInt(12);
            int yl = random.nextInt(12);
            g.drawLine(x,y,x+xl,y+yl);
    }
    // 取随机产生的认证码(4 位数字)
    //String rand = request.getParameter("rand");
    //rand = rand.substring(0,rand.indexOf("."));
    String sRand="";
    for (int i=0;i<4;i++){
    String rand=String.valueOf(random.nextInt(10));
    sRand+=rand;
    // 将认证码显示到图像中
g.setColor(new Color(20+random.nextInt(110),20+random.nextInt(110),20+random.next
Int(110)));
    //调用函数出来的颜色相同,可能是因为种子太接近,所以只能直接生成
        g.drawString(rand,13*i+6,16);
        }
        session.setAttribute("rand",sRand); // 将认证码存入 Session
        g.dispose();// 图像生效
        ImageIO.write(image,"JPEG",response.getOutputStream());// 输出图像到页面
        out.clear();
        out = pageContext.pushBody();
    %>
```

程序说明：

（1）login.jsp 为用户登录界面，用户在该界面上输入用户 ID、密码、验证码后，提交表单数据进行验证。注意 login.jsp 界面有一个图形化验证码，是通过 image.jsp 来实现的。读者不需要掌握 image.jsp 的全部代码，只需把该文件放在项目文件夹中，直接使用即可。值得注意的是，读者必须了解 image.jsp 中 session.setAttribute("rand"，sRand)这一行代码的意义，该行代码的意思是将认证码存入 Session 中，在其他界面取图形验证码时，只需使用 String rand = (String)session.getAttribute("rand") 即可。

（2）表单提交后，login.jsp 表单选项中的 action 指向 check.jsp，即验证代码写在 check.jsp 中。在 check.jsp 中，先利用 request 对象的 request.setCharacterEncoding("GBK") 方法进行乱码处理；然后利用 request.getParameter("code")方法取出用户输入的验证码；在 login.jsp 中，程序员已经将图形验证码通过 session.setAttribute("rand"，sRand)方法存入到了 rand 对象中，在 check.jsp 中通过代码 String rand = (String)session.getAttribute("rand")将其取出，使之与用户输入的验证码进行比较，相同即可通过验证码验证。

（3）在验证用户 ID、密码时，check.jsp 文件也用到了 request.getParameter("userid")和 request.getParameter("password")方法取出用户输入的用户 ID、密码；用户 ID、密码取出后

和数据库中的用户 ID、密码进行比较，相同的话即登录成功，可利用 response 对象的 response.sendRedirect("chat.jsp")方法进入聊天界面。这里涉及了数据库的有关操作知识，将在第 7 章详细讲解。

（4）如果验证未通过，即可跳转到 login_error.jsp 登录错误页面，在该页面返回到登录页面重新登录。

用户登录模块使用了 JSP 的内置对象 request、response、session，下面将详细介绍这些对象。

6.2 理 论 知 识

6.2.1 内置对象概述

在前面的例子中，我们使用 request.getparameter( )方法接收从表单传来的参数，实际上，request 就是一个内置对象。

在 Java 中要使用一个对象时，必须进行实例化操作，但在使用 Request 对象时，并没有进行实例化，为什么呢？因为在 JSP 中已经将常用的类进行实例化了，因此可以直接使用。这些对象就称为内置对象，内置对象共有 9 个，表 6-1 列出了这些内置对象。

表 6-1　JSP 中的内置对象

内置对象名称	功　能	类　型
request	得到客户端的信息	javax.servlet.http.HttpServletRequest
response	服务器对客户请求的响应	javax.servlet.http.HttpServletResponse
Out	向客户端浏览器发送信息	javax.servlet.jsp.JspWriter
session	会话对象，存储客户访问信息	javax.servlet.http.HttpSession
application	保存服务器运行时的全局变量	javax.servlet.ServletContext
pageContext	当前页面运行时的一些属性	javax.servlet.jsp.PageContext
config	提供配置信息	javax.servlet.ServletCofig
page	由 JSP 文件产生的类对象	java.lang.Object
exception	JSP 运行时抛出的异常对象	java.lang.Throwable

本章将重点讲解前 6 个内置对象，其他的内置对象读者可以查看 J2EE 的帮助文档，了解所在的类，以及所具有的方法。

6.2.2 Request 对象

6.2.2.1 Request 对象简介

用户请求 JSP 页面时，服务器把用户提交的请求信息封装在 Request 对象中，调用 Request 对象的方法可以获得并处理这些信息。Request 对象是 HttpServletRequest 接口的一个实例，HttpServletRequest 的父接口是 ServletRequest，ServletRequest 只有一个子接口，就是 HttpServletRequest。

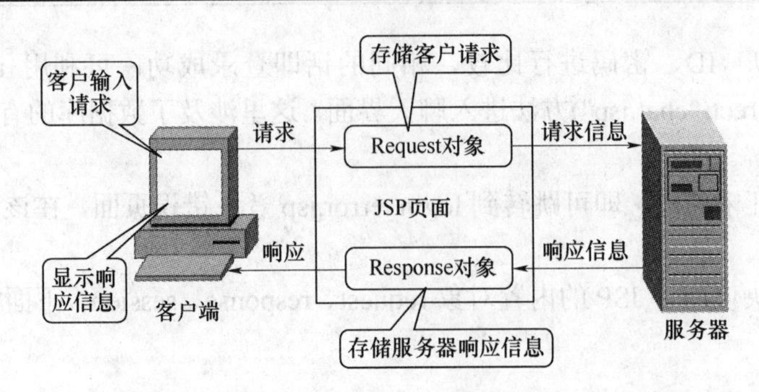

图 6-4　Request 对象和 Response 对象协同工作原理图

HTTP 是用户与服务器之间的请求（Request）信息和响应（Response）信息的通信协议，用户向服务器发出请求时，使用 Request 对象得到用户提交的请求信息，并把信息封装在对象内。使用 Response 对象封装服务器的响应信息，并发送给用户。Request 对象和 Response 对象结合起来完成动态页面的交互功能，图 6-4 显示了 Request 对象和 Response 对象协同工作的原理。

6.2.2.2　Request 对象的常用方法

下面介绍 Request 对象的常用方法：

（1）getAttribute(String name)：返回 name 指定的属性值，如果不存在指定的属性，则返回空值（null）。

（2）getAttributeNames()：返回 Request 对象的所有属性名。

（3）getCharacterEncoding()：返回请求中的字符编码方式，若无编码方式，返回空值。

（4）getContentLength()：返回正文的长度，以字节为单位，若不确定长度，返回-1。

（5）getCookies()：返回客户端所有的 Cookies 对象，结果是一个 Cookie 数组。若浏览器没有发送 Cookies，则返回空值（null）。

（6）getHeader(String name)：返回由 name 指定名字的文件头值。

（7）getHeaderNames()：返回请求中所有请求头的名字。

（8）getMethod()：获得表单提交信息的方式。

（9）getParameter(String name)：获得客户端传送给服务器端的表单的参数值，该参数由 name 指定。

（10）getParameterNames()：获得客户提交的所有参数名。

（11）getParameterValues(String name)：获得 name 指定的所有参数值。

（12）getProtocol()：获得请求所使用的通信协议和版本号。

（13）getQueryString()：获得使用 get 方式提交的表单数据。

（14）getRequestURI()：获得客户端地址。

（15）getRemoteAddr()：获得客户端的 IP 地址。

（16）getRemoteHost()：获得客户端主机全名，若不能获取，获得 IP 地址。

（17）getSession([Boolean create])：获得和请求相关的 session。

（18）getServerName()：获得接受请求的服务器主机名。

（19）getServletPath()：获得客户请求 JSP 页面的文件目录。

（20）getServerPort()：获得服务器主机的端口号。

（21）getPathInfo()：获得关联到 URL 的附加路径信息。

（22）removeAttribute(String name)：删除请求中的属性。

（23）setAttribute(String name，java.lang.Object object)：设置参数名为 name 的 Request 参数的值。

（24）setCharacterEncoding(String charset)：指定请求编码，在调用 Request 对象的 getParameter()方法前使用，解决中文乱码问题。

6.2.2.3　Request 对象示例

1. 使用 Request 对象接收参数

使用 Request 对象接收参数时，通常使用 getParameter()方法获得从表单或 URL 重定向传来的参数信息。学习本章，需要有 HTML 基础知识，相关知识点在第 3 章已经详细介绍，读者可以再回顾一下第 3 章中的相关知识。

通常客户端向服务器端提交的时候，有多种数据提交机制，最常用的就是 get 方法和 post 方法。下面分别介绍这两种方法。

（1）get 提交方法。客户输入表单的内容会全部显示在地址栏中；地址栏最大能放 4～5KB 容量的文字，所以内容过大肯定无法提交。

（2）post 提交方法。地址栏不显示客户提交的内容，较为安全；使用 post 方式提交本身不受长度的限制，理论上是任意长度，但如果上传的内容过多，则会超过 HTTP 的超时时间的限制。

［例 6-1］演示了如何获取客户表单请求。

【例 6-1】 ex6-01.html 文件为用户购书时的请求表单，当用户单击“提交”按钮后，会在 ex6-01.jsp 中显示用户需求，请编写 ex6-01.jsp 文件的代码。

```
<!--ex6-01.html-->
<html>
<head><title>获取客户表单请求信息</title>
</head>
<body>
<form  action="ex6-01.jsp"  method="post">
<p>            
     购书信息</p>
<p>用 户 名：<input type="text" name="RdName" id="textfield">
<br> 联系方式：<input type="text" name="RdPh" id="textfield2">
<br> 性别：<input type="radio" name="RdSex" value="先生" checked>男
          <input type="radio" name="RdSex" value="女士" >女
</p>
<p> 请选择书目：
<br><input type="checkbox" name="book" value="JSP 动态网站设计">
    JSP 动态网站设计    
    <input type="checkbox" name="book" value="数据结构">数据结构
<br><input type="checkbox" name="book" value="计算机网络">
    计算机网络         
    <input type="checkbox" name="book "value="Java 程序设计"> Java 程序设计
```

```
<p>请选择付款方式:
    <select name="payment">
      <option value="邮局汇款">邮局汇款</option>
      <option value="银行转账">银行转账</option>
      <option value="货到付款">货到付款</option>
    </select>
<p> 请您留言: <br><textarea name="content" rows=2 cols=40></textarea>
<p><input type="submit" value=" 提 交 " name="submit">
   <input type="reset" value=" 清 除 " name="clear">
</form>
</body>
</html>

<!--ex6-01.jsp-->
<%@page contentType="text/html;Charset=GBK"%>
<html><title>获取客户表单请求信息</title>
<body>
<% request.setCharacterEncoding("GBK") ;         // 进行乱码处理
   String bookName[]=request.getParameterValues("book");//获得book复选框中
的数据
   String strName=request.getParameter("RdName");//获得用户名文本框数据
   String strPh=request.getParameter("RdPh"); //获得联系方式文本框数据
   String strSex=request.getParameter("RdSex"); //获得性别单选按钮数据
   String strPay=request.getParameter("payment");  //获得付款方式下拉列表框数据
   String strCon=request.getParameter("content"); //获得留言多行文本框数据
%>
<%=strName%><%=strSex%>:<p> 您好!欢迎选购图书。您的联系电话是<%=strPh%>。
<p>您选购的图书是:
<%  if(bookName!=null){
       for(int k=0;k<bookName.length;k++){
          out.println(bookName[k]+"  ");
       }
     }
%>
<p>您选择的付款方式是: <%=strPay%>
<p>您的留言是:  <%=strCon%>
<p>我们会尽快办理。欢迎再次光临!
</body>
</html>
```

运行结果如图 6-5 和图 6-6 所示。

注意: 在表单中有一种称为隐藏域的对象, 此对象中的内容会随着表单一起提交到 JSP 页面中, 接收该隐藏域对象的方法与接收表单参数的方法相同, 只需使用 request.getParameter()方法即可。

2. 使用 Request 对象获取客户端信息

【例 6-2】 使用 Request 对象的各种方法, 获取客户端各种信息, ex6-02.html 页面有一个用户名文本框和一个输入密码的密码框, 要求单击"提交"按钮后, 由 ex6-02.jsp 程序获取客户端的各种信息。

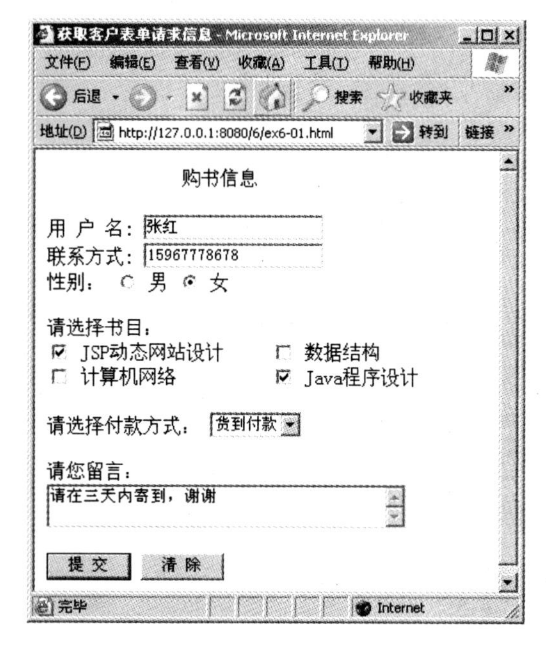

图 6-5　用户购书表单

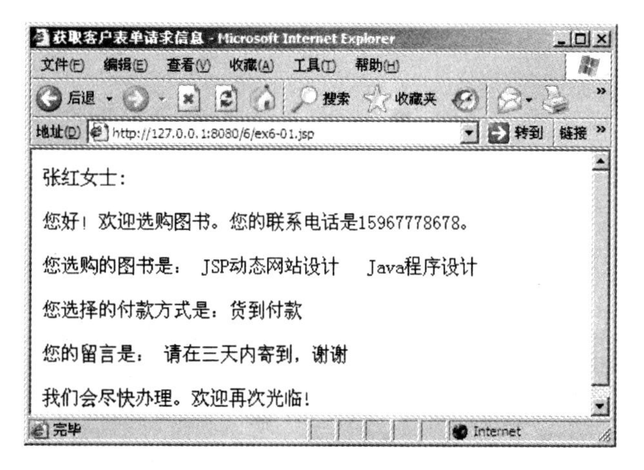

图 6-6 ［例 6-1］显示效果

```
<!--ex6-02.html-->
<html>
<head><title>获取客户端信息</title>
<style type="text/css">
<!--
.STYLE2 {
 font-size: 18px
}
-->
</style>
</head>
<body>
```

```
<form action="ex6-02.jsp" method="post">
<p align="center"> </p>
<table width="355" border="0" align="center">
    <tr>
        <td colspan="2">
        <div align="center" class="STYLE2">
        <div align="left">        用户登录</div>
        </div>
        </td>
    </tr>
    <tr>
        <td width="76">用户名：</td>
        <td width="263"><label><input type="text" name="name" id="name">
</label>
        </td>
    </tr>
    <tr>
        <td>密  码:</td>
        <td><label><input type="password" name="pass" id="pass"></label>
        </td>
    </tr>
    <tr>
        <td> </td>
        <td>
        <label><input type="submit" name="button" id="button" value="提交
"></label>
        <label><input type="reset" name="button2" id="button2" value="重
置"></label>
        </td>
    </tr>
</table>
</form>
</body>
</html>

<!--ex6-02.jsp-->
<%@page contentType="text/html;Charset=GBK"%>
<%@page import="java.util.*"%>
<html>
<head><title>获取客户端信息</title></head>
<body>
<%  request.setCharacterEncoding("GBK") ;        // 进行乱码处理
    out.println("getParameter()获得姓名文本框提交信息:
            "+request.getParameter("name")+"<br>");
    out.println("getParameter()获得密码文本框提交信息:
            "+request.getParameter("pass")+"<br>");
    out.println("getContentLength()获得客户提交信息长度:
            "+request.getContentLength()+"<br>");
    out.println("getCharacterEncoding()获得请求中的字符编码方式:
```

```
                "+request.getCharacterEncoding()+"<br>");
        out.println("getHeader()获得 HTTP 头文件中 Host 值:
                "+request.getHeader("Host")+"<br>");
        out.println("getHeader()获得 HTTP 头文件中 User-Agent 值:
                "+request.getHeader("User-Agent")+"<br>");
        out.println("getMethod()获得客户提交信息的方式: "+request.getMethod()+"<
br>");
        out.println("getProtocol()获得客户端协议名和版本号:
                "+request.getProtocol()+"<br>");
        out.println("getProtocol()获得 get 方法提交的信息:
                "+request.getQueryString()+"<br>");
        out.println("getRequestURI()获得客户机地址: "+request.getRequestURI()+
"<br>");
        out.println("getRemoteAddr()获得客户机的 IP 地址:
                "+request.getRemoteAddr()+"<br>");
        out.println("getRemoteHost()获得客户端主机全名:
                "+request.getRemoteHost()+"<br>");
        out.println("getSession(true)获得和请求相关的 session:
                "+request.getSession(true)+"<br>");
        out.println("getServerName()获得服务器名: "+request.getServerName()+
"<br>");
        out.println("getServletPath()获得客户请求页面的文件目录:
                "+request.getServletPath()+"<br>");
        out.println("getServerPort()获得服务器端口号: "+request.getServerPort()+
"<br>");
        out.println("getParameterNames()获得请求中所有参数名: ");
        Enumeration enumName=request.getParameterNames();
          while(enumName.hasMoreElements()){
           String s=(String)enumName.nextElement();
           out.println(s+"  ");
          }
       out.println("<br>");
       out.println("getHeaderNames()获得请求中所有请求头的名字: ");
       Enumeration enumhHttpName=request.getHeaderNames();
        while(enumhHttpName.hasMoreElements()){
          String s=(String)enumhHttpName.nextElement();
          out.println(s+"  ");
       }
   %>
   </body>
   </html>
```

运行结果如图 6-7 和图 6-8 所示。

3. 处理中文乱码

处理中文乱码问题在第 4 章已经详细讲过了，最为方便的就是使用 Request 对象的 setCharacterEncoding()方法，即在程序开始加上 request.setCharacterEncoding("GBK");即可。当然，如果我们在 JSP 页面的@page 指令标识处已经声明了 charset=GBK，则也可以起到相同的效果。

图 6-7 ex6-02.html 页面

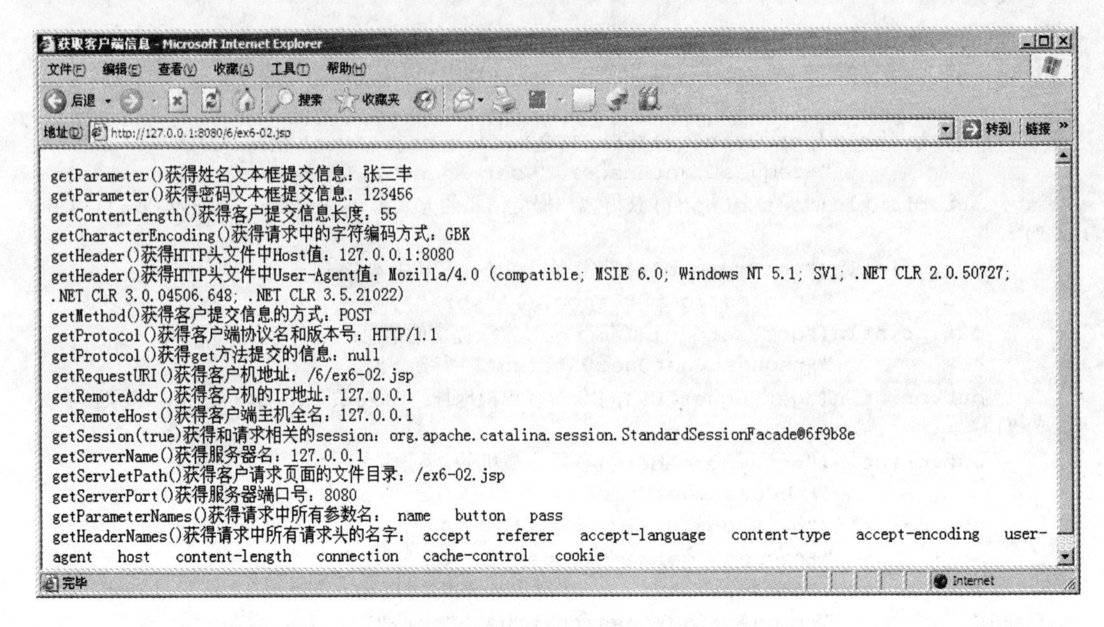

图 6-8 ［例 6-2］显示效果图

6.2.3 Response 对象

6.2.3.1 Response 对象简介

Response 对象把服务器端的数据以 HTTP 的格式发送到客户端浏览器，与 Request 对象结合起来完成动态页面的交互功能。Response 本身是 HttpServletResponse 的对象，HttpServletResponse 本身也是 ServletResponse 的子接口，这点与 Request 对象非常相似。

6.2.3.2 Response 对象常用方法

Response 中存在着大量的方法供用户选择，最常用的三种操作就是：设置头信息、跳转、Cookie，Response 对象的主要方法如下：

（1）addCookie()：添加 Cookie 对象，保存客户端用户信息。

（2）addHeader(String name，String value)：向 HTTP 文件头添加名为 name，值为 value 的头信息。该头信息传送到客户端，如果客户端存在同名头信息，则用新值覆盖旧值。

（3）containHeader(String name)：判断 name 指定名字的 HTTP 文件头是否存在，并返回一个布尔值。

（4）getBufferSize()：获得缓冲区的大小。

（5）getCharacterEncoding()：获得服务器响应用户所使用的编码方式。

（6）getOutputSteam()：获得返回到客户端的输出流对象。

（7）getWriter()：获得一个打印输出对象，向用户发送字符文本。

（8）setContentLength()：设置服务器发送给客户端内容的长度。

（9）setContentType(String type)：设置发送到客户端内容的类型。

（10）setHeader(String name，String value)：设置名为 name 值为 value 的文件头值。

（11）setStatus(int n)：设置响应状态行。

（12）sendError(int)：向客户端发送错误信息。

（13）sendRedirect(URL)：页面重新定向，把响应信息发送到另一个页面。

（14）setStatus(int n)：设置响应的状态码。

6.2.3.3 Response 对象示例

1. 设置头信息

头信息就是随着具体的内容一起提交到服务器端，或者从服务器端随着内容一起发送到客户端上来的。在 Response 中一个比较常用的头信息就是刷新指令，可以完成定时刷新的功能。

（1）通过 setHeader()方法进行定时刷新。

定时刷新的语法格式如下：

```
response.setHeader("refresh", "秒数");
```

注意：一般刷新的频率为每隔 2 秒刷新一次。

【例 6-3】 在页面中，实时显示当前时间，显示效果如图 6-9 所示。该示例包含程序 ex6-03.jsp，代码如下所示。

```
<!--ex6-03.jsp-->
<%@page contentType="text/html; charset=GBK"%>
<%@page  import="java.util.*" %>
<html>
<head><title>response 对象常定时刷新</title></head>
<body>
  页面每 1 秒钟刷新一次,现在的时间是：<br>
<%  out.println(" "+new Date());
    response.setHeader("Refresh","1");
%>
</body>
</html>
```

运行效果如图 6-9 所示。

图 6-9　［例 6-3］运行效果

（2）通过 setHeader()方法进行定时跳转。

经过适当的设置，定时刷新也可以完成定时跳转功能，可以让一个页面经过多少秒之后跳转到其他页面。定时跳转的语法格式如下：

```
response.setHeader(“refresh”,“秒数;URL=目标页面”)
```

注意：定时跳转并不是万能的，有时不能进行正常跳转，例如（后退）操作之后，不能进行定时跳转，解决方法是添加一个“超链接”进行跳转。

【例 6-4】 在页面中实现定时跳转，该示例包含程序 ex6-04.jsp、ex6-01.html，代码如下所示。

```
<!--ex6-04.jsp-->
<%@page contentType="text/html;charset=GBK"%>
<%
  response.setHeader("refresh","2;URL=ex6-01.html") ; // 2 秒后跳转到页面
ex6-01.html
%>
<h2>本页面 2 秒后跳回到首页！</h2>
<h2>如果没有跳转,请按<a href="ex6-01.html">这里</a>！</h2>
```

定时跳转之后，页面的地址被改变了，所以此跳转称为客户端跳转。

当然，在 HTTP 本身中也提供了这样的跳转功能，可以通过头信息的方式设置完成。

（3）通过 META 标签设置跳转。

在 HTML 的 head 标签下添加<meta>，设置跳转，格式如下：

```
<head>
<meta http-equiv=“refresh” content=“秒数;url=目标页面”>
</head>
```

［例 6-4］也可以改成如下代码完成。

【例 6-5】 在页面中，实现定时跳转，该示例包含程序 ex6-05.html、ex6-01.html，代码如下所示。

```
<!--ex6-05.html-->
<%@page contentType="text/html; charset=utf-8" language="java" %>
<html>
<head>
<meta http-equiv="refresh" content="2;url=ex6-01.html">
<title>利用设置头信息进行页面跳转</title>
</head>
<body>
<h2>本页面 2 秒后跳回到首页！</h2>
<h2>如果没有跳转,请按<a href="ex6-01.html">这里</a>！</h2>
</body>
</html>
```

到底是用 Response 设置跳转还是使用<META>设置呢？其实以上两种方式完成的效果都是一样的，没有任何区别。但是如果有些页面中，只是需要跳转的话，将其声明为动态页，执行速度肯定不如静态页快。所以如果页面不存在 Java 代码，则选用<meta>比较好，可以减少服务器的压力。

2. 客户端跳转

在 Response 对象中提供了专门的跳转执行，使用 sendRedirect(URL)方法即可完成。

【例 6-6】 验证客户在表单中输入的姓名(例如“张三丰”)是否正确，如果输入正确，显示登录成功界面；如果输入不正确，利用 sendRedirect()方法将页面重新定向，要求客户重新输入。该示例包含代码 ex6-03.html、ex6-06.jsp、ex6-03-1.html。

```
<!--ex6-03.html-->
<html>
<head><title>sendRedirect()页面重新定位</title>
</head>
<body>
<font size="4"> 请输入正确姓名! </font>
<form action="ex6-06.jsp"  method="post">
<font size=4>
姓 名:    <input  type="text"  name="RdName"  id="textfield">
<p>       <input  type="submit"  value=" 确 定 "  name="submit">
          <input  type="reset"  value=" 清 除 "  name="reset">
</font>
</form>
</center>
</body>
</html>

<!--ex6-06.jsp-->
<%@page contentType="text/html;Charset=GBK"%>
<html>
<head><title>sendRedirect 方法应用案例</title>
</head>
<body>
<%  String Name = request.getParameter("RdName");
   if(Name.equals("张三丰")){
%>
        <font size="4"  color="blue">
        <%= Name %>:你好!祝贺你,登录成功! </font><P>
<%  }
   else
        response.sendRedirect("ex6-03-1.html");
%>
</body>
</html>
ex6-03-1.html 代码与 ex6-03.html 相同,不再介绍。
```

运行结果如图 6-10～图 6-12 所示。

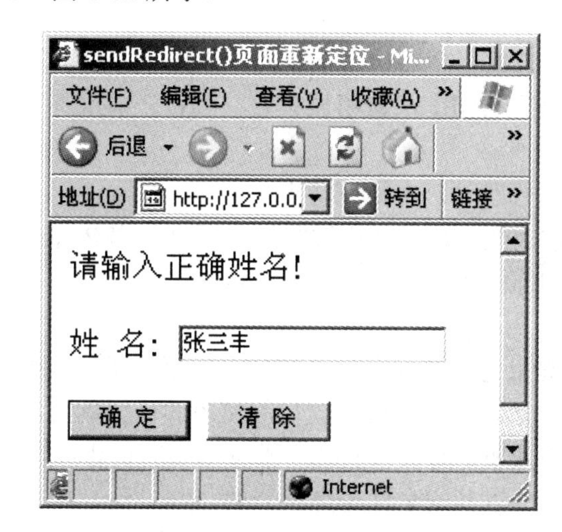

图 6-10　客户输入表单界面

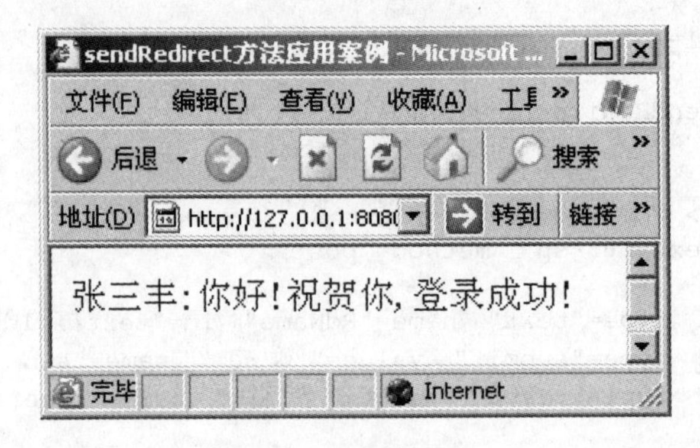

图 6-11 登录成功界面

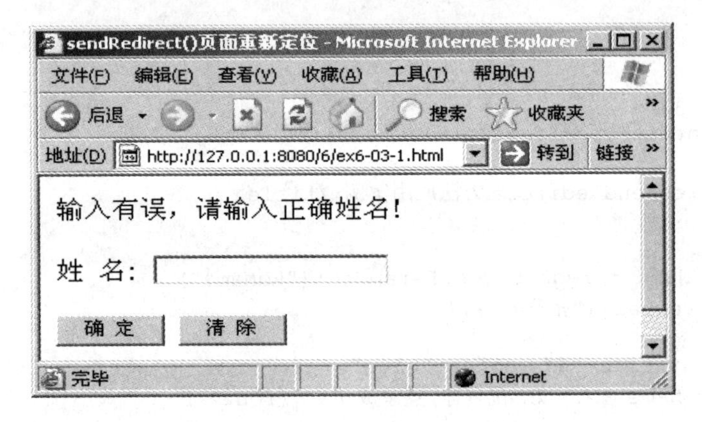

图 6-12 登录失败跳转页面界面

第 4 章中介绍了<jsp:forward>标记跳转，那么<jsp:forward>和 sendRedirect()跳转有什么区别呢？下面就来总结一下。

使用<jsp:forward>进行跳转，有如下特点：

（1）<jsp:forward>跳转后地址栏的地址不被改变，属于服务器端跳转，可以传递 Request 属性。

（2）属于无条件跳转，执行到语句马上跳转，跳转之后的语句不会执行。

（3）如果在 JSP 中使用 JDBC，很明显必须在跳转之前进行数据库的关闭，否则数据库就再也无法关闭了。

使用 sendRedirect()进行跳转，有如下特点：

（1）跳转后地址栏被改变，属于客户端跳转，不可传递 Request 属性。

（2）是在所有的语句都执行完之后才完成跳转操作。

3. **操作 Cookie**

Cookie 是浏览器所提供的一种技术，这种技术让服务器端的程序能将一些只需保存在客户端，或者在客户端进行处理的数据，放在所使用的计算机上，不需通过网络的传输，这样可以提高网页处理的效率，而且也能减少服务器端的负载；但是由于 Cookie 是服务器端保存在客户端的消息，所以其安全性也是很差的。

在 JSP 中专门提供了 javax.servlet.http.Cookie 的操作类。

（1）设置 Cookie。代码如下：

```
Cookie  cookie = new  Cookie("cookieName","cookieValue");
```

其中 cookieName 为 Cookie 对象的名称，以后要获取 Cookie 的时候需要使用。cookieValue 为 Cookie 对象的值，也就是用来储存用户的信息，如用户名、密码等。

实例化 cookie 对象后需要用到 response.addCookie();将 cookie 加入到 HTTP 头中。

（2）读取 Cookie。代码如下：

```
Cookie  cookies[] = request.getCookies();
```

此时，得到的是所有 Cookie 的数组对象，需要循环遍历使用，代码如下：

```
for(int i=0;i<cookies.length;i++)
System.out.println(cookies[i].getValue());
```

（3）设置 Cookie 的保存时间。

可使用 Cookie 实例对象.setMaxAge(int second)设置 Cookie 的保存时间。JSESSIONID 在第一次请求完成之后才自动设置到客户端上，代码如下：

```
Cookie 实例对象.setMaxAge(int second)
```

（4）删除 Cookie。代码如下：

```
for(int i=0;i<cookies.length;i++){
cookies[i].setMaxAge(0);
response.addCookie(cookies[i])}
```

【例 6-7】 向客户端增加 Cookie，该示例包含代码 ex6-07.jsp、ex6-08.jsp。

```
<!--ex6-07.jsp-->
<%@page contentType="text/html;charset=GBK"%>
<html>
<body>
   <P>Cookie 设置例子</P>
<%
   Cookie c1 = new Cookie("username","ztzy");// 准备好了两个 Cookie
   Cookie c2 = new Cookie("userpass","www.zzrvtc.edu.cn.");
   response.addCookie(c1); // 通过 response 设置到客户端上去
   response.addCookie(c2);
%>
</body>
</html>

<!--ex6-08.jsp-->
<%@page contentType="text/html;charset=GBK"%>
<%
   Cookie c[] = request.getCookies() ; // 取得全部设置的 Cookie 对象
   System.out.println(c) ;
   for(int i=0;i<c.length;i++){
%>
 <h3><%=c[i].getName()%> --> <%=c[i].getValue()%></h3>
<%  }  %>
```

运行效果如图 6-13 所示。

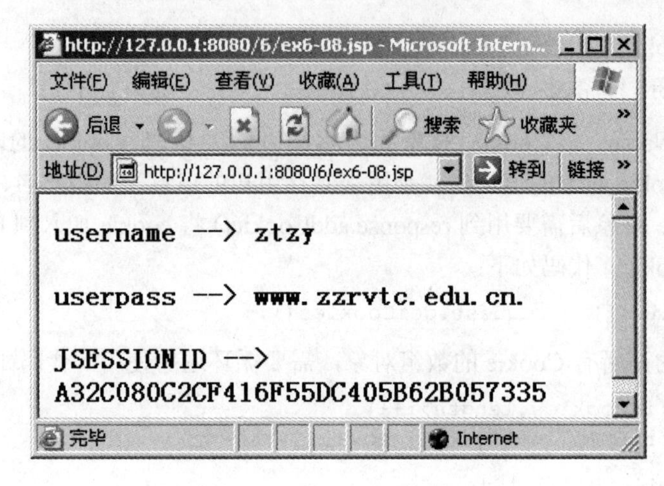

图 6-13 [例 6-7] 运行效果

从图 6-13 可以看出，明明设置的为 2 个 Cookie，为什么会多出一个呢？实际上此 Cookie 是由服务器端自己设置到客户端上的。此处表示的信息是一个普通的用户，每一个用户设置的 JSESSIONID 是不一样的，服务器依靠这些区分不同的用户。

细心的读者会发现，[例 6-7] 必须运行完 ex6-07.jsp，再运行 ex6-08.jsp 才会出现如图 6-13 所示的效果。如果运行完后关闭浏览器，再运行 ex6-08.jsp 便会出错。既然 Cookie 是保存在客户端上的一组信息，就意味着浏览器关闭后，依然可以取得这些信息。为什么会出错呢？因为一个 Cookie 在默认情况下只能保存在当前所打开的浏览器中，如果希望真正保存在本地的话，必须将其保存时间进行设置。下面将 ex6-07.jsp 修改为 ex6-09.jsp，之后再打开 ex6-08.jsp 便不会出现这种错误了。ex6-09.jsp 代码如下所示。

```
<!-- ex6-09.jsp-->
<%@page  contentType="text/html;charset=GBK"%>
<html>
<body>
    <P>Cookie 修改后设置例子</P>
<%
   Cookie c1 = new Cookie("username","ztzy") ; // 准备好了两个 Cookie
   Cookie c2 = new Cookie("userpass","www.zzrvtc.edu.cn") ;
   c1.setMaxAge(30) ; // 设置 Cookie 的保存时间
   c2.setMaxAge(60) ;
   response.addCookie(c1) ; // 通过 response 设置到客户端上去
   response.addCookie(c2) ;
%>
</body>
</html>
```

注意：这里设置保存时间为 30s 和 60s，超过时间便不再保存。如果有需要，读者可设置更长的保存时间。Cookie 的保存目录为：C:\Documents and Settings\Administrator\Cookies.

4. 设置输出页面的类型

使用 Response 对象可以改变页面的输出类型，语法格式如下：

```
response.setContentType(String s);
```

参数 s 可以取以下值：

（1）text/html：HTML 超文本文件，后缀为.html。
（2）text/plain：plain 文本文件，后缀为.txt。
（3）application/msword：word 文档文件，后缀为.doc。
（4）application/x-msexcel：excel 表格文件，后缀为.xls。
（5）application/ x-mspowerpoint：PowerPoint，后缀为.ppt。
（6）image/jpeg：jpeg 图像，后缀为.jpeg。
（7）image/gif：gif 图像，后缀为.gif。
（8）application/x-shockwave-flash：Flash 动画。

【例 6-8】 利用 Response 对象向客户端输出不同类型的文件，该实例包含文件 ex6-10.jsp。

```
<!--ex6-10.jsp-->
<%@page contentType="text/html;Charset=GBK"%>
<html>
<head><title>setContentType()方法设置响应 MINE 类型</title></head>
<body>
<form action="" method="post"><font size="4">请选择文件显示类型<hr>
  <input type="radio" name="showType" value="0">
   当前页面以 MS-PowerPoint 类型显示<br>
  <input type="radio" name="showType" value="1">
   当前页面以 MS-Excel 类型显示<br>
  <input type="radio" name="showType" value="2">
   当前页面以 MS-Word 类型显示<br>
  <input type="submit" name="submit" value=" 提 交 ">
</form>
<% String str=request.getParameter("showType");
   if(str==null){str="";}
   else{if(str.equals("0"))
         {response.setContentType("application/x-mspowerpoint;Charset=GBK");}
       else  if(str.equals("1"))
              {response.setContentType("application/x-msexcel;Charset=GBK");}
            else
              {response.setContentType("application/msword;Charset=GBK");}
   }
%>
</font>
</body>
</html>
```

运行结果如图 6-14 所示。

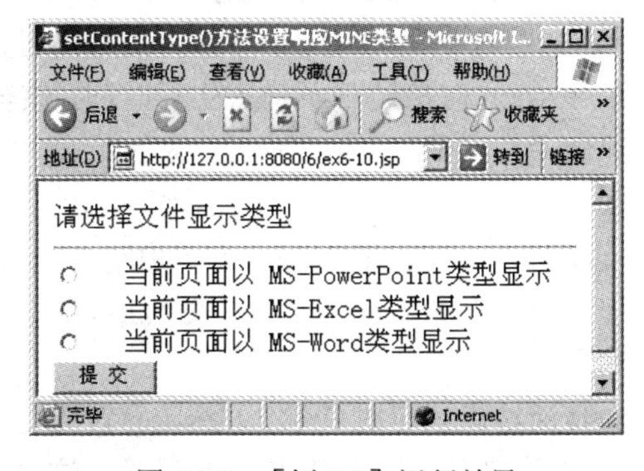

图 6-14　［例 6-8］运行效果

6.2.4 Session 对象

6.2.4.1 Session 对象简介

客户与服务器的通信是通过 HTTP 协议完成的。但是，HTTP 协议是一种无状态协议。即，一个客户向服务器发送请求（Request），然后服务器返回响应（Response），连接就关闭了。服务器端不保留客户与服务器每一次连接的信息，因此，服务器无法判断上下两次连接是否是同一客户。要想记住客户的连接信息，必须使用会话对象（Session）。Session 对象记录了每个客户与服务器的连接信息。

1. 会话

从一个客户打开浏览器连接到服务器的某个服务目录(这其间，客户访问的是同一 Web 目录中的网页)，到客户关闭浏览器，这一过程称为一个会话。这时，在服务器端，系统为该客户创建了一个 Session 对象。在客户端，系统为该客户创建了 Cookie 对象。一个客户对同一服务目录中不同网页的访问属于同一会话。每个会话系统内部用一个数字进行标识，这个数字就称为 sessionID。Session 对象的运行机制如图 6-15 所示。

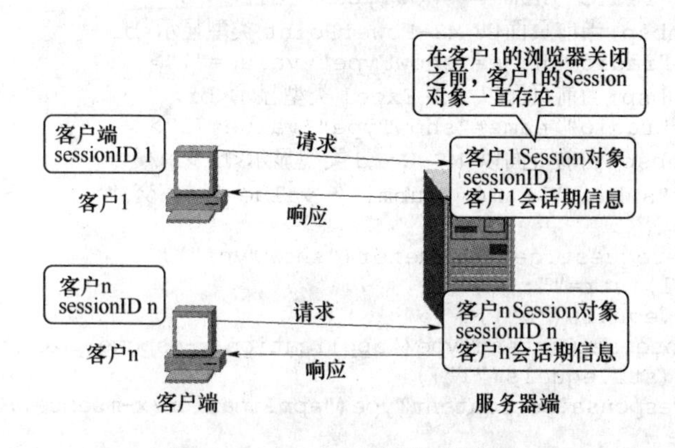

图 6-15 Session 对象运行机制

2. 客户的 Session 对象与服务目录

当一个客户首次访问服务目录中的一个 JSP 页面时，JSP 引擎为该客户创建一个 Session 对象。同一客户访问的服务目录不同，JSP 引擎为该客户创建不同的 Session 对象。从时间上看，若客户离开先前的服务目录，连接到其他服务器或者服务目录，当再次回到先前服务目录时，JSP 引擎不再给客户分配新的 Session 对象，而是使用先前的 Session 对象。只有当客户关闭浏览器或这个 Session 对象达到了最大生存时间，该客户的 Session 对象才被取消，这时服务器与客户的会话关系消失。

3. Session 对象与线程

当多个客户单击同一页面时，JSP 引擎为每个客户启动一个线程，这就是说，一个客户对应一个线程，每个线程对应一个 Session 对象，每个线程的 Session 对象不同。

4. Session 对象的生命周期

从一个客户会话开始到会话结束这段时间称为 Session 对象的生命周期。也就是说从客户访问某 Web 目录下的页面到关闭浏览器离开该 Web 目录，这段时间称为 Session 对象的生命周期。

6.2.4.2 Session 对象的常用方法

Session 对象的常用方法如下：

（1）setAttribute(String name，java.lang.Object value)：把属性 name 的属性值设为 value，保存在 Session 对象中。

（2）getAttribute(String name)：从 Session 对象中获得由 name 指定名字的属性值，若该属性不存在，则返回 null。

（3）getAttributeNames()：获得一个枚举对象，该对象调用 nextElements()方法遍历 Session 对象中的所有对象。

（4）removeAttribute(String name)：删除在 Session 对象中由 name 指定名字的属性。

（5）getCreationTime()：获得 Session 对象创建的时间。

（6）getLastAccessedTime()：获得 Session 对象最后一次被操作的时间。

（7）getId()：获得 Session 对象的标识 ID。

（8）getMaxInactiveInterval()：获得 Session 对象的生存时间，单位为秒。

（9）setMaxInactiveInterval()：设置 Session 对象的生存时间，单位为秒。

（10）getValue(String name)：从 Session 对象中获得名为 name 的属性值。

（11）invalidate()：删除会话，并清除存储在该对象中的所有属性。

（12）isNew()：判断当前 Session 对象是否是新的，若是返回 true，否则返回 false。

6.2.4.3 Session 对象示例

1. 取得 Seesion 对象的 ID

对于一个服务器来说，每一个上网者都是依靠 session id 来区分的，此 session id 在用户第一次连接到服务器时由服务器自行分配，不能手工设置。可以通过 session.getId()方法获取 session id，每次执行 invalidate()方法时，表示 session 失效。

【例 6-9】 获取 Session 对象的 ID、建立时间和最后一次使用的时间，并输出显示。该示例包含文件 ex6-11.jsp。

```
<%@page  contentType="text/html; charset=GBK"%>
<%@page  import="java.util.Date" %>
<html>
<head><title>session 对象方法使用</title>
</head>
<body>
<font size=3 color=blue>session 对象方法使用</font><hr>
<%
  Date  startTime=new Date(session.getCreationTime());
  Date  lastTime=new Date(session.getLastAccessedTime());
%>
session 的 ID 是:
<%
  out.println(session.getId());
%><br>
session 建立时间:<br>
```

```
<font color=red><%= startTime %></font><br>
最后使用时间：<br>
<font color=red><%= lastTime %></font><br>
</body>
</html>
```

图 6-16 ［例 6-8］显示效果

运行结果如图 6-16 所示。

2. 利用 Session 对象共享用户会话参数

Session 对象使用最多的就是设置和获取属性，当客户提交表单后，通过 Session 对象的 setAttribute(String name，java.lang.Object value)方法，将用户提交的数据保存在 Session 对象中，如果客户不关闭浏览器，此数据可以一直被保存，从而实现用户信息共享，在需要共享用户提交的数据时，只需使用 session.getAttribute(String name)方法取得即可。

【例 6-10】 将购买者的姓名、商品保存在 Session 对象中，实现同一目录下页面对 Session 对象中的信息共享。该示例包含文件 ex6-12.jsp、first.jsp、account.jsp，显示效果如图 6-17～图 6-19 所示。

```
<!--ex6-12.jsp-->
<%@page  contentType="text/html;charset=GB2312" %>
<html>
<body  bgcolor=cyan><font  size=3>
  <P>输入您的姓名连接到第一百货(first.jsp)
  <form  action="first.jsp" method="post" >
    <input  type="text"  name="buy_name">
    <input  type="submit"  value="提交姓名">
  </form>
</body>
</html>

<!-- first.jsp-->
<%@page contentType="text/html;charset=GB2312" %>
<html>
<body  bgcolor=cyan><font  size=3>
<%  request.setCharacterEncoding("GB2312");
    String xm=request.getParameter("buy_name");
    session.setAttribute("name",xm);
%>
  <P>这里是第一百货
  <P>输入您想购买的商品连接到结账(account.jsp)
  <form  action="account.jsp" method="post">
     <input  type="text" name="shangpin">
```

```
        <input  type="submit" value="提交商品名">
    </form>

<!-- account.jsp-->
<%@page contentType="text/html;charset=GB2312" %>
<html>
<body   bgcolor=cyan><font  Size=3>
<%      request.setCharacterEncoding("GB2312");
        String  sp=request.getParameter("shangpin");
        session.setAttribute("goods",sp);
%>
<%      String xinming=(String)session.getAttribute("name");
        String shangpin=(String)session.getAttribute("goods");
%>
  <P>这里是结账处
  <P>顾客的姓名是： <%=xinming%>
  <P>您选择购买的商品是： <%=shangpin%>
</body>
</html>
```

Session 的主要功能还用在系统登录中，记录用户登录的用户名信息，在登录时还利用 Session 对象设置验证码，利用 JSP 内置对象实现用户登录模块已经在 6.1 节中详细介绍过了，相关代码请参考 login.jsp、check.jsp 文件。

图 6-17　用户提交姓名页面

3. 利用 Session 对象制作防止刷新计数器

当用户第一次连接到服务器时，可以通过 isNew()方法来判断此用户是否为新用户，从而实现防刷新计数。

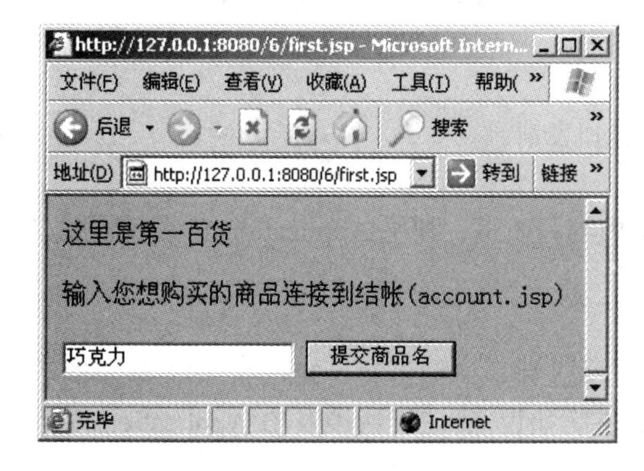

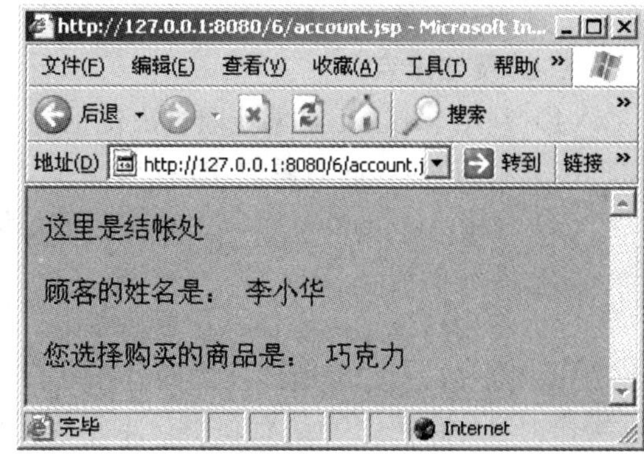

图 6-18　提交购买商品界面　　图 6-19　结账界面

【例 6-11】 统计某网站的访问人数，要求刷新不计数。该示例包含代码 ex6-13.jsp。

```
<!--ex6-13.jsp-->
<%@page contentType="text/html; charset=gb2312"  language="java" %>
<html>
<head>
<meta http-equiv="Content-Type" content="text/html; charset=gb2312">
<title>session 防刷新计数</title>
</head>
<body>
<%!  int count=0;  %>
<%   if (session.isNew())
          count=count+1;
%>
<P>  欢迎您,您是本网站第<%=count%>位访客!
</body>
</html>
```

此方法的原理实质上是在 Cookie 的设置上。如果用户第一次访问服务器，Cookie 中并不会存在 JSESSIONID，如果用户第二次访问，因为 Cookie 中已经存在 JSESSIONID 了，所以就不会认为该用户是新用户了。但实际上计数器代码并没有这么简单，本例只是供学生学习，真正的计数器代码将在 Application 对象中进行讲解。

6.3 项目分解（二）：利用 Application 对象实现用户聊天模块

1. 任务描述

在线聊天室系统中，当普通用户输入正确的用户名、密码以及验证码后，用户便可进入聊天室聊天发言、查看聊天信息。项目分解（一）中已经对用户登录进行了详细介绍，下面就对用户聊天模块进行介绍。

用户聊天室分为两部分。网站上半部分为用户聊天内容，下半部分为用户聊天界面，在该界面用户可选择心情、输入发言内容等，实现实时在线聊天。

2. 涉及知识点

（1）利用 Request 对象获取客户说话的内容和表情。

（2）利用 Session 对象取出用户姓名。

（3）利用 Application 对象保存用户的说话内容和表情；利用 Application 对象取出用户的说话内容和表情。

（4）将用户说话内容保存在数据库中。

知识点（1）、（2）所涉及的内容在 6.1 节已经进行了详细讲解，知识点（4）涉及的数据操作内容将在第 7 章进行讲解。本章将重点讲解知识点（3）所涉及的 Application 对象的具体用法。

3. 界面实现

图 6-20 为用户聊天模块的界面实现。

图 6-20 用户聊天界面

4. 实现代码

用户聊天模块的代码由 chat.jsp、content.jsp、input.jsp 组成。

```
<!--chat.jsp-->
<frameset rows="25%,76%" cols="*">
  <frame name="top" src="content.jsp">
  <frame name="bottom" src="input.jsp">
</frameset>
<noframes></noframes>

<!--content.jsp-->
<%@page contentType="text/html;charset=GBK"%>
<%@page import="java.util.*"%>
<meta http-equiv="Content-Type" content="text/html; charset=gb2312" />
<style type="text/css">
<!--
body {
      background-image: url(image/bj2.jpg);
}
-->
</style>
<%     response.setHeader("refresh","2") ;
      request.setCharacterEncoding("GBK") ;
      List all = (List)application.getAttribute("notes") ;
      if(all==null){
%>
         <h4>没有留言！</h4>
<%  }
    else{
        Iterator iter = all.iterator() ;
```

```
        while(iter.hasNext()){
    %>
            <h4><%=iter.next()%></h4>
    <%      }      %>
    <%  }  %>

    <!--input.jsp-->
    <%@page contentType="text/html;charset=gb2312"%>
    <%@page import="java.io.*"%>
    <%@page import="java.util.*"%>
<meta http-equiv="Content-Type" content="text/html; charset=gb2312" /><style
type="text/css">
    <!--
        body {
        background-image: url(image/bj6.jpg);
        background-repeat: repeat;
    }
    -->
    </style>
    <form action="input.jsp" method="post">
    <table   width="891" border="0">
        <tr>
            <td width="98">请输入内容：</td>
            <td width="598"><textarea name="content" rows="3" cols="80"></textarea>
        </td>
        <td width="49">表情：</td>
        <td width="62"><label>
          <select name="bq" size="1" id="bq">
          <option value="微笑地">微笑</option>
          <option value="发呆地">发呆</option>
          <option value="得意地">得意</option>
          <option value="流泪地">流泪</option>
          <option value="吃惊地">吃惊</option>
          <option value="害怕地">害怕</option>
      </select>
        </label></td>
        <td width="62"><input type="submit" value="说话" /></td>
    </tr>
    </table>
    </form>
    <jsp:useBean  id="Mybean"  scope="page"  class="bean.DataBaseConnBean"/>
    <%  String temp = (String)session.getAttribute("name");
        request.setCharacterEncoding("gb2312") ;
        if(request.getParameter("content")!=null){
           String s_content = request.getParameter("content"); //取出说话的内容
           String s_bq = request.getParameter("bq"); //取出表情
           temp = temp +s_bq+"说: "+ s_content; // 说话的全部内容保存在 temp 中
           List all = null ; // Application 中存在一个集合用于保存所有说话的内容
           all = (List)application.getAttribute("notes") ;
           if(all==null){ // 程序必须考虑是否是第一次运行
           all = new ArrayList() ;// 里面没有集合,所以重新实例化
```

```
        }
        all.add(temp) ;
    // 将修改后的集合重新放回到Application之中
        application.setAttribute("notes",all) ;
        String  id = (String)session.getAttribute("id");
        String  sql="insert into j_content(id,user_id,dt,s_content) values
                  (newid(),'"+id+"',getdate(),'"+s_content+"')";
        Mybean.executeUpdate(sql); //将说话的内容保存到数据库中
        Mybean.close();
    }
%>
```

程序说明：

（1）当用户登录成功后，即可进入用户聊天界面（即 chat.jsp）。chat.jsp 为框架结构，顶端为 content.jsp，用来显示用户聊天内容，底端为 input.jsp，用来供用户输入聊天内容。

（2）input.jsp：供用户输入留言内容和表情。首先通过 session.getAttribute("name")方法取出用户的登录姓名，然后通过 request.getParameter("content")、request.getParameter("bq")方法取出用户输入的聊天内容、表情；取出后将姓名、表情、留言内容连接成字符串保存在变量 temp 中，并通过 all = new ArrayList()方法创建一个集合，利用 all.add(temp) 方法将 temp 放入集合中，然后通过 application.setAttribute("notes", all) 方法将集合保存在 Application 中，供用户以后查看。最后，利用 javaBean 和 JDBC 技术将说话的内容保存到数据库中，涉及数据库的相关知识点将在第 7 章讲解。

（3）content.jsp：显示用户留言内容。该程序首先用 response.setHeader("refresh", "2") 方法使页面每 2 秒钟定时刷新，以便实时显示聊天内容；然后通过 List all = (List)application.getAttribute("notes")方法取出聊天集合，并利用 while(iter.hasNext()){<h4> <%=iter.next()%></h4>}语句遍历留言记录，并显示出来。

用户聊天模块所涉及的 Request、Response、Session 对象已经介绍过了，下面将详细介绍 Application 对象。

6.4 理 论 知 识

6.4.1 Application 对象简介

Application 对象用于用户之间的数据共享，是所有用户共享的对象，类似于服务器运行时期的全局变量。Application 对象是 javax.servlet.ServletContext 的接口对象，服务器启动时新建一个 Application 对象，多用户访问时共享该对象，服务器关闭后，释放该 Application 对象。

Application 对象与 Session 对象的使用方法非常相似，二者的不同之处在于：

（1）每个客户拥有自己的 Session 对象，保存客户的自有信息，如果有 1000 个客户访问网站，就会有 1000 个对象；所有的客户共享同一个 Application 对象，用来保存服务器运行时期所有客户的共享信息，即使有 1000 个访问用户，也只共享 1 个 Application 对象。

（2）Session 对象的生命周期从客户打开浏览器与服务器建立连接开始，到客户关闭浏览器为止，在客户的多个请求期间持续有效。Application 对象的生命期从服务器启动开始，到服务器关闭为止。

图 6-21 说明了 Session 对象与 Application 对象之间的不同。

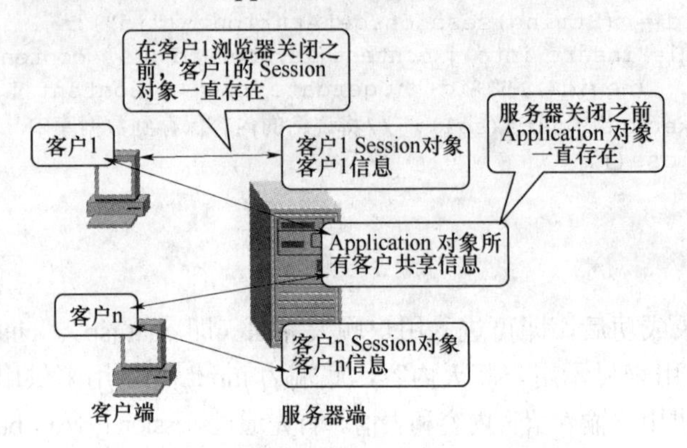

图 6-21　Session 对象与 Application 对象

6.4.2 Application 对象的常用方法

Application 对象的常用方法如下：

（1）getAttribute(String name)：返回 Application 对象 name 属性的属性值。

（2）getAttributeNames()：返回 Application 对象中的所有属性名。

（3）getInitParameter(String name)：返回 Application 对象中 name 属性的初始值。

（4）getRealPath()：返回文件的实际路径。

（5）getServerInfo()：返回 Servlet 编译器的当前版本信息。

（6）removeAttribute(String name)：删除 Application 对象中的 name 对象。

（7）setAttribute(String name，Object value)：把 Application 对象中 name 属性的属性值设为 value。

注意：有些服务器不直接支持使用 Application 对象，必须先用 ServletContext 类声明这个对象，再使用 getServletContext()方法对这个 Application 对象进行初始化。

6.4.3 Application 对象的常用示例

（1）利用 Application 对象读取系统信息。

【例 6-12】 输出本页面所在的实际路径、使用 JSP 引擎、Application 对象对应的字符串。该示例包含代码 ex6-14.jsp。

```
<!--ex6-14.jsp-->
<%@page  contentType="text/html;charset=GB2312" %>
<html>
<body>
<center>
<h1> 读取系统信息</h1>
 <%  String  path="/ex6-14.jsp";
     out.print("context 数据的内容:");
```

```
        out.print(application.getContext(path)+"<p>");//读取 path 路径中的 Servlet
Context
        out.print("文件的格式:");
        out.print(application.getMimeType(path)+"<p>");
        out.print("本页面文件的实际路径:");
        out.print(application.getRealPath(path)+"<p>");//通过相对路径获得实际路径
        out.print("jsp 引擎:");
        out.print(getServletInfo()+"<p>");//当前 jsp 引擎
        out.print("application 对象 ID: "+getServletContext()+"<p>");
   %>
   </center>
   </body>
   </html>
```

运行结果如图 6-22 所示。

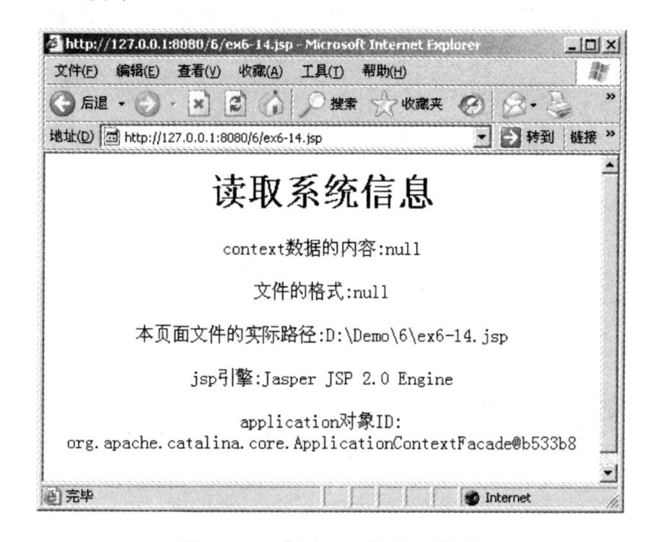

图 6-22　[例 6-12] 显示效果

（2）利用 Application 对象制作网站计数器。

【例 6-13】 制作一个网站计数器，统计客户的访问量。要求刷新不计数。该示例包含代码 ex6-15.jsp。

```
<!--ex6-15.jsp-->
<%@page  contentType="text/html; charset=GBK"%>
<html><head><title>网站计数器</title></head>
<body>
<%  if(session.isNew()){
      synchronized(application){ //同步处理
        Integer accessCount=(Integer)application.getAttribute("count");
        if (accessCount == null){
            accessCount=new Integer(1);
            application.setAttribute("count",accessCount);
        }
        else {
         accessCount=new Integer(accessCount.intValue()+1); //将访问量保存到
```

```
内存中
        application.setAttribute("count",accessCount);
       }
      out.print("您是本站的第"+accessCount+"位客人");
    }
   }
   else{
        Integer accessCount=(Integer)application.getAttribute("count");
        out.print("您是本站的第"+accessCount+"位客人");
   }
%>
</body>
</html>
```

运行结果如图 6-23 和图 6-24 所示。

图 6-23 ［例 6-13］运行结果

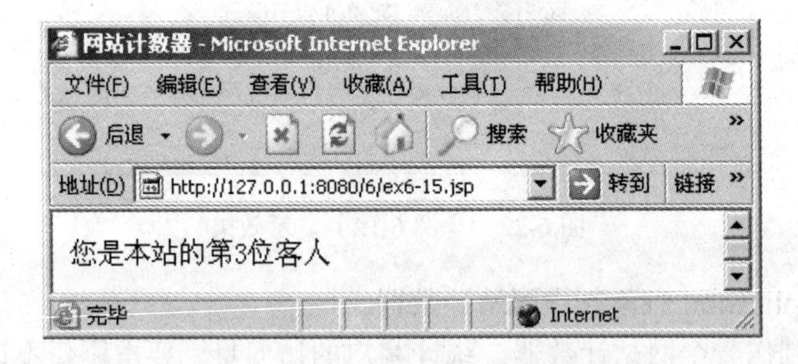

图 6-24 再打开一次窗口的运行结果

6.5 知 识 扩 展

6.5.1 PageContext 对象

（1）PageContext 对象简介。

PageContext 对象是 JSP 中很重要的一个内置对象，不过在一般的 JSP 程序中很少用到。它是 javax.servlet.jsp.pageContext 类的实例对象，可以使用 pageContext 类的方法。PageContext 对象的主要功能是存储与当前页面相关的信息，如属性、内置对象等，实际上，PageContext 对象提供了对 JSP 页面所有的对象及命名空间的访问。

（2）pageContext 对象的使用方法。

- getAttribute(String name)：返回 pageContext 对象的 name 属性的属性值。
- getException()：返回当前页面中的 Exception 对象。
- getRequest()：返回当前页面中的 Request 对象。
- getResponse()：返回当前页面中的 Response 对象。
- getSession()：返回当前页面中的 Session 对象。
- getServletConfig()：返回当前页面中的 ServletConfig 对象。
- getServletContext()：返回当前页面中的 ServletContext 对象。
- setAttribute（String name，Object obj）：由 obj 初始化 name 属性。

6.5.2 Page 对象

（1）Page 对象简介。

Page 对象是 java.lang.Object 类的一个实例，表示 JSP 处理程序本身，更确切地说，它代表 JSP 被转译后的 Servlet。其作用相当于 Java 中的 this。

（2）Page 对象的常用方法。

- getClass()：获得对象运行时的类。
- hashCode()：获得对象的哈希值。
- equals()：判别其他对象是否与该对象相等。
- clone()：创建并返回当前对象的拷贝。
- toString()：取得表示该对象的字符串。

6.5.3 Out 对象与 Exception 对象

（1）Out 对象。

Out 对象是一个输出流，用来向客户端输出数据。常用的方法有：

- print()：输出数据。
- println()：输出数据，并换行。
- clear()：清除缓冲区中的内容。
- clearBuffer()：清除缓冲区当前的内容。
- flush()：缓冲区内容输出到客户端显示，并清空缓冲区。
- close()：关闭输出流，在关闭之前进行 Flush 操作。
- getBufferSize()：返回以字节为单位的缓冲区大小。
- getRemaining()：未使用的缓冲区大小。
- isAutoFlush()：是否自动刷新缓冲区，是返回 true，否则返回 false。

（2）Exception 对象。

Exception 对象是 java.lang.Throwable 类的一个实例，是 JSP 文件运行异常时产生的对象。常用的方法如下：

- getMessage()：获取异常信息。
- toString()：获得该异常对象的简短描述。

6.6　4 个对象的作用范围

在 6.2 节表 6-1 中所提到的 9 个内置对象中，PageContext、Request、Session、Application 对象都可以保存和传递变量（术语称为属性），但是他们的作用域不同，具体如下所示：

- Page（pageContext）：只能在一个页面中使用，跳转到其他页面则无效。
- Request：一次服务器请求范围。一个页面中设置的属性，只要经过了服务器跳转（注意，必须是服务器跳转，客户端跳转无效），跳转之后的页面可以继续使用。
- Session：一次会话的范围。一个用户设置的属性，只要与此用户相关的页面都可以使用（即浏览器不关闭的情况）。
- Application：一次服务器的范围。在整个服务器上设置的属性，所有人都可以访问。

下面具体讲解一下这 4 种属性的范围。

6.6.1　Page 属性范围简介

1. Page 的属性范围

在一个页面设置的属性，跳转到其他页面上则无法访问。但是在使用 Page 属性范围时必须注意的是，虽然习惯上将页面范围的属性称为 Page，但实际上操作时使用的是 PageContext 内置对象完成的。PageContext 属性的操作流程如图 6-25 所示。

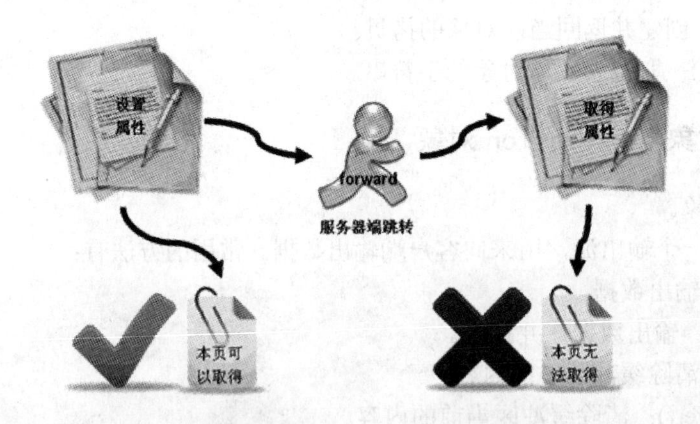

图 6-25　PageContext 属性的操作流程

下面通过例子来看一下 Page 属性的范围。

2. Page 属性范围示例

【例 6-14】 Page 属性范围示例 1，该例子包含代码 PageScopeDemo01.jsp。

```
<!-- PageScopeDemo01.jsp-->
<%@page  contentType="text/html;charset=GBK"%>
<%@page  import="java.util.*"%>
<%  // 此时设置的属性只能在本页中取得
    pageContext.setAttribute("name","zzrvtc") ;     // 设置属性
```

```
    pageContext.setAttribute("date",new Date()) ;   // 设置属性
%>
<% String  refName = (String)pageContext.getAttribute("name") ;
   Date  refDate = (Date)pageContext.getAttribute("date") ; // 取得设置的属性
%>
<h2>姓名：<%=refName%></h2>
<h2>日期：<%=refDate%></h2>
```

运行结果如图 6-26 所示。

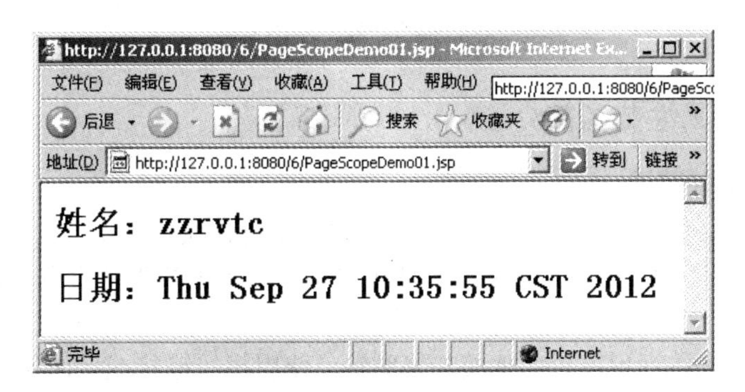

图 6-26 ［例 6-14］显示效果

上面的例子中，我们在本页面设置属性，本页读取属性，可以正常显示。下面我们在本页面设置属性，然后使用 Forward 动作标识进行服务器端跳转至另外一个页面。从运行结果可以看到，不能正常显示。

【例 6-15】 Page 属性范围示例 2，该例子包含代码 PageScopeDemo02.jsp，PageScopeDemo03.jsp。

```
<!-- PageScopeDemo02.jsp-->
<%@page  contentType="text/html;charset=GBK"%>
<%@page  import="java.util.*"%>
<%  // 此时设置的属性只能够在本页中取得
    pageContext.setAttribute("name","MLDN") ;           // 设置属性
    pageContext.setAttribute("date",new Date()) ;       // 设置属性
%>
<jsp:forward page="PageScopeDemo03.jsp"/>

<!-- PageScopeDemo03.jsp-->
<%@page contentType="text/html;charset=GBK"%>
<%@page import="java.util.*"%>
<%  String  refName = (String)pageContext.getAttribute("name") ;
    Date  refDate = (Date)pageContext.getAttribute("date") ; // 取得设置的属性
%>
<h2>姓名：<%=refName%></h2>
<h2>日期：<%=refDate%></h2>
```

运行结果如图 6-27 所示。

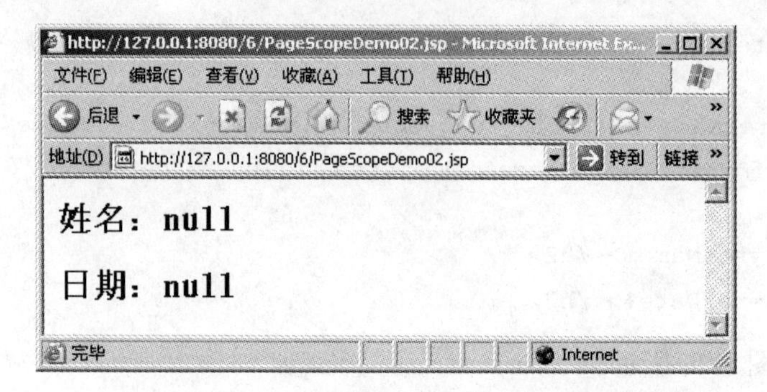

图 6-27 ［例 6-15］显示效果

6.6.2 Request 属性范围简介

1. Request 属性范围

Request 属性范围表示在服务跳转有效，只要有服务器跳转，就可以一直传递下去。所谓服务器跳转就是指页面发生了变化，但是在浏览器的地址栏中却没有变化，一直显示第一个页面的地址。

使用 Forward 动作标识可以实现服务器跳转，使用超级链接或后面要讲的 Response 的 SendRedirection()方法可以实现客户端跳转。所谓客户端跳转就是指跳转后浏览器地址栏也随之变化。Request 属性的操作流程如图 6-28 所示。

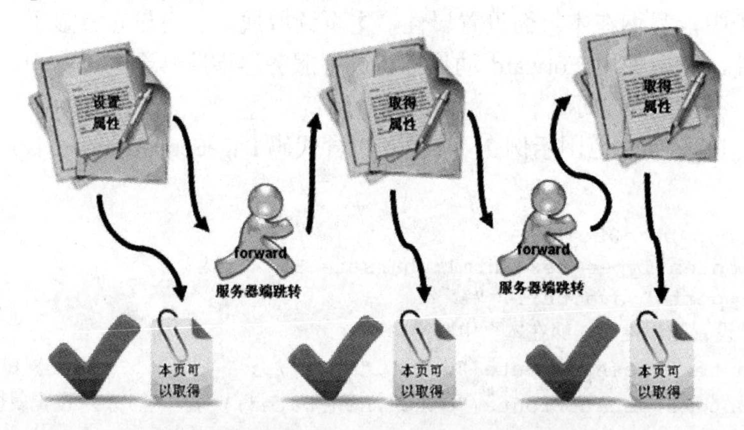

图 6-28 Request 属性的操作流程

2. Request 属性范围示例

示例：RequestScopeDemo01.jsp

【例 6-16】 Request 属性范围示例，该例子包含代码 RequestScopeDemo01.jsp，RequestScopeDemo02.jsp，RequestScopeDemo03.jsp，RequestScopeDemo04.jsp。

```
<!--RequestScopeDemo01.jsp-->
<%@page  contentType="text/html;charset=GBK"%>
<%@page  import="java.util.*"%>
<%  // 此时设置的属性只能在服务器跳转中取得
    request.setAttribute("name","zzrcvt") ;      // 设置属性
```

```
    request.setAttribute("date",new Date()) ;   // 设置属性
%>
<jsp:forward page="RequestScopeDemo02.jsp"/>

<!-- RequestScopeDemo02.jsp-->
<%@page contentType="text/html;charset=GBK"%>
<%@page import="java.util.*"%>
<jsp:forward page="RequestScopeDemo03.jsp"/>

<!-- RequestScopeDemo03.jsp-->
<%@page contentType="text/html;charset=GBK"%>
<%@page import="java.util.*"%>
<% String refName = (String)request.getAttribute("name") ;
   Date  refDate = (Date)request.getAttribute("date") ; // 取得设置的属性
%>
<h2>姓名：<%=refName%></h2>
<h2>日期：<%=refDate%></h2>
<h3><a href="RequestScopeDemo04.jsp">RequestDemo04</a></h3>

<!-- RequestScopeDemo04.jsp-->
<%@page contentType="text/html;charset=GBK"%>
<%@page import="java.util.*"%>
<% String refName = (String)request.getAttribute("name") ;
   Date  refDate = (Date)request.getAttribute("date") ; // 取得设置的属性
%>
<h2>姓名：<%=refName%></h2>
<h2>日期：<%=refDate%></h2>
```

运行结果如图 6-29 和图 6-30 所示。从运行效果可以看出，在 RequestScopeDemo01.jsp 中使用 Forward 标识跳到 RequestScopeDemo02.jsp，又从 RequestScopeDemo02.jsp 使用 Forward 标识跳到 RequestScopeDemo03.jsp，可以正常显示。在 RequestScopeDemo03.jsp 中使用链接跳转到 RequestScopeDemo04.jsp，则无法正常显示。

6.6.3 Session 属性范围简介

1. Session 属性范围

Session 属性范围在整个会话期内有效。也就是说只要用户不关闭浏览器窗口，Session 范围始终有效。当然 Session 只针对于一个客户。Session 属性范围操作流程如图 6-31 所示。

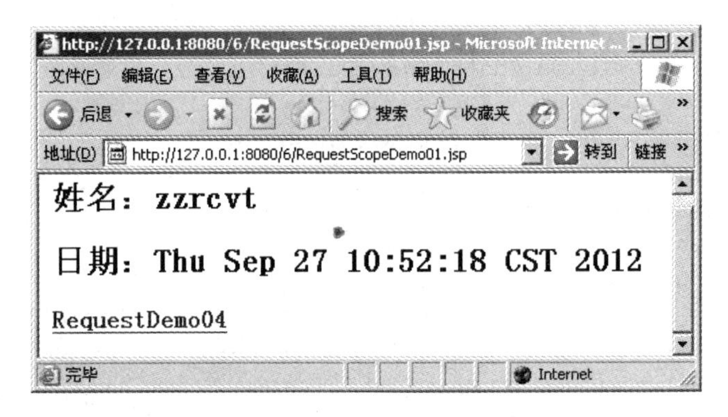

图 6-29 [例 6-16] 运行效果

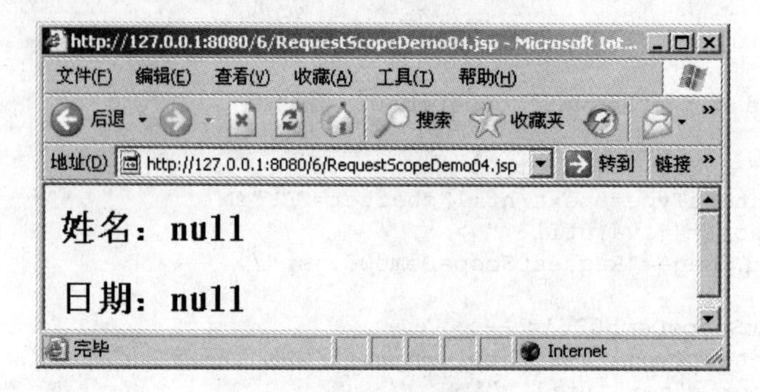

图 6-30 单击链接后的运行效果

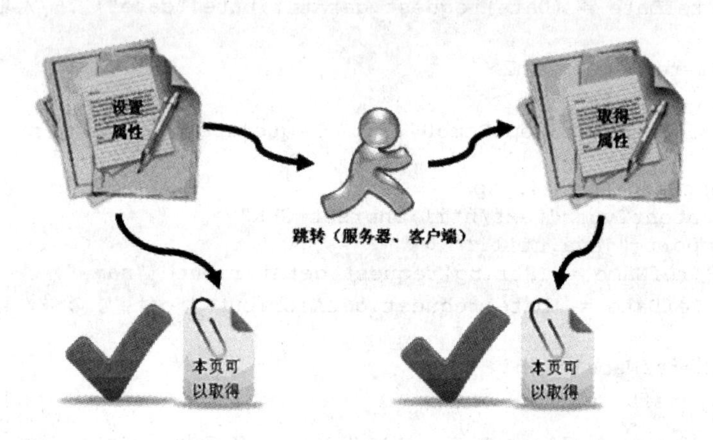

图 6-31 Session 属性的操作流程

2. Session 属性范围示例

【例 6-17】 Session 属性范围示例，该例子包含代码 SessionScopeDemo01.jsp，SessionScopeDemo02.jsp，SessionScopeDemo03.jsp。

```
<!-- SessionScopeDemo01.jsp-->
<%@page  contentType="text/html;charset=GBK"%>
<%@page  import="java.util.*"%>
<%  // 此时设置的属性只能在本页面相关的任何页中取得
    session.setAttribute("name","zzrvtc") ;       // 设置属性
    session.setAttribute("date",new Date()) ;  // 设置属性
%>
<jsp:forward page="SessionScopeDemo02.jsp"/>

<!-- SessionScopeDemo02.jsp-->
<%@page  contentType="text/html;charset=GBK"%>
<%@page  import="java.util.*"%>
<%   String  refName = (String)session.getAttribute("name");
     Date  refDate = (Date)session.getAttribute("date"); // 取得设置的属性
%>
<h2>姓名：<%=refName%></h2>
```

```
<h2>日期：<%=refDate%></h2>
<h2><a  href="SessionScopeDemo03.jsp">SessionScopeDemo03</a></h2>

<!-- SessionScopeDemo03.jsp-->
<%@page  contentType="text/html;charset=GBK"%>
<%@page  import="java.util.*"%>
<%  String  refName = (String)session.getAttribute("name") ;
    Date  refDate = (Date)session.getAttribute("date") ; // 取得设置的属性
%>
<h2>姓名：<%=refName%></h2>
<h2>日期：<%=refDate%></h2>
```

运行结果如图 6-32 和图 6-33 所示。

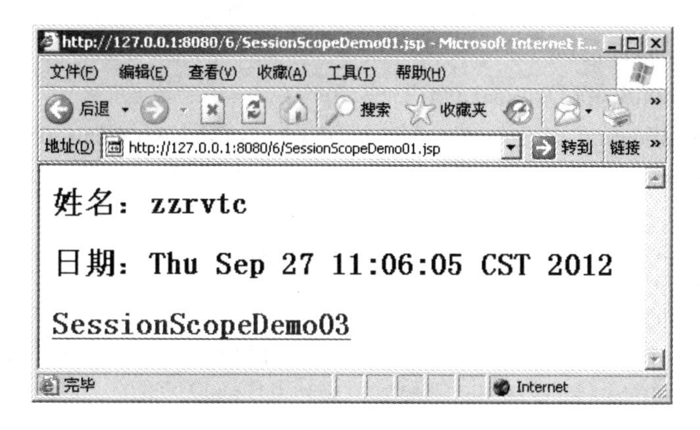

图 6-32 ［例 6-17］运行效果

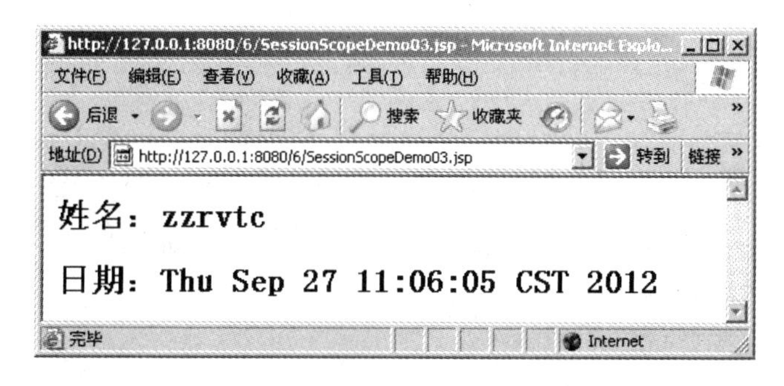

图 6-33 单击链接后的运行效果

但是，如果这时重新打开一个浏览器，则无法取得该属性。因为 Session 只能保存一个人的信息。如果一个属性要让其他所有用户都能访问，那么就要使用 Application 属性范围。

6.6.4 Application 属性范围简介

1. Application 属性范围

Application 属性范围是在服务器上设置的一个属性，一旦设置之后，任何用户都可以浏览该属性。Application 属性范围的操作流程如图 6-34 所示。

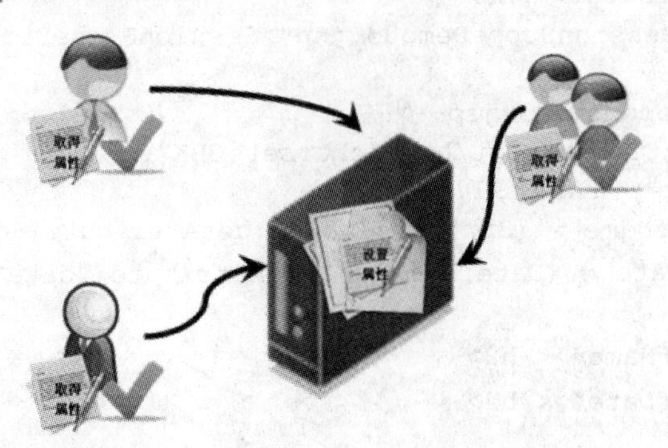

图 6-34　Application 属性范围的操作流程

2. Application 属性范围示例

示例：ApplicationScopeDemo01.jsp。

【例 6-18】 Application 属性范围示例，该例子包含代码 ApplicationScopeDemo01.jsp、ApplicationScopeDemo03.jsp。

```
<!-- ApplicationScopeDemo01.jsp-->
<%@page  contentType="text/html;charset=GBK"%>
<%@page  import="java.util.*"%>
<%  // 此时设置的属性任何用户都可以取得
    application.setAttribute("name","zzrvtc") ;     // 设置属性
    application.setAttribute("date",new Date()) ;  // 设置属性
%>
<h2><a  href="ApplicationScopeDemo03.jsp">ApplicationScopeDemo03</a></h2>

<!-- ApplicationScopeDemo03.jsp-->
<%@page  contentType="text/html;charset=GBK"%>
<%@page  import="java.util.*"%>
<%   String  refName = (String)application.getAttribute("name") ;
     Date   refDate = (Date)application.getAttribute("date") ; // 取得设置
的属性
%>
<h2>姓名：<%=refName%></h2>
<h2>日期：<%=refDate%></h2>
```

运行结果如图 6-35 和图 6-36 所示。

图 6-35 ［例 6-18］运行效果

图 6-36　单击链接后的运行效果

图 6-35 和图 6-36 的页面显示的是打开 ApplicationScopeDemo01.jsp 页面后，通过链接转向 ApplicationScopeDemo03.jsp 页面的结果。如果我们重新打开一个浏览器，直接进入 ApplicationScopeDemo03.jsp 页面，也可以看到属性值。当然，如果服务器关闭的话，此属性肯定会消失。

习　　题

一、选择题

1．下面不属于 JSP 内置对象的是（　　）。

A．Out 对象　　B．Respone 对象
C．Application 对象　　D．Page 对象

2．以下哪个对象提供了访问和放置页面中共享数据的方式？（　　）。

A．pageContext　　B．Response
C．Request　　D．Session

3．调用 getCreationTime()可以获取 Session 对象创建的时间，该时间的单位是（　　）。

A．秒　　B．分秒　　C．毫秒　　D．微秒

4．当 Response 的状态行代码为哪个时，表示用户请求的资源不可用？（　　）。

A．101　　B．202　　C．303　　D．404

5．一个典型的 HTTP 请求消息包括请求行、多个请求头和（　　）。

A．响应行　　B．信息体　　C．响应行　　D．响应头

6．在 JSP 中为内建对象定义了 4 种作用范围，即 Application Scope、Session Scope、Page Scope 和（　　）4 个作用范围。

A．Request Scope　　B．Response Scope
C．Out　Scope　　D．Writer Scope

7．out 对象是一个输出流，其输出各种类型数据并换行的方法是（　　）。

A．out.print()　　B．out.newLine()
C．out.println()　　D．out.write()

8．out 对象是一个输出流，其输出换行的方法是（　　）。

A．out.print()　　B．out.newLine()

C．out.println()　　　　D．out.write()

9．out 对象是一个输出流，其输出不换行的方法是（　　）。

A．out.print()　　　　B．out.newLine()

C．out.println()　　　　D．out.write()

10．Form 表单的 method 属性能取下列哪项的值？（　　）。

A．submit　　B．puts　　C．post　　D．out

11．能在浏览器的地址栏中看到提交数据的表单提交方式是（　　）。

A．submit　　B．get　　C．post　　D．out

12．可以利用 Request 对象的哪个方法获取客户端的表单信息？（　　）。

A．request.getParameter()　　　　B．request.outParameter()

C．request.writeParameter()　　　　D．request.handlerParameter()

13．可以利用 JSP 动态改变客户端的响应，使用的语法是（　　）。

A．response.setHeader()　　　　B．response.outHeader()

C．response.writeHeader()　　　　D．response.handlerHeader()

二、填空题

1．out 对象的__________方法，功能是输出缓冲的内容。

2．JSP 的__________对象用来保存单个用户访问时的一些信息。

3．Response 对象的____________方法可以将当前客户端的请求转到其他页面去。

4．当客户端请求一个 JSP 页面时，JSP 容器会将请求信息包装在________对象中。

5．response.setHeader("Refresh", "5")的含义是指_______页面刷新时间为 ________。

6．在 JSP 中为内置对象定义了 4 种作用范围，即____________、____________、__________和 ____________。

7．表单的提交方法包括__________和__________方法。

8．表单标记中的__________属性用于指定处理表单数据程序 url 的地址。

三、上机练习

1．用户在用户注册界面输入用户名和密码，单击“确定”按钮，将信息发往服务器，服务器将结果返回给客户端，显示“***，您好，您的密码为***”。

2．模拟一个商店供应商品，第一个页面提示用户输入姓名，第二个页面提示用户输入商品名称，应用 Session 对象存储用户的姓名和购物信息，当用户购物结束后，向用户返回其购物信息。

3．应用 Application 对象统计网站的访问人数。

第 7 章　使用 JSP 访问数据库

学习目标：

（1）了解 JDBC 的基本功能。

（2）掌握 JDBC 连接数据库的工作原理、连接方式和连接过程。

（3）熟练掌握纯 Java 驱动程序连接数据库技术。

（4）掌握 JDBC-ODBC 桥连接数据库技术。

（5）熟练掌握使用 JSP 技术查询、插入、更新和删除数据库。

7.1　项目分解（一）：实现管理员权限中的更改用户信息功能

1. 任务描述

管理员登录成功后，进入管理员管理界面，在该界面中，管理员单击“更改用户信息”链接，可以实现对用户信息的更改。要想更改用户信息，为保证其安全性，必须首先判断用户是否登录，如果管理员已经成功登录，则进入更改用户信息界面；否则，返回登录界面要求管理员重新登录。在更新界面，管理员首先应输入用户 ID，根据用户 ID 查找该用户，如果找到该用户，则输入要更改的用户信息，进行更新；如果找不到该用户，则返回更新界面，重新输入用户 ID，继续更新。

2. 任务涉及知识要点

（1）使用 JDBC 驱动程序连接数据库。

（2）使用 JSP 技术查询用户 ID，判断该用户是否存在。

（3）使用 JSP 技术更新用户信息。

3. 任务界面实现

图 7-1～图 7-3 为更改用户信息的界面实现。

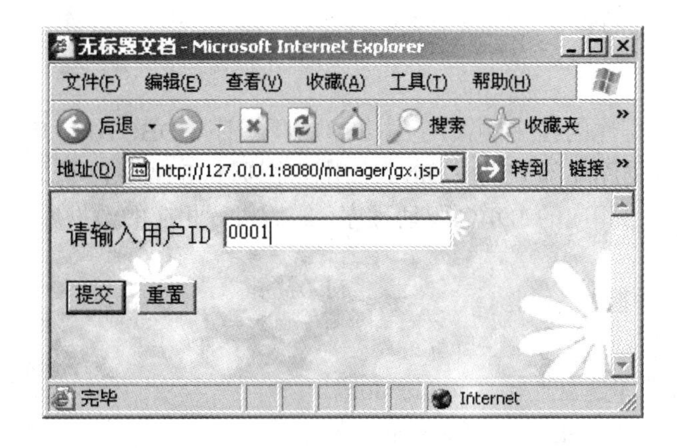

图 7-1　查询用户 ID 界面

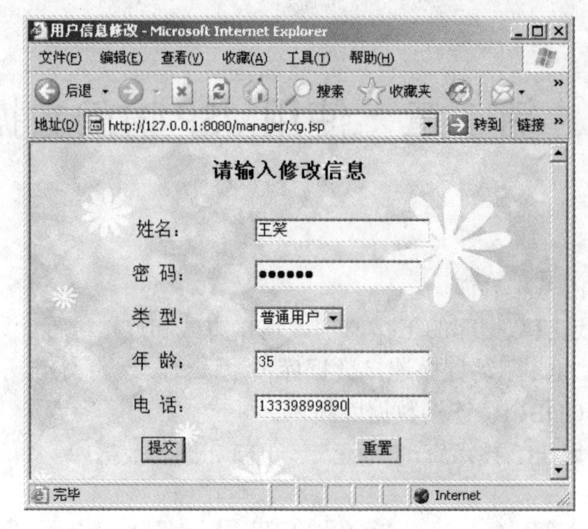

图 7-2 用户信息修改界面

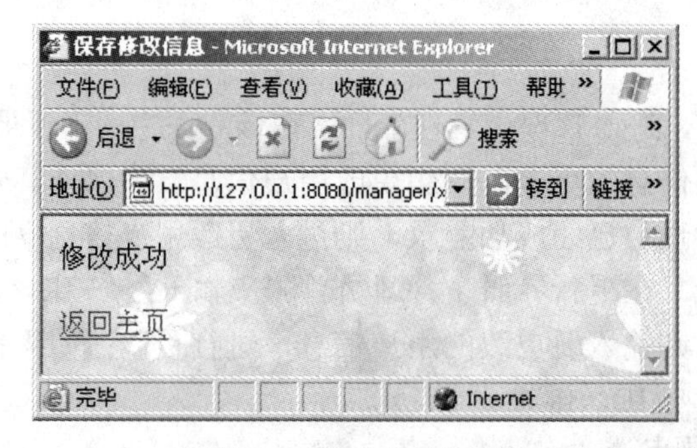

图 7-3 修改成功界面

注意：相关任务实现代码及程序说明，将在理论知识讲解中详细介绍，这里不再重复介绍。

7.2 理 论 知 识

7.2.1 JDBC 工作原理

1. JDBC 简介

JDBC 是连接数据库的程序模块，它由 JSP 应用程序、JDBC API、JDBC DriverManager、JDBC 驱动程序和数据库几部分组成。Java 应用程序通过 JDBC API 访问 JDBC 驱动管理器，JDBC 驱动管理器载入相应的 JDBC 驱动程序，然后执行相应的数据库操作。其工作原理如图 7-4 所示。

2. JDBC 主要功能

JDBC 的主要功能如下：

（1）与一个数据库建立连接（connection）。

（2）向数据库发送 SQL 语句（statement）。

（3）处理数据库返回的结果（resultset）。

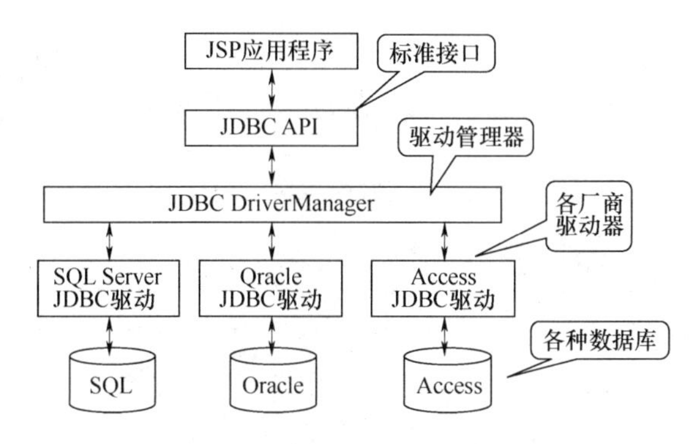

图 7-4　JDBC 的工作原理

7.2.2　JDBC 数据库连接方式

JSP 应用程序数据库建立连接后，才能访问数据库中的数据。JDBC 常用的数据库连接方式有两种：JDBC-ODBC 桥驱动连接和纯 Java 驱动程序连接。下面分别介绍这两种连接方法。

1. JDBC-ODBC 桥驱动连接

采用 JDBC-ODBC 方式连接数据库分下面三个步骤：

（1）创建一个数据源。

（2）加载 JDBC-ODBC 驱动程序。

（3）建立一个到数据库的连接。数据源是对数据库的一种映射。我们可以把数据源理解为数据库本身，一个数据源对应一个数据库。

本章以 SQL Server 为例，介绍具体操作步骤：

（1）配置 ODBC 数据源。

1）打开“控制面板”→“管理工具”→“数据源（ODBC）”，出现如图 7-5 所示的对话框。

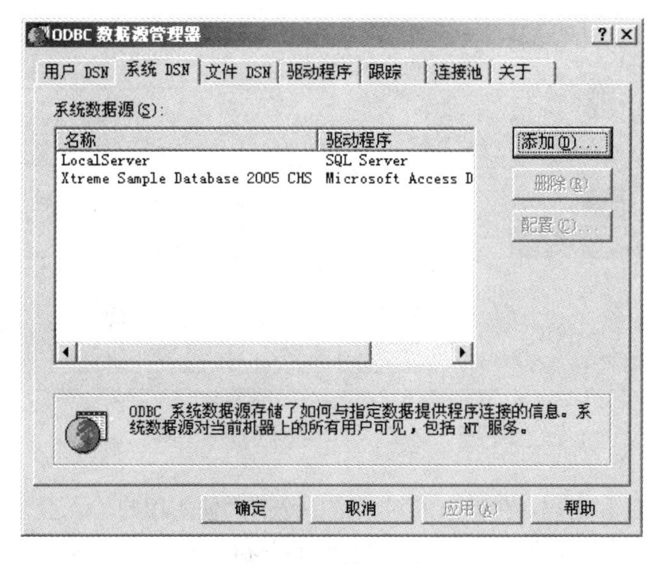

图 7-5　ODBC 数据源管理器

2）单击“系统 DSN”选项卡，单击“添加”按钮，选择相应的数据源驱动。由于要访问的是 SQL Server 数据库，所以选择 SQL Server 选项，单击“完成”按钮，如图 7-6 所示。

图 7-6　驱动程序对话框

3）弹出“创建到 SQL Server 的新数据源”对话框，在“名称”文本框中输入新数据源名称 jdbc_odbc_demo；在服务器文本框中输入服务器的 IP 地址：“127.0.0.1”，单击“下一步”按钮，如图 7-7 所示。

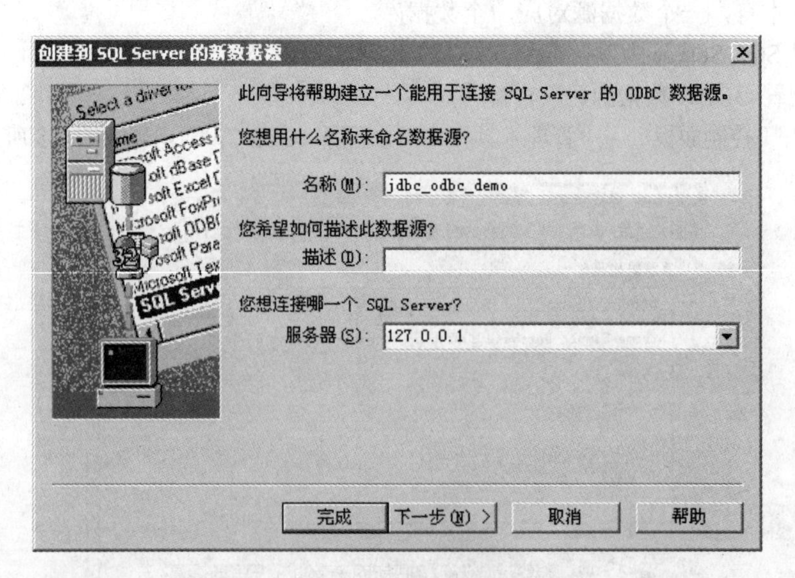

图 7-7　创建 SQL Server 的新数据源

4）设置登录 ID 和密码。在弹出的对话框中选择“使用用户输入登录 ID 和密码的 SQL Server 验证”（也可以选择第一个），在“登录 ID”和“密码”文本框中输入相应数据库的账号和密码，此处输入登录 ID 为 sa，密码为空，如图 7-8 所示。

图 7-8　设置 SQL Server 的登录 ID 和密码

5）选择数据库。弹出如图 7-9 所示的对话框。选中“更改默认的数据库为”复选框，在下拉列表中选择 Northwind 数据库。单击“下一步”按钮。

图 7-9　更改默认数据库

6）在弹出的对话框中单击“完成”按钮，完成新数据源的创建。

7）在弹出的如图 7-10 所示的对话框中，单击“测试数据源”按钮，测试新建数据源是否正确。测试成功后，完成数据源的配置。

（2）加载 JDBC-ODBC 桥接器。

JDBC-ODBC 桥接器就是把应用程序与数据源连接起来的驱动程序。因此，创建了数据源以后，还要加载 JDBC-ODBC 桥接器，即加载驱动程序。加载代码如下所示：

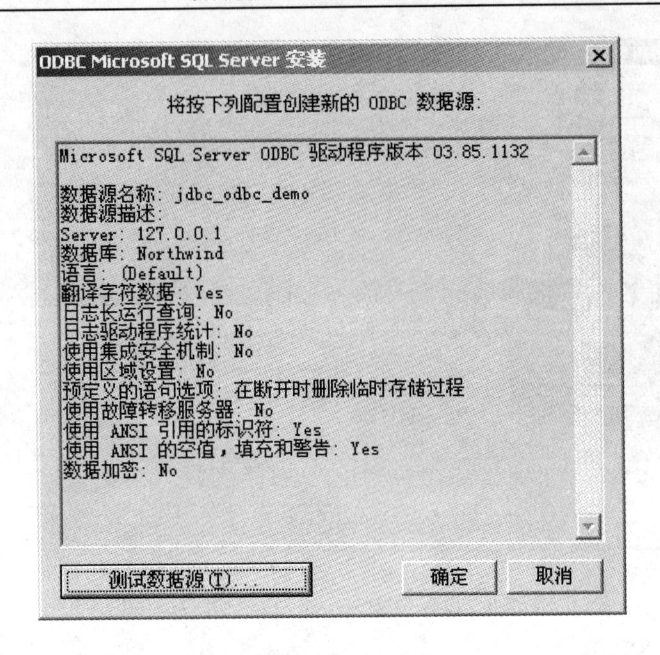

图 7-10　测试数据源

```
try{  Catch  Class.forName("sun.jdbc.odbc.JdbcOdbcDriver");}
chatch(ClassNotFoundException e)
{    }
```

（3）创建数据库连接。

创建了数据源，加载了驱动程序，应用程序还是不能连接到数据库。应用程序要访问数据库，还必须创建一个到数据库的连接，即创建一个连接对象。连接代码如下所示：

```
Connection conn=DriverManager.getConnection("jdbc:odbc:数据源名","用户名","
密码");
```

至此，完成了 JDBC-ODBC 方式的数据库连接。

2. 纯 Java 驱动程序连接数据库

这是效率最高的一种方式，所以也是在实际开发过程中使用最广泛的一种方式。如果你不会这种方式，那说明你还没有完全掌握 JDBC 技术。下面介绍纯 Java 驱动程序连接数据库的步骤。

SQL Server 2000 对于 TCP/IP 的默认侦听端口是 1433，使用纯 Java 驱动程序连接 SQL Server 2000 数据库，需要先安装 SQL Server 的 SP4 补丁，打开 1433 端口，然后安装 SQL Server Driver for JDBC 驱动程序，驱动程序通过 1433 端口与 SQL Server 建立连接。

（1）安装 SQL Server 2000 的 SP4 补丁。

SQL Server 的 JDBC 驱动要通过 TCP/IP 协议的 1433 端口与 SQL Server 服务器进行通信，而默认情况下，SQL Server 服务器是不打开这个端口的，所以为了打开这个端口，必须安装 SQL Server 的 SP4 补丁。具体步骤如下：

1）先下载 SQL2000-KB884525-SP4-x86-CHS.exe 文件，双击文件进行解压，如图 7-11 所示。解压完毕后，将其保存在 C:\SQL 2KSP4 文件夹中。

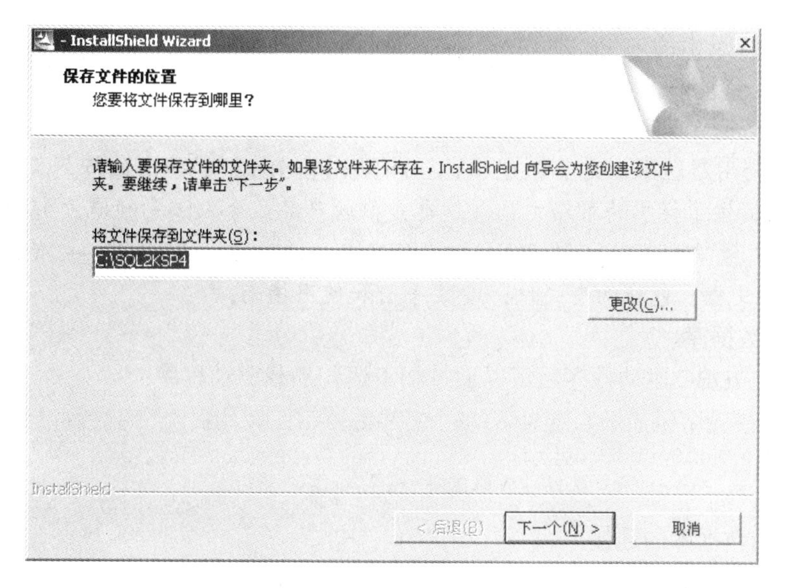

图 7-11　安装 SQL Srver 2000 的 SP4 补丁

2）运行释放包中的 setup.bat 文件，然后按照提示就可以进行安装了。

3）安装完毕，重新启动计算机，然后启动 SQL Server 服务器。

4）测试 1433 端口，确认 SP4 是否安装成功。在 DOS 界面的命令行窗口中输入命令："netstat –na"，如图 7-12 所示。如果出现 1433 端口，则说明端口 1433 上有监听，SP4 安装成功。

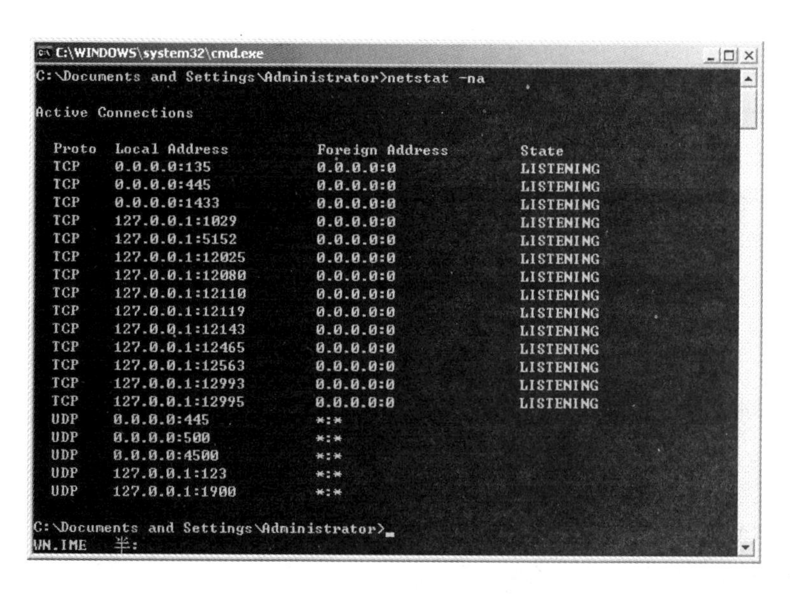

图 7-12　测试 1433 端口界面

（2）安装 SQL Server Driver for JDBC 驱动程序。

1）下载 SQL Server Driver for JDBC 驱动程序，然后按照提示进行安装。

2）默认安装路径是：C:\Program Files\Microsoft SQL Server 2000 Driver for JDBC，把

该路径下 lib 目录中的 3 个文件：msbase.jar、mssqlserver.jar、msutil.jar 复制到 Tomcat 5.5\common\lib 目录下。

3）重启 Tomcat，使驱动程序起作用。

注意：在使用过程中，关于 SQL Server Driver For JDBC 的使用细节，微软还是保持了一贯的风格，提供了详尽的帮助文档（这也是微软产品最令人满意的地方），如果有疑问，可以从“开始”菜单中可以找到“Microsoft SQL Server2000 for JDBC”→“Online Books”，这是一个 PDF 文档，包括两个文件：安装手册和使用指南。

（3）连接数据库。

1）安装完 JDBC 驱动程序后可以通过如下语句加载驱动程序：

```
try{  Class.forName("com.microsoft.jdbc.sqlserver.SQLServerDriver"); }
catch(ClassNotFoundException e)
{System.out.println("无法找到驱动类");}
```

2）建立与数据库的连接。

加载完驱动程序后，可通过如下语句建立与数据库的连接：

```
String  url = “jdbc:microsoft:sqlserver://server_name:1433”; DatabaseName=
数据库名”;
Connection conn = DriverManager.getConnection(url,"用户名","密码");
```

至此，则完成了纯 Java 驱动形式的数据库连接。

7.2.3 数据库事务处理

完成了数据库连接后，要进行数据库事务处理。一般来说，数据库事务处理分两种：数据查询和数据更新。数据更新包括数据插入、修改和删除。假设已经连接到某数据库，创建的连接对象是 conn，则数据查询和数据更新步骤如下。

1. 数据查询

通过以下两个步骤，获得查询结果集 rs。

（1）使用如下语句创建语句对象。

```
Statement  stmt=conn.createStatement()
```

或者：

```
Statement  stmt=conn.createStatement(int type,int  concurrency ) ;
```

（2）使用如下语句获得查询结果集。

```
String  sql="select * from  tablename  where  expression" ; //SQL 查询字符串
ResultSet  rs=stmt.executeQuery(sql);       // 获得结果集 rs
```

2. 数据更新

可以通过以下两个步骤，实现数据更新。

（1）使用如下语句创建语句对象。

```
Statement  stmt=conn.createStatement()或者
Statement  stmt=conn.createStatement(int type,int  concurrency ) ;
```

（2）通过如下语句执行更新。

```
String  sql="sqlStatement " ; //插入或修改或删除 SQL 字符串
int  number=stmt.executeUpdate(sql)  ;    //执行更新操作
```

注意：在数据查询、数据更新事务中，一般采用无参的 createStatement()方法创建语句对象。如果事务是随机查询、游动查询和用结果集更新数据库，则应采用 createStatement(int type，int concurrency)方法创建语句对象。下面是对该方法参数的说明。

1）type 的取值决定滚动方式，即结果集中的游标是否能上下滚动。取值如下：

- ResultSet.TYPE_FORWORD_ONLY：结果集的游标只能向下滚动。
- ResultSet.TYPE_SCROLL_INSENSITIVE：结果集的游标可以上下移动，当数据库变化时，当前结果集不变。
- ResultSet.TYPE_SCROLL_SENSITIVE：返回可滚动的结果集。当数据库变化时，当前结果集同步改变。

2）concurrency 的取值决定是否能用结果集更新数据库。取值如下：

- ResultSet.CONCUR_READ_ONLY：不能用结果集更新数据库中的表。
- ResultSet.CONCUR_UPDATABLE：能用结果集更新数据库中的表。

7.2.4　处理数据库返回的结果集并释放资源对象

执行 SQL 语句之后，也就是完成了数据库的事务处理之后，会将返回的结果交给结果集对象 ResultSet 进行处理，处理完后关闭对象释放资源。代码如下：

```
ResultSet  rs=stmt.executeQuery(sql 语句); //接收结果集
while(rs.next()){ //处理结果集…}
rs.close(); //关闭 ResultSet 对象
stmt.close(); //关闭 Statement 对象
conn.close();  //关闭 Connection 对象
```

（1）ResultSet 对象由若干行组成。ResultSet 对象一次只能看到一个数据行，使用 next()方法，可使游标移到下一行记录。

（2）ResultSet 对象可以用字段索引（第一列是 1，第二列是 2 等）为参数，获得对应的字段值（记录中的数据项），如方法 getXxx（int columnIndex）；也可以用字段名为参数，获得对应的字段值（记录中的数据项），如方法 getXxx（String columnName）。ResultSet 对象的常用方法如表 7-1 所示。

表 7-1　　ResultSet 类的常用方法

返回类型	方法名称	返回类型	方法名称
Boolean	next()	Byte	getByte(String columnName)
Byte	getByte(int columnIndex)	Date	getDate(String columnName)
Date	getDate(int columnIndex)	Double	getDouble(String columnName)
Double	getDouble(int columnIndex)	Float	getFloat(String columnName)
Float	getFloat(int columnIndex)	Int	getInt(String columnName)
Int	getInt(int columnIndex)	Long	getLong(String columnName)
Long	getLong(int columnIndex)	String	getString(String columnName)
String	getString(int columnIndex)		

7.2.5 数据库示例

1. 访问 Northwind 数据库

【例 7-1】 使用 JDBC-ODBC 桥接方式访问 Northwind 数据库，要求显示出 customers 数据表的 CustomerID、CompanyName、Phone 三个字段的内容。显示效果如图 7-13 所示。该示例包含程序 ex7-01.jsp，代码如下。

```
<!--ex7-01.jsp-->
<%@page contentType="text/html; charset=GB2312" %>
<%@page import="java.sql.*" %>
<html>
<head><title>JDBC-ODBC 桥连接</title>
</head>
<body><center>
<font size=4 color=blue>Customers 数据表</font><hr>
<%  try{
        Class.forName("sun.jdbc.odbc.JdbcOdbcDriver");
    }//加载驱动程序
    catch(ClassNotFoundException e){out.print(e);}
    try{ //建立连接
  Connection  conn=DriverManager.getConnection("jdbc:odbc:jdbc_odbc_demo",
"sa","");
    Statement  stmt=conn.createStatement();//发送 SQL 语句
    ResultSet  rs; //建立 ResultSet(结果集)对象
    rs=stmt.executeQuery("select  *  from  customers");    //执行 SQL 语句
%>
<table border=3>
  <tr bgcolor=silver><b>
    <td>客户 ID</td><td>公司名称</td><td>电话</td></b>
  </tr>
<%   while (rs.next()){//利用 while 循环将数据表中的记录列出  %>
  <tr>
     <td><%= rs.getString("CustomerID") %></td>
     <td><%= rs.getString("CompanyName") %></td>
     <td><%= rs.getString("Phone") %></td>
  </tr>
<%   }
    rs.close(); //关闭 ResultSet 对象
    stmt.close(); //关闭 Statement 对象
    conn.close();  //关闭 Connection 对象
    }
    catch(SQLException e1)
    { out.println(e1.getMessage()); }
%>
</table></center>
</body>
</html>
```

运行结果如图 7-13 所示。

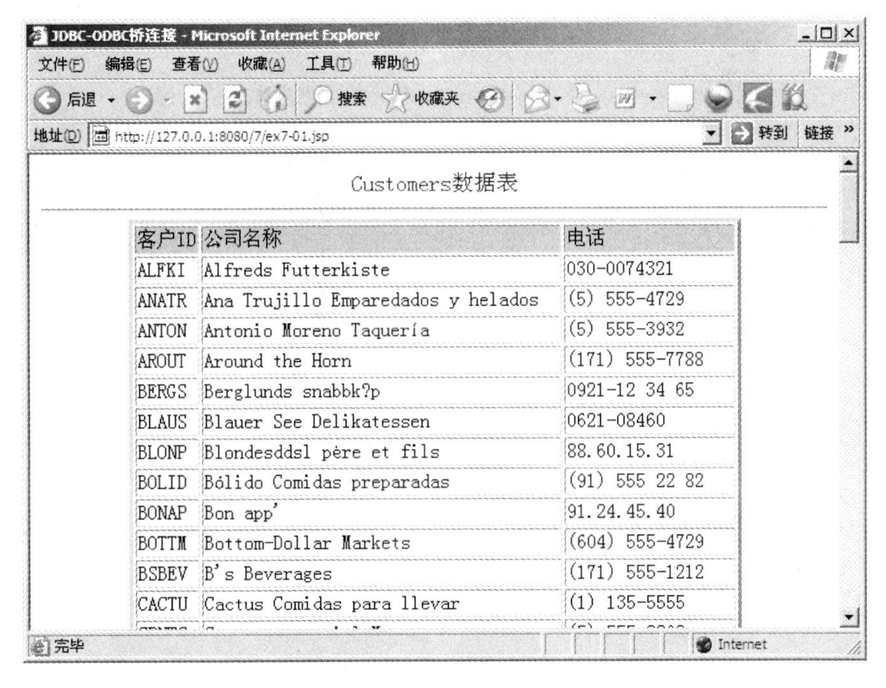

Customers数据表

客户ID	公司名称	电话
ALFKI	Alfreds Futterkiste	030-0074321
ANATR	Ana Trujillo Emparedados y helados	(5) 555-4729
ANTON	Antonio Moreno Taquería	(5) 555-3932
AROUT	Around the Horn	(171) 555-7788
BERGS	Berglunds snabbk?p	0921-12 34 65
BLAUS	Blauer See Delikatessen	0621-08460
BLONP	Blondesddsl père et fils	88.60.15.31
BOLID	Bólido Comidas preparadas	(91) 555 22 82
BONAP	Bon app'	91.24.45.40
BOTTM	Bottom-Dollar Markets	(604) 555-4729
BSBEV	B's Beverages	(171) 555-1212
CACTU	Cactus Comidas para llevar	(1) 135-5555

图 7-13　[例 7-1] 运行结果

【例 7-2】 使用 JDBC 直连方式访问 Northwind 数据库，要求显示出 customers 数据表的 CustomerID、CompanyName、Phone 三个字段的内容。运行结果如图 7-14 所示。该示例包含程序 ex7-02.jsp，代码如下。

```
<!--ex7-02.jsp-->
<%@page contentType="text/html; charset=GB2312" %>
<%@page import="java.sql.*" %>
<html>
<head><title>JDBC 建立数据库连接</title>
</head>
<body><center>
<font size=4 color=blue> 数 据 查 询</font><hr>
<%  try{//加载驱动程序
       Class.forName("com.microsoft.jdbc.sqlserver.SQLServerDriver");
    }
    catch(ClassNotFoundException e){System.out.println("无法找到驱动类");}
    try{
    String url="jdbc:microsoft:sqlserver://localhost:1433;DatabaseName=
Northwind";
    Connection conn=DriverManager.getConnection(url,"sa",""); //建立连接
    Statement stmt=conn.createStatement(); //发送 SQL 语句
    ResultSet rs; //建立 ResultSet(结果集)对象
    rs=stmt.executeQuery("select * from customers");     //执行 SQL 语句
%>
<table border=3>
  <tr bgcolor=silver><b>
    <td>客户 ID</td><td>公司名称</td><td>电话</td></b>
```

```
  </tr>
<%
        while (rs.next()){//利用 while 循环将数据表中的记录列出
%>
  <tr>
     <td><%= rs.getString("CustomerID") %></td>
     <td><%= rs.getString("CompanyName") %></td>
     <td><%= rs.getString("Phone") %></td>
  </tr>
<%
        }
     rs.close(); //关闭 ResultSet 对象
     stmt.close(); //关闭 Statement 对象
     conn.close();  //关闭 Connection 对象
    }
   catch(SQLException e1)
    {  out.println(e1.getMessage()); }
%>
</table></center>
</body>
</html>
```

图 7-14 [例 7-2] 显示效果

2. 访问 zxlt 数据库

完成本章项目分解（一）的任务，该数据库中的表结构已经在第 5 章详细介绍。

【例 7-3】 使用 JSP 访问数据库，实现管理员权限中更改用户信息的功能。显示效果如图 7-1～图 7-3 所示。该程序包含代码 gx.jsp、cx.jsp、xgyz.jsp。

```
<!--gx.jsp-->
<%@page contentType="text/html; charset=gb2312" language="java"%>
<%@page  import="java.sql.*" %>
```

```
<html>
<head>
<meta http-equiv="Content-Type" content="text/html; charset=gb2312">
<title>修改用户信息</title>
<style type="text/css">
<!--
body {
   background-image: url(image/bj2.jpg);
}
-->
</style></head>
<body>
<form name="form1" method="post" action="cx.jsp">
<p><span class="STYLE1">请输入用户 ID</span>
<input type="text" name="userid" id="userid">
</p>
<p>
<input type="submit" name="button" id="button" value="提交">
<label></label>
<input type="reset" name="button2" id="button2" value="重置">
</p>
</form>
</body>
</html>

<!--cx.jsp-->
<%@page contentType="text/html; charset=gb2312" language="java" %>
<%@page import="java.sql.*" %>
<html>
<head>
<meta http-equiv="Content-Type" content="text/html; charset=gb2312">
<title>查询用户信息</title>
<style type="text/css">
<!--
body {
 background-image: url(image/bj2.jpg);
}
-->
</style></head>
<body>
<% Connection conn=null;
   Statement stmt=null;
   ResultSet rs=null;
    String url="jdbc:microsoft:sqlserver://localhost:1433;DatabaseName=
zxlt";
    request.setCharacterEncoding("gb2312") ;        // 进行乱码处理
    String uid=request.getParameter("userid");
    session.setAttribute("id",uid);
    try{
      Class.forName("com.microsoft.jdbc.sqlserver.SQLServerDriver");
     }
     catch(ClassNotFoundException e) {}
```

```
try{
 conn=DriverManager.getConnection(url,"sa","");
 stmt=conn.createStatement();
 String  sql="select * from d_user where id = '"+uid+"'";
 rs=stmt.executeQuery(sql);
  if(rs.next())
  {response.sendRedirect("xg.jsp");
   conn.close();
 }
  else
  {conn.close();
   out.print("不存在此用户,请重新输入");
 %>
<p><a href="gx.jsp">返回更新页</a></p>
 <%   }
    }
    catch(SQLException e1) {}
%>
</body>
</html>

<!--xg.jsp-->
<%@page contentType="text/html; charset=gb2312" language="java" %>
<%@page  import="java.sql.*"  %>
<html>
<head>
<meta http-equiv="Content-Type" content="text/html; charset=gb2312">
<title>用户信息修改</title>
<style type="text/css">
<!--
body {
 background-image: url(image/bj2.jpg);
}
.STYLE1 {
 font-size: 18px;
 font-weight: bold;
}
-->
</style></head>
<body>
<p align="center" class="STYLE1">请输入修改信息</p>
<form  name="form1"  method="post"  action="xgyz.jsp" >
<table   align="center"  width="373"  border="0">
  <tr>
    <td  width="150"  height="35"  align="right"><div align="center">姓名：
</div></td>
    <td  width="213"><input type="text" name="username" id="username"></td>
  </tr>
  <tr>
    <td height="35"  align="right"><div align="center">密 码：</div></td>
    <td><label>
    <input  type="password"  name="userpassword"  id="userpassword">
```

```
    </label>
    <label></label>
    </td>
  </tr>
  <tr>
    <td height="35" align="right"><div align="center">类 型: </div></td>
    <td><label>
      <select name="usertype" id="usertype" >
        <option value="0">管理员</option>
        <option value="1">普通用户</option>
      </select>
    </label></td>
  </tr>
  <tr>
    <td height="35" align="right"><div align="center">年 龄: </div></td>
    <td><label>
      <input type="text" name="userage" id="userage">
    </label></td>
  </tr>
  <tr>
    <td height="35" align="right"><div align="center">电 话: </div></td>
    <td><label>
      <input type="text" name="usertele" id="usertele">
    </label></td>
  </tr>
  <tr>
    <td height="35" align="right"><div align="center">
      <input type="submit" name="button" id="button" value="提交">
    </div></td>
    <td><label>
    <div align="center">
      <input type="reset" name="button2" id="button2" value="重置">
    </div>
    </label></td>
  </tr>
</table>
</form>
</body>
</html>

<!--xgyz.jsp-->
<%@page contentType="text/html; charset=gb2312" language="java" %>
<%@ import="java.sql.*" %>
<html>
<head>
<meta http-equiv="Content-Type" content="text/html; charset=gb2312">
<title>保存修改信息</title>
<style type="text/css">
<!--
body {
 background-image: url(image/bj2.jpg);
}
```

```
-->
</style></head>
<body>
<%  Connection conn=null;
    Statement  stmt=null;
    ResultSet  rs=null;
    String  url="jdbc:microsoft:sqlserver://localhost:1433;DatabaseName=
zxlt";
    request.setCharacterEncoding("gb2312") ;         // 进行乱码处理
    String  id =(String)session.getAttribute("id");
    String  name = request.getParameter("username");
    String  password = request.getParameter("userpassword");
    String  type = request.getParameter("usertype");
    String  age = request.getParameter("userage");
    String  tele = request.getParameter("usertele");
    try{
    Class.forName("com.microsoft.jdbc.sqlserver.SQLServerDriver");
    }
    catch(ClassNotFoundException e) {}
    try{
   conn=DriverManager.getConnection(url,"sa","");
   stmt=conn.createStatement();
   String  condition1=
       "UPDATE d_user SET name ='"+name+"'"+" WHERE id ="+"'"+id+"'" ;
    String  condition2=
        "UPDATE d_user SET password ='"+password +"'"+" WHERE id ="+"'"+
id+"'" ;
    String  condition3=
         "UPDATE d_user SET type ="+type+" WHERE id ="+"'"+id+"'" ;
    String  condition4=
         "UPDATE d_user SET age = "+age+" WHERE id ="+"'"+id+"'" ;
     String condition5=
         "UPDATE d_user SET tele ='"+tele +"'"+" WHERE id ="+"'"+id+"'" ;
     if(name!="")
      {stmt.executeUpdate(condition1);}
     if(password!="")
      {stmt.executeUpdate(condition2);}
     if(type!="")
      {stmt.executeUpdate(condition3);}
     if(age!="")
      {stmt.executeUpdate(condition4);}
     if(tele!="")
       {stmt.executeUpdate(condition5);}
     conn.close();
     out.print("修改成功");
      }
     catch(SQLException e1) {}
 %>
<p><a href="manager_main.jsp">返回主页</a></p>
 </body>
</html>
```

程序说明：

gx.jsp 为管理员修改用户信息的界面，在该界面中，管理员首先应输入用户 ID，根据用户 ID 查找该用户，该功能由 cx.jsp 完成。如果找到该用户，则进入 xg.jsp 界面，输入要更改的用户信息，进行更新；如果找不到该用户，则返回更新界面，重新输入用户 ID，继续更新。

gx.jsp：为管理员输入要更新人员的 ID 号界面，输入完毕，单击“提交”按钮转向 cx.jsp 界面。

cx.jsp：负责查找该用户是否存在。该 JSP 程序使用直连方式连接数据库，然后通过以下语句进行查询。

```
String  sql="select * from d_user where id = '"+uid+"'";
rs=stmt.executeQuery(sql);
```

如果查找到该用户，则进入 xg.jsp 界面。

xg.jsp：为管理员修改用户信息界面，负责输入要修改的用户信息。输入完后，单击“提交”按钮，进入 xgyz.jsp 界面。

xgyz.jsp：负责在后台将修改后的信息传回数据库。该 JSP 程序使用直连方式连接数据库，然后通过以下语句进行信息更新。

```
String  condition1="UPDATE d_user SET name ='"+name+"'"+" WHERE id ="+"'"+
id+"'" ;
String  condition2=
"UPDATE d_user SET password ='"+password +"'"+" WHERE id ="+"'"+id+"'" ;
String  condition3= "UPDATE d_user SET type ="+type+" WHERE id ="+"'"+id+"'" ;
String  condition4="UPDATE d_user SET age = "+age+" WHERE id ="+"'"+id+"'" ;
String  condition5="UPDATE d_user SET tele ='"+tele +"'"+"
```

习　　题

一、选择题

1．下面哪一项不是 JDBC 的工作任务？（　　）。

A．与数据库建立连接　　B．操作数据库，处理数据库返回的结果

C．在网页中生成表格　　D．向数据库管理系统发送 SQL 语句

2．下面哪一项不是加载驱动程序的方法？（　　）。

A．通过 DriverManager.getConnection 方法加载

B．调用方法 Class.forName

C．通过添加系统的 jdbc.drivers 属性

D．通过 registerDriver 方法注册

3．关于分页显示，下列的叙述哪一项是不正确的？（　　）。

A．只编制 1 个页面是不可能实现分页显示的

B．采用 1～3 个页面都可以实现分页显示

C．分页显示中，记录集不必在页面跳转后重新生成

D．分页显示中页面显示的记录数可以随用户输入调整

4．DriverManager 类的 getConnection(String url，String user，String password)方法中，

参数 url 的格式为 jdbc:<子协议>:<子名称>，下列哪个 url 是不正确的？（　　）。

A. "jdbc:mysql://localhost:80/数据库名"

B. "jdbc:odbc:数据源"

C. "jdbc:oracle:thin@host：端口号：数据库名"

D. "jdbc:sqlserver://172.0.0.1:1443;DatabaseName=数据库名"

5. 下面是创建 Statement 接口并执行 executeUpdate 方法的代码片段：

```
conn=DriverManager.getConnection("jdbc:odbc:book","","");
stmt=conn.createStatement();
String strsql="insert into book values("TP003","ASP.NET","李","清华出版社
",35) ";
n=stmt.executeUpdate(strsql);
```

代码执行成功后 n 的值为（　　）。

A. 1　　B. 0　　C. -1　　D. 一个整数

6. 下列代码中 rs 为查询得到的结果集，代码运行后表格的每一行有几个单元格？（　　）。

```
while(rs.next()){
out.print("<tr>");
  out.print("<td>"+rs.getString(1)+ "</td>");
  out.print("<td>"+rs.getString(2)+ "</td>");
  out.print("<td>"+rs.getString(3)+"</td>");
  out.print("<td>"+rs.getString("publish")+"</td>");
  out.print("<td>"+rs.getFloat("price")+"</td>");
out.print("</tr>");
}
```

A. 4　　B. 5　　C. 6　　D. 不确定

7. 查询结果集 ResultSet 对象是以统一的行列形式组织数据的，执行 ResultSet rs = stmt.executeQuery ("select bid，name，author，publish，price from book");语句，得到的结果集 rs 的列数为（　　）。

A. 4　　B. 5　　C. 6　　D. 不确定

8. 下列代码生成了一个结果集

```
conn=DriverManager.getConnection(uri,user,password);
stmt=conn.createStatement(ResultSet.TYPE_SCROLL_SENSITIVE,
     ResultSet.CONCUR_READ_ONLY);
rs=stmt.executeQuery("select * from book");
```

下面对该 rs 描述正确的是（　　）。

A. 只能向下移动的结果集　　B. 可上下滚动的结果集

C. 只能向上移动的结果集　　D. 不确定是否可以滚动

9. 下列代码生成了一个结果集

```
conn=DriverManager.getConnection(uri,user,password);
stmt=conn.createStatement(ResultSet.TYPE_SCROLL_SENSITIVE,
     ResultSet.CONCUR_READ_ONLY);
rs=stmt.executeQuery("select * from book");
```

下面对该 rs 描述正确的是（　　）。

A．不能用结果集中的数据更新数据库中的表

B．能用结果集中的数据更新数据库中的表

C．执行 update 方法能更新数据库中的表

D．不确定

10．下列代码生成了一个结果集：

```
conn=DriverManager.getConnection(uri,user,password);
stmt=conn.createStatement(ResultSet.TYPE_SCROLL_SENSITIVE,
    ResultSet.CONCUR_READ_ONLY);
rs=stmt.executeQuery("select * from book");
```

下面对该 rs 描述正确的是（　　）。

A．数据库中表数据变化时结果集中数据不变

B．数据库中表数据变化时结果集中数据同步更新

C．执行 update 方法能与数据库中表的数据同步更新

D．不确定

11．下列代码生成了一个结果集：

```
conn=DriverManager.getConnection(uri,user,password);
stmt=conn.createStatement(ResultSet.TYPE_SCROLL_SENSITIVE,
    ResultSet.CONCUR_READ_ONLY);
rs=stmt.executeQuery("select * from book");
rs.last();rs.next();
```

下面对该 rs 描述正确的是（　　）。

A．rs.isFirst()为真　　　　B．rs.isLast()为真

C．rs.isAfterLast()为真　　　　D．rs.isBeforeFirst()为真

12. 给出了如下的查询条件字符串 String condition="insert into book values(?, ?, ?, ?, ?)"; 下列哪个接口适合执行该 SQL 查询？（　　）。

A．Statement　　　　B．PrepareStatement

C．CallableStatement　　　　D．不确定

二、填空题

1．JDBC 的英文全称是_____，中文意义是____________。

2．简单地说，JDBC 能够完成下列三件事：与一个数据库建立连接（connection）、_____________、____________________。

3．JDBC 主要由两部分组成：一部分是访问数据库的高层接口，即通常所说的_____________另一部分是由数据库厂商提供的使 Java 程序能够与数据库连接通信的驱动程序，即____________________。

4．目前，JDBC 驱动程序可以分为四类：______________、______________________、__________________、__________________。

5．数据库的连接是由 JDBC 的________________管理的。

6．查询结果集 ResultSet 对象是以统一的行列形式组织数据的，执行 ResultSet rs = stmt.executeQuery ("select bid，name，author，publish，price from book");语句，而每一次 rs

只能看到______行，要再看到下一行，必须使用________方法移动当前行。ResultSet 对象使用_______ 方法获得当前行字段的值。

7．stmt 为 Statement 对象，执行 String sqlStatement = "delete from book where bid='tp1001' ";语句后，删除数据库表的记录需要执行 stmt.executeUpdate（________________）；语句。

8．下面代码是使用数据库连接池获得连接的代码片段：

```
Connection conn;
     Context initCtx=new InitialContext();
Context ctx=(Context)initCtx.lookup("java:comp/env");
//获取连接池对象
Object obj=(Object)ctx.lookup("jdbc/dataBook");
//类型转换
javax.sql.DataSource ds=(javax.sql.DataSource)obj;
//得到连接
conn=ds.______________;
```

三、上机练习

1．利用 JSP 技术完成用户注册功能，要求用户输入用户名、密码、电话、邮箱，单击“确定”按钮，完成注册。

2．设计一个用户登录界面，使用第 1 题设计的用户名、密码登录，验证成功后转向主界面。

3．以 pubs 数据库为例，要求使用纯 Java 驱动程序连接数据库技术显示 authors 表中的所有内容（pubs 为 SQL Sever2000 的示例数据库）。

4．以 pubs 数据库为例，要求使用 JDBC-ODBC 桥连接数据库技术显示 jobs 表中的所有内容。

第 8 章　JSP 与 JavaBean

学习目标：

（1）理解什么是 JavaBean？为什么使用 JavaBean？

（2）掌握 JavaBean 的编写方法，学会部署字节码文件的目录结构。

（3）熟练掌握 JSP 页面中调用 JavaBean 的方法。

（4）熟练掌握设置、获取 JavaBean 属性的方法。

（5）能够利用 JavaBean 技术完成对数据库的增、删、查、改操作。

8.1　项目分解（一）：实现管理员权限中查询用户信息的功能

1. 任务描述

管理员登录成功后，进入管理员管理界面，在该界面中，管理员单击“查询用户信息”链接，可以实现对用户信息的查询。要想查询用户信息，为保证其安全性，必须首先判断用户是否登录，如果管理员已经成功登录，则进入查询用户信息界面；否则，返回登录界面要求管理员重新登录。在查询用户信息界面，管理员首先应输入用户 ID，根据用户 ID 查找该用户，如果找到该用户，该用户信息则以表格形式显示在页面下方；如果找不到该用户，则提示输入的用户不存在，可返回查询界面，重新输入用户 ID，继续查询。

2. 涉及知识要点

（1）使用 JDBC 驱动程序连接数据库。

（2）使用 JavaBean 技术进行数据库操作。

（3）使用 JDBC+JavaBean 技术查询用户信息。

3. 界面实现

图 8-1 和图 8-2 为查询用户信息的界面实现。

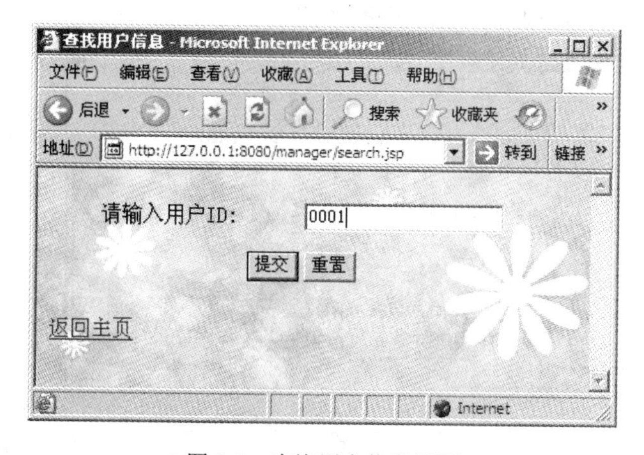

图 8-1　查询用户信息界面

图 8-2 用户信息显示界面

相关任务实现代码及程序说明，将在理论知识讲解中详细介绍，这里不再重复介绍。

8.2 项目分解（二）：实现管理员权限中查询用户聊天信息的功能

1. 任务描述

管理员登录成功后，进入管理员管理界面，在该界面中，管理员单击“查询聊天信息”链接，可以实现对用户聊天信息的查询。要想查询用户聊天信息，为保证其安全性，必须首先判断用户是否登录，如果管理员已经成功登录，则进入查询用户聊天信息界面；否则，返回登录界面要求管理员重新登录。在查询用户聊天信息界面，管理员首先应输入用户 ID，根据用户 ID 查找该用户，如果找到该用户，该用户聊天信息则以表格形式显示在页面下方；如果找不到该用户，则提示输入的用户不存在，可返回查询界面，重新输入用户 ID，继续查询。

2. 涉及知识要点

（1）使用 JDBC 驱动程序连接数据库。

（2）使用 JavaBean 技术进行数据库操作。

（3）使用 JDBC+JavaBean 技术查询用户聊天信息。

3. 界面实现

图 8-3 和图 8-4 为查询用户信息的界面实现。

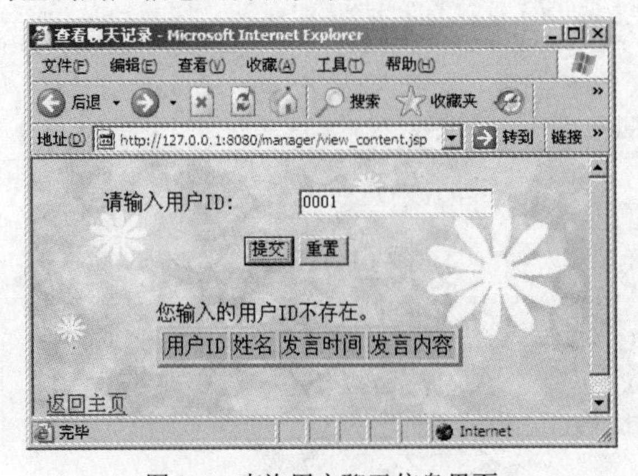

图 8-3 查询用户聊天信息界面

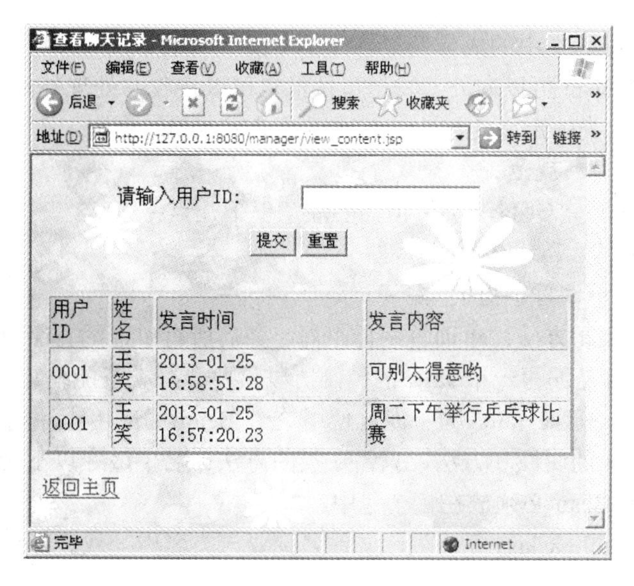

图 8-4　用户聊天信息显示界面

相关任务实现代码及程序说明，将在理论知识讲解中详细介绍，这里不再重复介绍。

8.3　理　论　知　识

8.3.1　JavaBean 简介

JavaBean 是使用 Java 语言编写的组件。组件是组成一个大的系统的一部分，并且组件能够完成特定的功能，能够共享。

可以认为 JavaBean 是 Java 类，但具有特定的功能，并且这些功能是共享的。例如，连接数据库的功能可以封装成单独的 Java 类，常用处理方法可以封装成 JavaBean。

JavaBean 的优点如下：

（1）提高代码的可复用性：对于通用的事务处理逻辑，数据库操作等都可以封装在 JavaBean 中，通过调用 JavaBean 的属性和方法可快速进行程序设计。

（2）程序易于开发维护：实现逻辑的封装，使事务处理和显示互不干扰。

（3）支持分布式运用：这用 JavaBean，可尽量减少 Java 代码和 HTML 的混编。

8.3.2　编写 JavaBean

1. JavaBean 的组成

简单地说，JavaBean 可以看成是一个黑盒子，即只需要知道其功能而不必管其内部结构的软件设备。黑盒子只介绍和定义其外部特征以及与其他部分的接口，如按钮、窗口、颜色、形状、句柄等。

作为一个黑盒子的模型，JavaBean 有 3 个接口面，由属性、事件和方法组成，可以独立进行开发。

（1）属性：是 Bean 类中的成员变量，提供可读/写属性。

（2）事件：JavaBean 可以向外部发送事件，也可以接收并处理外部事件。

（3）方法：Bean 类中定义的方法，必须用关键字 public 修饰。

2. JavaBean 的命名规范

JavaBean 是一个特定的 Java 类，但需要注意以下几点：

（1）包的命名：全部字母必须小写。

（2）类的命名：单词首字母大写。

（3）Setter 和 Getter 方法：单词首字母小写，之后所有单词的首字母大写。

编写 JavaBean 就是编写一个 Java 的类，所以只要会写类就能编写一个 Bean，这个类创建的一个对象称作一个 Bean。为了能让使用这个 Bean 的应用程序构建工具（比如 JSP 引擎）知道这个 Bean 的属性和方法，只需在类的方法命名上遵守以下规则：

（1）所有的 JavaBean 必须放在一个包中。

（2）必须使用 Public Class 声明类，文件名称要与类名称一致。

（3）类中的全部属性必须封装。

（4）被封装的属性要通过 Setter 和 Getter 进行设置和访问；如果类的成员变量的名字是 xxx，那么为了更改或获取成员变量的值，即更改或获取属性，在类中可以使用两个方法：

getXxx()，用来获取属性 xxx。

setXxx()，用来修改属性 xxx。

对于 Boolean 类型的成员变量，即布尔逻辑类型的属性，允许使用 is 代替上面的 get 和 set。

（5）类中方法的访问属性都必须是 public 的。

（6）类中如果有构造方法，那么这个构造方法也是 public 的并且是无参数的。

3. 部署 JavaBean

JavaBean 的部署是一个既简单又麻烦的事情。说它简单，只要把 class 文件（含包对应的目录结构）拷到 WEB-INF 的 classes 目录下即可。说它麻烦，是说如果不知道这里的细节，那你拷过去后，系统仍然提示找不到指定类。

注意：千万不要在 Tomcat 安装目录下的 Webapps\root\目录下作部署 JavaBean 的事情，这样会造成目录结构非常混乱的局面。

部署 JavaBean 的步骤如下：

（1）首先创建工作目录，本章节工作目录为：D:\Demo\8，然后打开 Tomcat 配置文件目录，修改 server.xml 文件，设置其虚拟目录为/8。

（2）在 D:\Demo\8 下创建子目录：WEB-INF，并在 WEB-INF 下创建子目录 classes，并把 Tomcat 安装目录下的 webapps\root\WEB-INF 下的 web.xml 文件拷贝到 D:\Demo\8\WEB-INF 目录下。

（3）重新启动 Tomcat。

（4）将 D:\Demo\WEB-INF\classes 目录中创建的需要编译的*.java 文件进行编译，编译时使用命令 javac –d . *.java，编译完成后，系统会自动在 classes 目录下创建包对应的目录；此时就可以正常使用 Bean 了（因为只要通过上面的设置，Tomcat 会自动把虚拟目录下的 WEB-INF\Classes 目录添加到 CLASSPATH 中，只有 CLASSPATH 中指定的类，系统才会找到）。

【例 8-1】 编写一个图书的 Bean，要求该 Bean 具有属性 bookName（书名）、bookNum（书号）和 bookCount（图书数量），并创建相应的方法读、写该图书 Bean 的属性。该示例包含程序 BookBean.java，代码如下。

```
package  zzrvtc.computer;
public  class  BookBean {
  String  bookName,bookNum;
  int  bookCount=1;
  public  BookBean()
  {       }
  public void  setBookName( String newBookName){
       bookName = newBookName;
  }
  public void  setBookNum( String newBookNum){
       bookNum = newBookNum;
  }
  public void  setBookCount(int newBookCount){
      bookCount = newBookCount;
  }
  public String  getBookName(){
       return bookName;
  }
  public String  getBookNum(){
      return  bookNum;
  }
  public int  getBookCount(){
       return  bookCount;
  }
}
```

该 Bean 的部署过程如下：

（1）在 D:\Demo\8 下创建子目录：WEB-INF，并在 WEB-INF 下创建子目录 classes，并把 Tomcat 安装目录下的 webapps\root\WEB-INF 下的 web.xml 文件拷贝到 D:\Demo\8\WEB-INF 目录下。

（2）重新启动 tomcat。

（3）在 D:\Demo\WEB-INF\classes 目录中创建 BookBean.java 文件，因为要创建的类叫 BookBean，所以这个文件名就叫作 BookBean.java。另外，在创建这个类的时候，把它放在包 zzrvtc.computer 中，即郑州铁路职业技术学院计算机班中，所以要使用 package 指令。

（4）使用如下命令编译这个 Java 文件。编译成功后，界面如图 8-5 所示。

```
javac  -d  .  BookBean.java
```

注意：编译时使用了-d 参数，该参数表示在指定目录下生成包结构的目录（这里我们使用“.”，就表示要在当前目录下生成），图 8-6 是生成的目录结构。

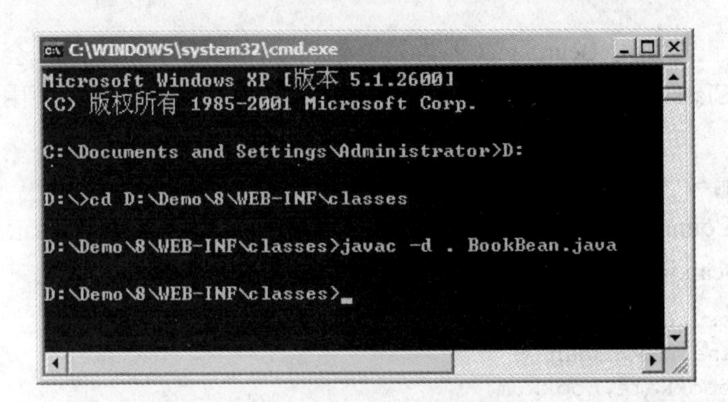

图 8-5 [例 8-1] 编译过程

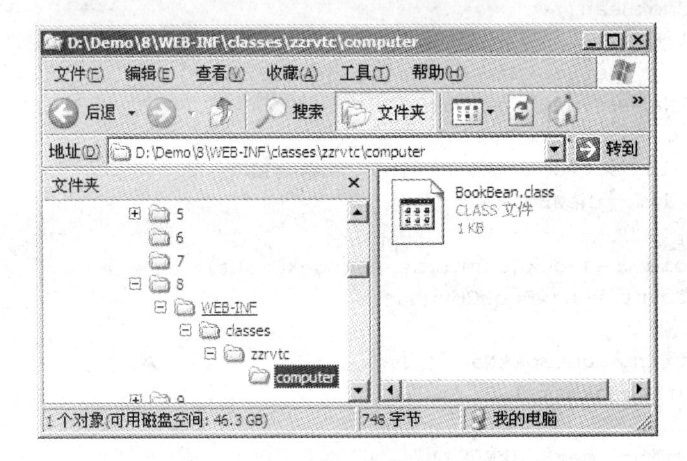

图 8-6 目录结构图

8.3.3 在 JSP 中使用 Bean

在以上的讲解中，大家了解了如何编写并且部署Bean，那么在JSP中如何使用Bean呢？

在JSP中使用JavaBean有两种方式：一种是使用Page指令导入包的方法，将JavaBean作为一个正常的自定义Java类来使用；另一种是在JSP页面调用JavaBean，该方法需要使用<jsp:useBean>标签来创建 JavaBean 的实例对象，<jsp:setProperty>标签来设置 JavaBean 的属性，<jsp:getProperty>标签来获取并输出JavaBean的属性。

注意：因为Java Web中，很少在JSP中直接访问JavaBean，所以标签方式用得不多。目前的编程习惯主要是在Servlet中访问JavaBean。

1. 使用Page指令的导包方式调用Bean

这种方式很简单，就像使用Java的内置类一样。首先使用Import指令导入类所在的包，然后实例化对象，接着就可以调用类的方法进行操作。

【例 8-2】 使用Page指令的导包方式编写一个JSP文件，调用[例 8-1]所编写的Bean。该例包含程序ex8-01.jsp，运行效果如图8-7所示，代码如下。

```
<!--ex8-01.jsp-->
<%@page  contentType="text/html; charset=gb2312" %>
<%@page  import="zzrvtc.computer.*"%>
```

```
<html>
<head>
<title>javabean 示例</title>
</head>
<body>
<%
 BookBean  Mybookbean = new  Book
Bean();
 Mybookbean.setBookName ("JSP 基础");
 Mybookbean.setBookNum ( "ISBN-
001-001");
 Mybookbean.setBookCount(4);
%>
 <h1><%=  Mybookbean.getBookName()
%></h1>
 <h1><%=   Mybookbean.getBookNum()
%></h1>
 <h1><%= Mybookbean.getBookCount() %></h1>
</body>
</html>
```

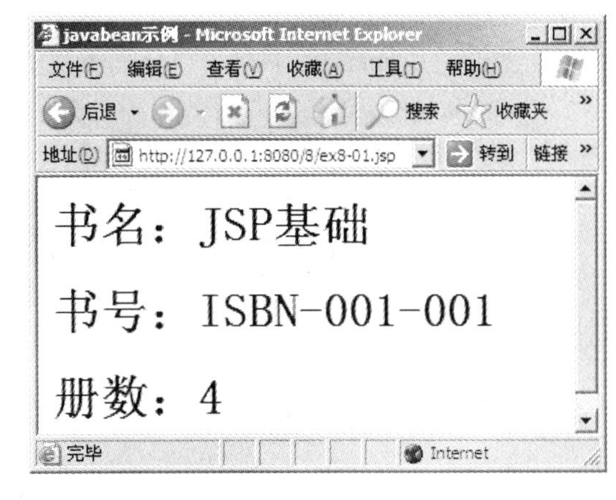

图 8-7　[例 8-2] 运行效果

2. **使用<jsp:useBean>标签方式调用 Bean**

使用<jsp:useBean>标签定义 JavaBean 的对象，语法格式如下：

```
<jsp:useBean  id=" bean 的实例名"  class="bean 的完整类名 "
scope="page|request|session|application" />
```

其中：

- id 定义了 Bean 的实例名称，以后就可以通过该名称调用 Bean 的方法。该变量名称区分大小写。
- class 指定了 Bean 的类。一般情况下，在编写 JSP 程序时，会在程序头部使用@page import 指令将 Bean 类所在的包导入到程序中。
- scope 指定了 Bean 的生命周期，Bean 只在指定的作用域内有效。它有 4 种范围：page、request、session、application，默认值为 page。

➢ page：当 scope="page"时，Bean 的作用域为当前页，只被当前页面访问。JSP 页面执行完以后，Java 的垃圾回收机制将回收该 Bean，取消分配的 Bean，释放 Bean 占据的内存空间。Tomcat 为不同的用户分配不同的 Bean，尽管不同用户的 Bean 功能是相同的，但是它们占有不同的内存空间。

➢ request：Bean 的有效范围是用户请求期间。在任何执行相同请求的 JSP 文件中使用该 Bean，直到页面执行完毕向客户端发回响应或转到另一个文件为止。

➢ session：Bean 的有效范围是用户的会话期间。如果在一个 session 期，某个用户访问了多个页面，这些页面都包含有 jsp:useBean 标记，它们的 id 值一样，scope="session"，那么用户在这些页面中使用的 Bean 是同一个 Bean。也就是说，如果用户在某个页面中改变了 Bean 的某个属性值，那么其他页面的 Bean 的该属性值也发生相同的变化。注意，创建 Bean 的 JSP 文件的“<%@page %>“指令中必须指定 session="true"。在用户关闭浏览器时，Tomcat 取消分配给该用户的 Bean，释放 Bean 占据的内存空间。当有多个用户的 scope="session"时，它们的 Bean 是不同的，Tomcat 为不同用户分配不同的 Bean。

- application：Bean 的有效范围是整个 application 生存期，任何 scope="application" 的 JSP 页面都使用同一个 Bean，即所有的用户共享一个 Bean，如果某个用户更改了该 Bean 的某个属性值，那么所有用户的该 Bean 的该属性值都发生相同的变化，该 Bean 一直到服务器关闭时才被取消。

【例 8-3】使用<jsp:useBean>标签方式编写一个 JSP 文件，调用[例 8-1]所编写的 Bean。该例包含程序 ex8-02.jsp，运行效果如图 8-8 所示，代码如下。

```
<%@page  contentType="text/html; charset=GBK"  language="java" %>
<%@page  import="zzrvtc.computer.*"%>
<html>
<head>
<meta http-equiv="Content-Type" content="text/html; charset=GBK">
<title>javabean 实例</title>
</head>
<body>
<jsp:useBean   id="Mybookbean"   class="zzrvtc.computer.BookBean"   scope=
"page"/>
<%   Mybookbean.setBookName("java 程序设计");
     Mybookbean.setBookNum("ISBN 7-301-111-1");
     Mybookbean.setBookCount(4);
%>
 <h1>书名：<%= Mybookbean.getBookName() %></h1>
 <h1>书号：<%= Mybookbean.getBookNum() %></h1>
 <h1>册数：<%= Mybookbean.getBookCount() %></h1>
</body>
</html>
```

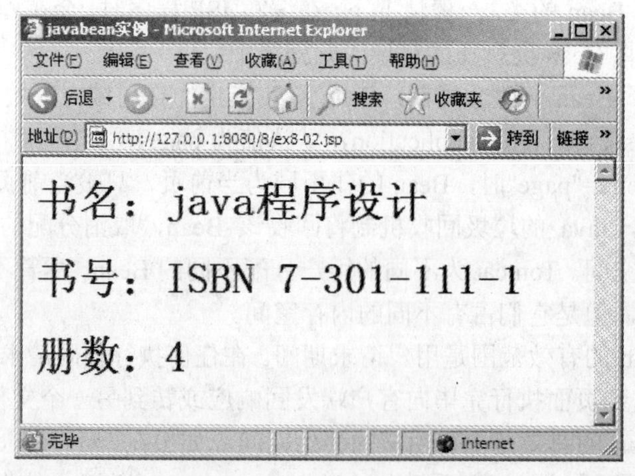

图 8-8 [例 8-3] 运行效果

3. 使用<jsp:setProperty>、<jsp:getProperty>动作标签设置 JavaBean 的属性

（1）设置属性<jsp:setProperty>。

<jsp:setProperty>标签的作用是设置 Bean 属性值。使用该标签之前，必须使用 useBean

标签创建一个 Bean。下面是 setProperty 标签的语法格式：

```
<jsp:setProperty  name="bean的名字"  property="属性名字"  value="属性值"/>
```

其中，name 取值是 Bean 的名字(相当于引用该 Bean 的变量名)，用来指定被使用的 Bean，它的值必须是 useBean 标签中 id 属性的值，property 取值是 Bean 的属性名，将 value 的取值赋给 Bean 类的属性（即将 value 的值赋给 Bean 类的成员变量）。使用 setProperty 动作标签，有三种方式给 Bean 属性赋值。

1）使用字符串或表达式直接给 Bean 属性（变量）赋值。

这种赋值方式要求表达式的值类型与 Bean 属性（变量）的值类型相同，其语法格式如下：

```
<jsp:setProperty name="bean的名字" property="bean的属性"value="<%expression
%>" />
```

2）使用表单参数给 Bean 属性赋值。

这种赋值方式要求表单中提供参数的数据组件名字与 Bean 的成员变量名字相同，其语法格式如下：

```
<jsp:setProperty  name="bean的名字"  property="*" />
```

该标签不用具体指定每个 Bean 属性名字，系统会自动根据表单中数据组件名字与 Bean 的成员变量名字一一对应赋值。注意，这种方式在标签中没有使用属性 value。

3）使用表单的参数值给 Bean 属性赋值。

这种赋值方式要求表单中提供参数的数据组件名字与 setProperty 标签中的 param 属性值名字相同，其语法格式如下：

```
<jsp:setProperty  name="bean的名字"  property="属性名字"  param="参数名字"/ >
```

注意：这里的“bean 的名字”是指使用该 Bean 的变量名，“属性名字”指 Bean 类中的成员变量名。

（2）使用<jsp:getProperty>读取 Bean 属性的值。

该标签的作用是获得 Bean 属性值，并将这个值以字符串方式在客户端显示。使用该标签之前，必须使用 useBean 标签创建一个 Bean。下面是 getProperty 标签的语法格式：

```
<jsp:getProperty  name="bean的名字"  property="bean的属性名" />
```

其中，name 取值是 Bean 的名字，用来指定要获取哪个 Bean 的变量名，它的值必须是 useBean 标签中 ID 属性的值，property 取值是 Bean 的属性名（Bean 类定义时的成员变量）。

【例 8-4】 使用设置 Bean 属性的方法调用［例 8-1］所编写的 Bean，读取并显示书号、书名和数量。该示例包含程序 input.htm、ex8-04.jsp，代码如下：

```
<!--input.htm-->
<html>
<head>
<title>设置bean属性</title>
</head>
<body>
```

```
    <form name="form1"  method="post"  action="ex8-04.jsp">
      <table>
        <tr>
          <td>请输入书名：</td>
          <td><input  type="text"  name="form_bookName"  id="form_bookName"></td>
        </tr>
        <tr>
          <td>请输入书号：</td>
          <td><input  type="text"  name="form_bookNum"  id="form_bookNum"></td>
        </tr>
        <tr>
          <td>请输入数量</td>
          <td><input  type="text"  name="form_bookCount"  id="form_bookCount">
</td>
        </tr>
        <tr>
          <td><input type="submit"  name="button2"  id="button2"  value="提交"></td>
          <td><input  type="reset"  name="button"  id="button"  value="重置"></td>
        </tr>
      </table>
    </form>
    </body>
    </html>

    <!--ex8-04.jsp-->
    <%@page contentType="text/html; charset=gb2312" %>
    <html>
    <head>
    <title>useBean 示例</title>
    </head>
    <body>
    <% request.setCharacterEncoding("gb2312") ; %>
    <jsp:useBean  id="MyBookBean"  scope="page"  class="zzrvtc.computer.Book
Bean"/>
    <jsp:setProperty name="MyBookBean" property="bookName" param="form_book
Name"/>
    <jsp:setProperty name="MyBookBean" property="bookNum"  param="form_book
Num"/>
    <jsp:setProperty name="MyBookBean" property="bookCount" param="form_book
Count"/>
    <h1>书名：<jsp:getProperty name="MyBookBean" property="bookName" /></h1>
    <h1>书号：<jsp:getProperty name="MyBookBean" property="bookNum" /> </h1>
    <h1>数量：<jsp:getProperty name="MyBookBean" property="bookCount" /></h1>
    </body>
    </html>
```

注意：由于我们在设计时，将 BookCount 指定为 int 类型，所以在表单输入时一定要输入整型数据，否则系统将抛出异常。

运行结果如图 8-9 和图 8-10 所示。

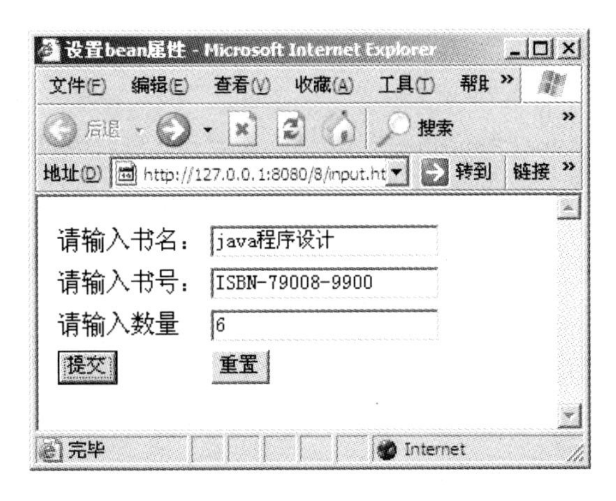

图 8-9　［例 8-4］输入界面

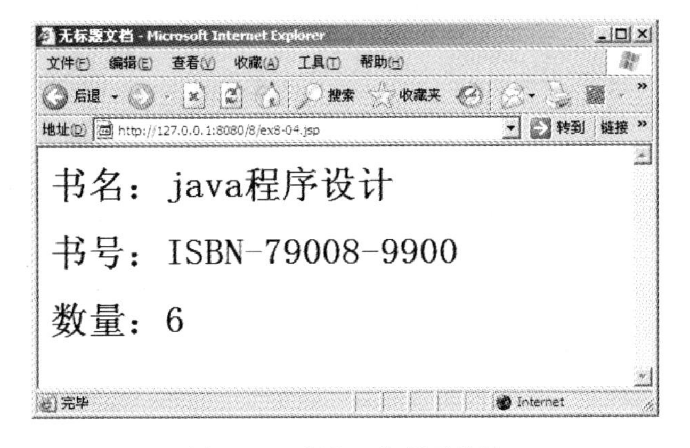

图 8-10　［例 8-4］显示效果

【例 8-5】 调用［例 8-1］所编写的 Bean，使用 param 请求参数名的方法读取书名、书号、数量。该示例包含程序 input2.htm、ex8-05.jsp, 代码如下。

```
<!--input2.htm-->
<html>
<head>
<title>设置 bean 属性</title>
</head>
<body>
<form name="form1" method="post" action=" ex8-05.jsp ">
  <table>
    <tr>
      <td>请输入书名：</td>
      <td><input  type="text"  name="bookName"  id="bookName"></td>
    </tr>
    <tr>
      <td>请输入书号：</td>
      <td><input  type="text"  name="bookNum"  id="bookNum"></td>
    </tr>
    <tr>
      <td>请输入数量</td>
```

```
        <td><input  type="text"  name="bookCount"  id="bookCount"></td>
      </tr>
      <tr>
        <td><input  type="submit"  name="button2"  id="button2"  value="提交
"></td>
        <td><input  type="reset"  name="button"  id="button"  value="重置
"></td>
      </tr>
    </table>
  </form>
  </body>
  </html>

  <!--ex8-05.jsp-->
  <%@page contentType="text/html; charset=gb2312" %>
  <html>
  <head>
  <title>useBean 示例</title>
  </head>
  <body>
  <!--ex8-05.jsp-->
  <jsp:useBean id="MyBookBean" scope="page" class="zzrvtc.computer.BookBean"/>
  <jsp:setProperty name="MyBookBean" property="*"/>
  <h1>书名：<jsp:getProperty name="MyBookBean" property="bookName" /></h1>
  <h1>书号：<jsp:getProperty name="MyBookBean" property="bookNum" /> </h1>
  <h1>数量：<jsp:getProperty name="MyBookBean" property="bookCount" /></h1>
  </body>
  </html>
```

运行效果如图 8-11 和图 8-12 所示。

图 8-11 ［例 8-5］输入界面

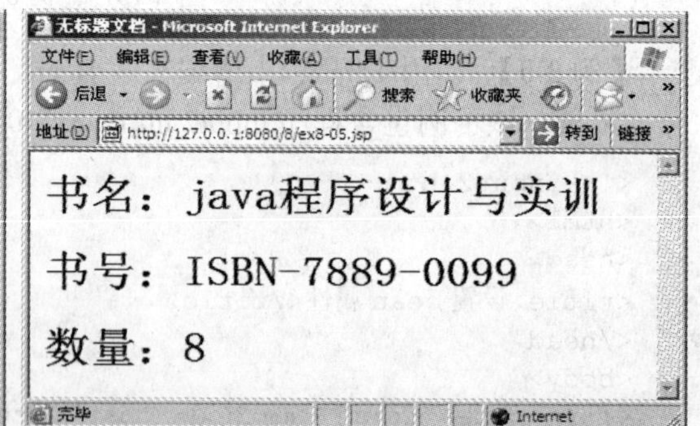

图 8-12 ［例 8-5］显示界面

8.3.4 综合实例

【例 8-6】 利用 JavaBean，完成项目分解（一）中的任务，实现管理员权限中的查询用户信息功能。为了不登录而显示其运行效果，项目分解（一）中判断用户是否登录功能暂时取消。该示例包含文件 DataBaseConnBean.java、search.jsp。显示效果如图 8-1 和图 8-2 所示，代码如下。

DataBaseConnBean.java：

```
package  bean;
import  java.sql.*;
public class DataBaseConnBean{
  Connection conn=null;
  Statement  stmt=null;
  ResultSet  rs=null;
  String url="jdbc:microsoft:sqlserver://localhost:1433;DatabaseName=zxlt";
  public DataBaseConnBean() throws Exception{
    Class.forName("com.microsoft.jdbc.sqlserver.SQLServerDriver");
  }
  public Connection getConnection() throws Exception{
    conn=DriverManager.getConnection(url,"sa","");
    return conn;
  }
  public ResultSet executeQuery(String sql) throws Exception{
    conn=DriverManager.getConnection(url,"sa","");
    stmt=conn.createStatement();
    rs=stmt.executeQuery(sql);
    return rs;
  }
  public int executeUpdate(String sql) throws Exception{
    int result=0;
    try{
      conn=DriverManager.getConnection(url,"sa","");
      stmt=conn.createStatement();
      result=stmt.executeUpdate(sql);
      return result;
    }finally{
      close();
    }
  }
  public void close(){
    try{
      rs.close();
      stmt.close();
      conn.close();
    }
    catch(Exception ex){
      System.err.println(ex.getMessage());
    }
  }
}
```

```
<!--search.jsp-->
<%@page import="java.sql.*" contentType="text/html; charset=gb2312" %>
<html>
<head>
<meta http-equiv="Content-Type" content="text/html; charset=gb2312">
<title>查找用户信息</title>
<style type="text/css">
<!--
body {
```

```
background-image: url(image/bj2.jpg);
}
-->
</style></head>
<body>
<form name="form1" method="post" action="">
<table  align="center" width="328" border="0">
  <tr>
    <td width="150" height="35">请输入用户 ID:</td>
    <td width="168"><label>
      <input type="text" name="userid" id="userid">
    </label></td>
  </tr>
  <tr>
<td height="35" align="right">
<input type="submit" name="button" id="button" value="提交">
    </td>
    <td><label>
    <input type="reset" name="button2" id="button2" value="重置">
    </label></td>
  </tr>
</table>
</form>
<jsp:useBean id="Mybean" scope="page" class="bean.DataBaseConnBean"/>
<%  request.setCharacterEncoding("gb2312") ;       // 进行乱码处理
    String  temp = request.getParameter("userid");
    if (temp != null){
        String sql="select * from d_user where id = '"+temp+"'";
        ResultSet rs=Mybean.executeQuery(sql);
        if (rs.next()){
%>
<table align="center" border=3>
  <tr bgcolor=silver><b>
    <td>用户 ID</td><td>姓名</td><td>密码</td><td>类型</td><td>年龄</td>
    <td>电话</td></b>
  </tr>
  <tr>
    <td><%= rs.getString("id") %></td>
    <td><%= rs.getString("name") %></td>
    <td><%= rs.getString("password") %></td>
    <td><%= rs.getInt("type") %></td>
    <td><%= rs.getInt("age") %></td>
    <td><%= rs.getString("tele") %></td>
  </tr>
  </table>
  <%
     }
     else{
       out.print("您输入的用户 ID 不存在。");
     }
  }
    Mybean.close();
```

```
%>
</p>
  <p><a href="manager_main.jsp">返回主页</a></p>
</body>
</html>
```

程序说明：

（1）DataBaseConnBean.java：为完成管理员权限中的各种操作的 Bean。具体方法如下：

1）public DataBaseConnBean()：完成数据库驱动程序的加载。

2）public Connection getConnection()：打开一个数据库的连接。

3）public ResultSet executeQuery(String sql)：完成数据库的查询功能，该方法返回一个查询结果集，其中参数 sql 为查询语句。

4）public int executeUpdate(String sql)：完成数据库更新功能，更新成功，返回更新记录的条数，否则返回 0。其中参数 sql 为更新、删除或增加语句。

5）public void close()：完成数据库、结果集、查询对象的关闭功能。

（2）search.jsp：完成查询用户信息功能。通过如下语句导入需要的 Bean：

```
<jsp:useBean id="Mybean" scope="page" class="bean.DataBaseConnBean"/>
```

通过如下语句完成用户信息的查询：

```
String  sql="select * from d_user where id = '"+temp+"'";
ResultSet  rs=Mybean.executeQuery(sql);
```

【例 8-7】 利用 JavaBean，完成项目分解（二）中的任务，实现管理员权限中的查询用户聊天信息功能。为了不登录而显示其运行效果，项目分解（二）中判断用户是否登录功能暂时取消。该示例包含文件 DataBaseConnBean.java、View_search.jsp。显示效果如图 8-3 和图 8-4 所示，代码如下。

DataBaseConnBean. java：[例 8-6]中已列出。

```
<!--view_content.jsp-->
<%@page import="java.sql.*"  contentType="text/html; charset=gb2312" %>
<html>
<head>
<meta http-equiv="Content-Type" content="text/html; charset=gb2312">
<title>查看聊天记录</title>
<style type="text/css">
<!--
body {
    background-image: url(image/bj2.jpg);
}
-->
</style></head>
<body><form name="form1" method="post" action="">
<table  align="center" width="328" border="0">
  <tr>
    <td width="150" height="35">请输入用户 ID:</td>
    <td width="168"><label>
      <input type="text" name="userid" id="userid">
    </label></td>
```

```
  </tr>
  <tr>
    <td height="35" align="right">
     <input type="submit" name="button" id="button" value="提交"></td>
    <td><label>
    <input type="reset" name="button2" id="button2" value="重置">
    </label></td>
  </tr>
</table>
</form>
<jsp:useBean  id="Mybean"  scope="page"  class="bean.DataBaseConnBean"/>
<table align="center" border=3>
   <tr bgcolor=silver><b>
      <td>用户 ID</td><td>姓名</td><td>发言时间</td><td>发言内容</td></b>
   </tr>
<%   request.setCharacterEncoding("gb2312") ;         // 进行乱码处理
     String  temp = request.getParameter("userid");
     if ( temp != null){
     String sql="select d_user.id,name,dt,s_content from d_user,j_content
                where d_user.id=user_id and user_id = '"+temp+"' order by dt desc";
     ResultSet  rs=Mybean.executeQuery(sql);
                while  (rs.next()){
%>
                <tr>
                        <td><%= rs.getString("id") %></td>
                        <td><%= rs.getString("name") %></td>
                        <td><%= rs.getTimestamp("dt") %></td>
                        <td><%= rs.getString("s_content") %></td>
             </tr>
<%              }
       }
       else{
            out.print("您输入的用户 ID 不存在。");
       }
       Mybean.close();
%>
</table>
</p>
  <p><a href="manager_main.jsp">返回主页</a></p>
</body>
</html>
```

程序说明：

（1）DataBaseConnBean.java：已经在［例 8-6］中详细说明。

（2）view_content.jsp：完成查询用户聊天信息功能。通过如下语句导入需要的 Bean：

```
<jsp:useBean  id="Mybean"  scope="page"  class="bean.DataBaseConnBean"/>
```

通过如下语句完成用户聊天信息的查询：

```
String  sql="select  d_user.id,name,dt,s_content  from  d_user,j_content
           where d_user.id=user_id and user_id = '"+temp+"' order by dt desc";
ResultSet  rs=Mybean.executeQuery(sql);
```

8.4 项目分解（三）：实现管理员权限中删除用户信息的功能

1. 任务描述

管理员登录成功后，进入管理员界面，在该界面中，管理员单击“删除用户信息”链接，可以实现对用户信息的删除。要想删除用户信息，为保证其安全性，必须首先判断用户是否登录，如果管理员已经成功登录，则进入删除用户信息界面；否则，返回登录界面要求管理员重新登录。在删除用户信息界面，管理员首先应输入用户 ID，根据用户 ID 查找该用户，如果找到该用户，则删除该用户信息；如果找不到该用户，则提示输入的用户不存在，可重新输入用户 ID，继续删除。

2. 涉及知识要点

（1）使用 JDBC 驱动程序连接数据库。

（2）使用 JavaBean 技术进行数据库操作。

（3）使用 JDBC+JavaBean 技术删除用户信息。

3. 界面实现

任务界面如图 8-13～图 8-16 所示。

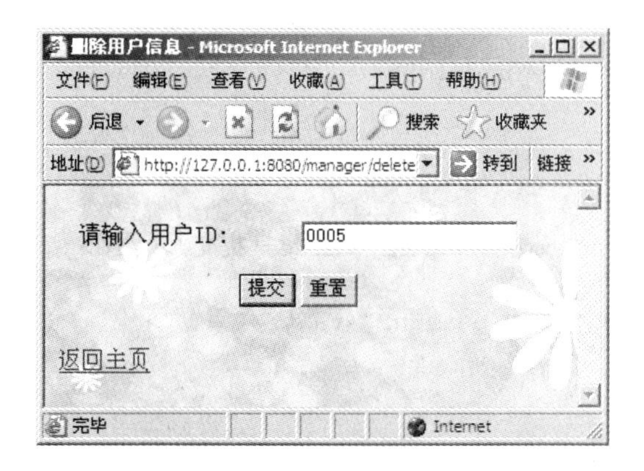

图 8-13 输入要删除用户 ID 的界面

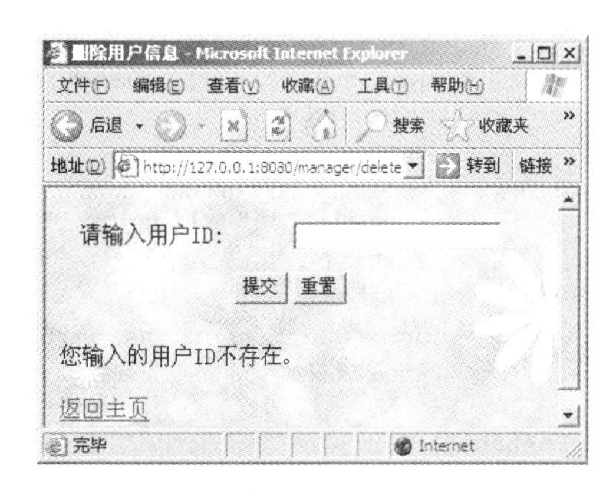

图 8-14 删除用户 ID 不存在的界面

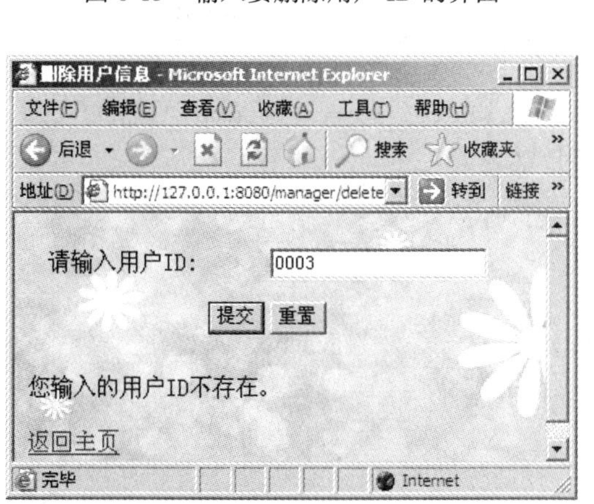

图 8-15 重新输入删除用户 ID 的界面

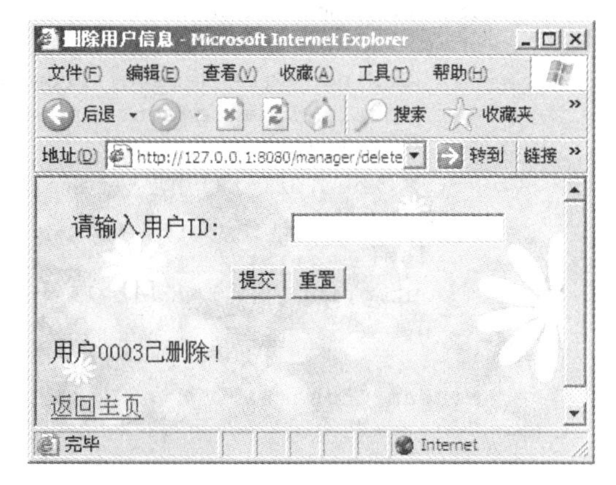

图 8-16 删除成功界面

4. 代码实现

该项目包含文件 delete.jsp、DataBaseConnBean.java，代码如下。

DataBaseConnBean.java：［例 8-6］中已列出。

```
<!--delete.jsp-->
<%@page import="java.sql.*" contentType="text/html; charset=gb2312" %>
<html>
<head>
<meta http-equiv="Content-Type" content="text/html; charset=gb2312">
<title>删除用户信息</title>
<style type="text/css">
<!--
body {
 background-image: url(image/bj2.jpg);
}
-->
</style></head>
<body>
<form name="form1" method="post" action="">
<table  align="center" width="328" border="0">
  <tr>
    <td width="150" height="35">请输入用户 ID:</td>
    <td width="168"><label>
      <input type="text" name="userid" id="userid">
    </label></td>
  </tr>
  <tr>
     <td height="35" align="right">
     <input type="submit" name="button" id="button" value="提交"></td>
     <td><label>
     <input type="reset" name="button2" id="button2" value="重置">
     </label></td>
  </tr>
</table>
</form>
<jsp:useBean id="Mybean" scope="page" class="bean.DataBaseConnBean"/>
<% request.setCharacterEncoding("gb2312") ;          // 进行乱码处理
    String temp = request.getParameter("userid");
    if ( temp != null){
         String sql="delete from d_user where id = '"+temp+"'";
         int i=Mybean.executeUpdate(sql);
         if (i!=0){
            out.print("用户"+temp+"已删除！");
         }
        else{
         out.print("您输入的用户 ID 不存在。");
         }
    }
    Mybean.close();
%>
</p>
  <p><a href="manager_main.jsp">返回主页</a></p>
```

```
</body>
</html>
```

程序说明：

（1）DataBaseConnBean.java：已经在［例 8-6］中详细说明。

（2）delete.jsp：完成删除用户信息功能。通过如下语句导入需要的 Bean。

```
<jsp:useBean  id="Mybean"  scope="page"  class="bean.DataBaseConnBean"/>
```

通过如下语句完成用户信息的删除。

```
String  sql="delete  from d_user  where  id = '"+temp+"'";
int  i=Mybean.executeUpdate(sql);
```

8.5　项目分解（四）：实现普通用户权限中的用户注册的功能

1.　任务描述

普通用户登录时，如果没有注册，可以完成注册功能。在注册界面中，用户可输入用户 ID、名称、密码、年龄、电话。输入完毕，单击“提交”按钮即可完成注册功能。

2.　涉及知识要点

（1）使用 JDBC 驱动程序连接数据库。

（2）使用 JavaBean 技术进行数据库操作。

（3）使用 JDBC+JavaBean 技术完成用户注册。

3.　界面实现

任务界面如图 8-17 和图 8-18 所示。

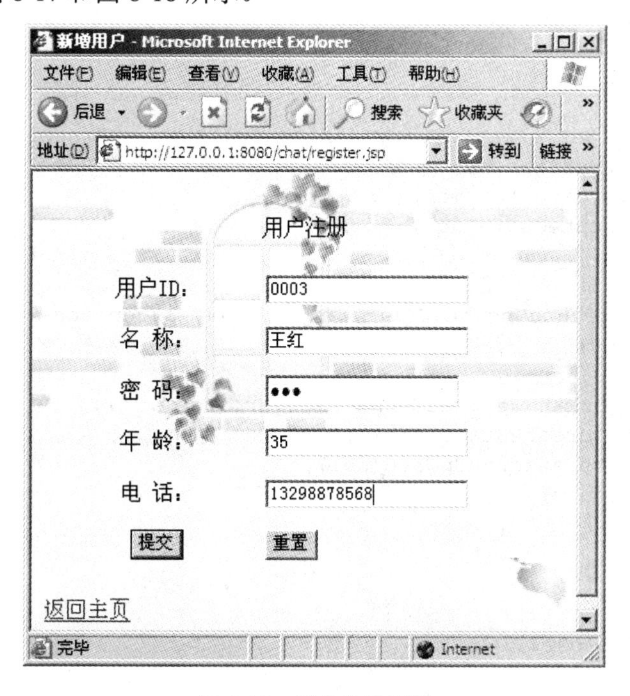

图 8-17　用户注册界面

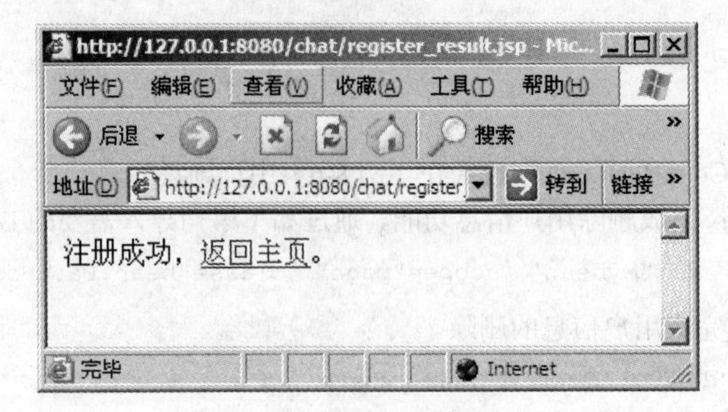

图 8-18　用户注册成功界面

4. 代码实现

该项目包含文件 DataBaseConnBean.java、register.jsp、zcyz.jsp、register_result.jsp，代码如下。

```
DataBaseConnBean.java:
package  bean;
import  java.sql.*;
public class DataBaseConnBean{
  Connection conn=null;
  Statement  stmt=null;
  ResultSet  rs=null;
  String url="jdbc:microsoft:sqlserver://localhost:1433;DatabaseName=zxlt";
  public DataBaseConnBean() throws Exception{
    Class.forName("com.microsoft.jdbc.sqlserver.SQLServerDriver");
  }
  public Connection getConnection() throws Exception{
    conn=DriverManager.getConnection(url,"sa","");
    return conn;
  }
  public ResultSet executeQuery(String sql)throws Exception{
    conn=DriverManager.getConnection(url,"sa","");
    stmt=conn.createStatement();
    rs=stmt.executeQuery(sql);
    return rs;
  }
  public int executeUpdate(String sql)throws Exception{
    int result=0;
    try{
      conn=DriverManager.getConnection(url,"sa","");
      stmt=conn.createStatement();
      result=stmt.executeUpdate(sql);
      return result;
    }finally{
      close();
    }
  }
  public void close(){
    try{
      rs.close();
```

```
          stmt.close();
          conn.close();
        }
        catch(Exception ex){
          System.err.println(ex.getMessage());
        }
      }
    }
```

```
<!-- register.jsp -->
    <%@page import="java.sql.*" contentType="text/html; charset=gb2312" %>
    <html>
    <head>
    <meta http-equiv="Content-Type" content="text/html; charset=gb2312">
    <title>新增用户</title>
    <style type="text/css">
    <!--
    body {
     background-image: url(image/bj.jpg);
    }
    -->
    </style></head>
    <body>
    <form name="form1" method="post" action="zcyz.jsp" >
    <table  align="center" width="373" border="0">
    <tr>
     <td height="49" colspan="2"><div align="center">用户注册</div></td>
    </tr>
    <tr>
        <td width="150" height="35"><div align="center">用户 ID：</div></td>
        <td width="213"><label>
          <input type="text" name="userid" id="userid">
        </label></td>
    </tr>
    <tr>
        <td height="35" align="right"><div align="center">名 称：</div></td>
        <td><input type="text" name="username" id="username"></td>
    </tr>
    <tr>
        <td height="35" align="right"><div align="center">密 码：</div></td>
        <td><label>
        <input type="password" name="userpassword" id="userpassword">
        </label>
          <label></label></td>
    </tr>
    <tr>
        <td height="35" align="right"><div align="center">年 龄：</div></td>
        <td><label>
          <input type="text" name="userage" id="userage">
        </label></td>
    </tr>
    <tr>
```

```
    <td height="35" align="right"><div align="center">电 话: </div></td>
    <td><label>
      <input type="text" name="usertele" id="usertele">
    </label></td>
</tr>
<tr>
    <td height="35" align="right"><div align="center">
      <input type="submit" name="button" id="button" value="提交">
    </div></td>
    <td><label>
    <input type="reset" name="button2" id="button2" value="重置">
    </label></td>
</tr>
</table>
</form>
  <p><a href="login.jsp">返回主页</a></p>
</body>
</html>

<!-- zcyz.jsp -->
<%@page  contentType="text/html; charset=gb2312"  language="java" %>
<%@page  import="java.sql.*"  %>
<html>
<head>
<meta http-equiv="Content-Type" content="text/html; charset=gb2312">
<title>注册验证</title>
<style type="text/css">
<!--
body {
 background-image: url(image/bj2.jpg);
}
-->
</style></head>
<body>
<jsp:useBean id="Mybean" scope="page" class="bean.DataBaseConnBean"/>
<%  request.setCharacterEncoding("gb2312") ;          // 进行乱码处理
    String temp =  (String)session.getAttribute("id");
    String id = request.getParameter("userid");
    String name = request.getParameter("username");
    String password = request.getParameter("userpassword");
    String type = "1";
    String age = request.getParameter("userage");
    String  tele = request.getParameter("usertele");
    if (id != "") { //主键不能为空
       String sql="insert into d_user(id,name,password,type,age,tele)  values
               ('"+id+"','"+name+"','"+password+"','"+type+"','"+age+"',
                '"+tele+"')";
     Mybean.executeUpdate(sql);
     Mybean.close();
     response.sendRedirect("register_result.jsp");
    }
   else
```

```
    {out.print("必须输入用户 ID。");}
%>
<p><a href="register.jsp">返回注册页</a>
</p>
</body>
</html>

<!-- register_result.jsp -->
<%@page contentType="text/html;charset=GBK"%>
<html><style type="text/css">
<!--
body {
background-image: url(image/bj2.jpg);
}
-->
</style>
<body>
<%  request.setCharacterEncoding("GBK") ;   %>  // 进行乱码处理
注册成功,<a href="login.jsp">返回主页</a>。
</body>
</html>
```

程序说明：

（1）DataBaseConnBean.java：为完成普通用户权限中的各种操作的 Bean。具体方法如下：

1）public DataBaseConnBean()：完成数据库驱动程序的加载。

2）public Connection getConnection()：打开一个数据库的连接。

3）public ResultSet executeQuery(String sql)：完成数据库的查询功能，该方法返回一个查询结果集，其中参数 sql 为查询语句。

4）public int executeUpdate(String sql)：完成数据库更新功能，更新成功，返回更新记录的条数，否则返回 0。其中参数 sql 为更新、删除或增加语句。

5）public void close()：完成数据库、结果集、查询对象的关闭功能。

（2）register.jsp：普通用户注册界面。在注册界面中，用户可输入用户 ID、名称、密码、年龄、电话。输入完毕，单击“提交”按钮即可完成注册功能。提交后，注册过程交给 zcyz.jsp 来完成。

（3）zcyz.jsp：负责处理用户的注册过程。该过程调用了 Bean。通过如下语句导入需要的 bean。

```
<jsp:useBean id="Mybean" scope="page" class="bean.DataBaseConnBean"/>
```

通过如下语句完成用户信息的注册。

```
String sql="insert into d_user(id,name,password,type,age,tele) values
          ('"+id+"','"+name+"','"+password+"','"+type+"','"+age+"','"+
          tele+"')";
Mybean.executeUpdate(sql);
```

（4）register_result.jsp：注册成功后的结果显示页面。

习　题

一、选择题

1．下面哪一项属于工具 Bean 的用途？（　　）。

A．完成一定运算和操作，包含一些特定的或通用的方法，进行计算和事务处理

B．负责数据的存取

C．接受客户端的请求，将处理结果返回客户端

D．在多台机器上跨几个地址空间运行

2．JavaBean 可以通过相关 JSP 动作指令进行调用。下面哪个不是 JavaBean 可以使用的 JSP 动作指令？（　　）。

A．<jsp:useBean>　　B．<jsp:setProperty>

C．<jsp:getProperty>　　D．<jsp:setParameter>

3．关于 JavaBean，下列叙述哪一项是不正确的？（　　）。

A．JavaBean 的类必须是具体的和公共的，并且具有无参数的构造器

B．JavaBean 的类属性是私有的，要通过公共方法进行访问

C．JavaBean 和 Servlet 一样，使用之前必须在项目的 web.xml 中注册

D．JavaBean 属性和表单控件名称能很好地耦合，得到表单提交的参数

4．JavaBean 的属性必须声明为 Private，方法必须声明为（　　）访问类型。

A．Private　　B．Static　　C．Project　　D．Public

5．JSP 页面通过（　　）来识别 Bean 对象，可以在程序片中通过 xx.method 形式来调用 Bean 中的 set 和 get 方法。

A．name　　B．class　　C．id　　D．classname

6．JavaBean 的作用范围可以是 Page、Request、Session 和（　　）四个作用范围中的一种。

A．Application　　B．Local　　C．Global　　D．Class

7．下列哪个作用范围的 bean，请求响应完成则该 Bean 即被释放，不同客户的 Bean 互不相同。（　　）

A．Application　　B．Request　　C．Page　　D．Session

8．下列哪个作用范围的 Bean，被 Web 服务目录下所有用户共享，任何客户对 Bean 属性的修改都会影响到其他用户？（　　）。

A．Application　　B．Request　　C．Page　　D．Session

9．下列哪个作用范围的 Bean，当客户离开这个页面时，JSP 引擎取消为客户该页面分配的 Bean，释放它所占的内存空间？（　　）。

A．Application　　B．Request　　C．Page　　D．Session

10．使用<jsp:getProperty>动作标记可以在 JSP 页面中得到 Bean 实例的属性值，并将其转换为（　　）类型的数据，发送到客户端。

A．String　　B．Double　　C．Object　　D．Classes

11．使用<jsp:setProperty>动作标记可以在 JSP 页面中设置 Bean 的属性，但必须保证 Bean 有对应的（　　）方法。

A．Setxxx　　B．setxxx　　C．getxxx　　D．Getxxx

12．使用格式<jsp:setProperty name="beanid" property="bean 的属性" value = "<%= expression %>" />给 Bean 的属性赋值，expression 的数据类型和 Bean 的属性类型（　　）。

A．必须一致　　B．可以不一致　　C．必须不同　　D．无要求

13．在 JSP 页面中使用<jsp:setProperty name="beanid" property="bean 的属性" value=" 字符串" />格式给 Long 类型的 Bean 属性赋值，会调用哪个数据类型转换方法?（　　）。

A．Long.parseLong(String s)　　B．Integer.parseInt(Stirng s)

C．Double.parseDouble(String s)　　D．不确定

14．下列哪个调用数据类型转换方法会发生 NumberFormatException 异常？（　　）。

A．Long.parseLong(“1234”)　　B．Integer.parseInt(“1234”)

C．Double.parseDouble(“123.45”)　　D．Integer.parseInt(“123a”)

15．在 JSP 页面中使用<jsp:setProperty name="bean 的名字" property ="*" />格式，将表单参数为 Bean 属性赋值，property="*"格式要求 Bean 的属性名字（　　）。

A．必须和表单参数类型一致　　B．必须和表单参数名称一一对应

C．必须和表单参数数量一致　　D．名称不一定对应

16．在 JSP 页面中使用<jsp:setPropety name="bean 的名字" property="bean 属性名" param="表单参数名"/>格式，用表单参数为 Bean 属性赋值，要求 Bean 的属性名字（　　）。

A．必须和表单参数类型一致　　B．必须和表单参数名称一一对应

C．必须和表单参数数量一致　　D．名称不一定对应

二、填空题

1．在 Web 服务器端使用 JavaBean，将原来页面中程序片完成的功能封装到 JavaBean 中，这样能很好地实现 ________________。

2．JavaBean 中用一组 set 方法设置 Bean 的私有属性值，get 方法获得 Bean 的私有属性值。set 和 get 方法名称与属性名称之间必须对应，也就是：如果属性名称为 xxx，那么 set 和 get 方法的名称必须为 __________和 ____________。

3．用户在实际 Web 应用开发中，编写 Bean 除了要使用 import 语句引入 Java 的标准类，可能还需要自己编写的其他类。用户自己编写的被 Bean 引用的类称之为 ______________。

4．创建 JavaBean 的过程和编写 Java 类的过程基本相似，可以在任何 Java 的编程环境下完成 ______________。

5．布置 JavaBean 要在 Web 服务目录的 WEB-INF\classes 文件夹中建立与__________对应的子目录，用户要注意目录名称的大小写。

6．使用 Bean 首先要在 JSP 页面中使用______________指令将 Bean 引入。

7．要想在 JSP 页面中使用 Bean，必须首先使用 ___________动作标记在页面中定义一个 JavaBean 的实例。

8．Scope 属性代表了 JavaBean 的作用范围，它可以是 Page、____________、Session 和 Application 四个作用范围中的一种。

三、上机练习

1．利用 JavaBean 编写一个 CircleBean，求出圆的面积和周长。在 JSP 页面中调用 CircleBean，输入圆的半径，并显示其周长和面积。

2．以 pubs 数据库为例，编写 JavaBean，完成对 jobs 表的增加、删除、查找、修改操作，并在 JSP 界面调用 JavaBean，实现增、删、查、改的功能。

3．制作一个猜数游戏，使用 Bean 产生一个随机数，用户在表单文本框中输入一个 1～1000 的整数，单击“提交”按钮，通过编写一个 Bean 来判断用户猜测是否正确。

JSP

提高篇——JSP 难点知识学习

第 9 章　Servlet 与 MVC 设计模式

学习目标：

（1）理解 Servlet 的类结构、Servlet 的生命周期和工作过程。

（2）熟练掌握在 web.xml 文件中编写 Servlet 路径的映射代码。

（3）熟练部署 Servlet 的文件目录结构。

（4）掌握编写 Servlet 代码的技术。

（5）理解 MVC 编程模式。

（6）使用 JSP+Servlet+JavaBean 技术完成用户登录验证。

9.1　案例设计：使用 MVC 设计模式完成用户登录验证功能

1. 任务描述

本案例主要采用 MVC 设计模式完成系统用户登录的验证功能。用户登录时，有两种角色：即管理员和普通用户。本案例要求系统用户登录时，输入用户 ID、密码，选择自己的角色，并且输入验证码后进行登录。如果用户没有输入验证码，页面会给出“请输入验证码”的提示；如果用户以管理员身份进入，用户名、密码、验证码输入成功后，会转向管理员权限界面；如果用户以普通用户身份登录，则会转向普通用户权限界面。为突出重点，管理员权限界面与普通用户界面不再详细设计，只是在相应界面中显示“欢迎进入管理员/普通用户界面”即可。

为了详细介绍 MVC 设计模式，本章单独引入一个简单案例和该案例用到的 test 数据库，不再与前面项目混合。案例虽然简单，却涵盖了 MVC 设计模式的所有内容。

2. 涉及的知识要点

（1）Servlet 技术基础、MVC 设计模式。

（2）使用 JDBC 驱动程序连接数据库，使用 JavaBean 技术进行数据库操作。

（3）使用 JSP+Servlet+JavaBean 技术完成用户登录验证。

3. 界面实现

图 9-1～图 9-6 为用户登录的界面实现。

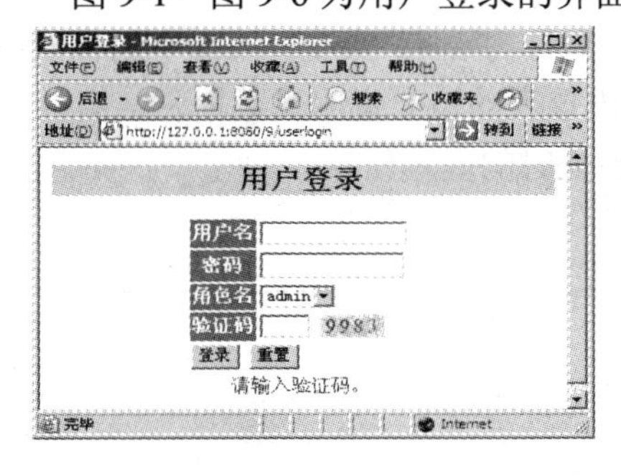

图 9-1　未输入验证码时用户登录显示的界面

图 9-2　用户名或密码输入错误时用户登录信息显示的界面

图 9-3 管理员登录的界面

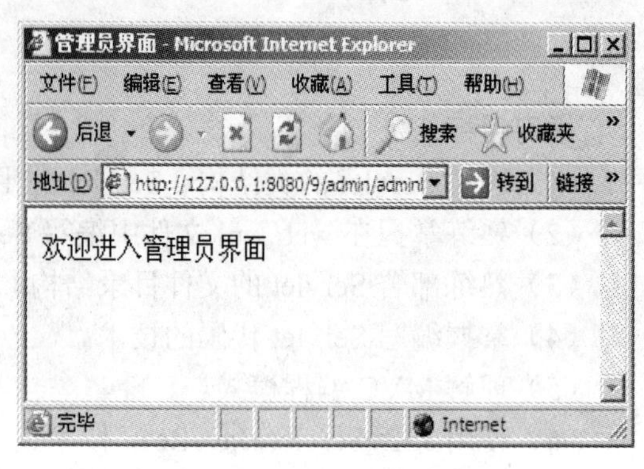

图 9-4 管理员登录成功后转向的界面

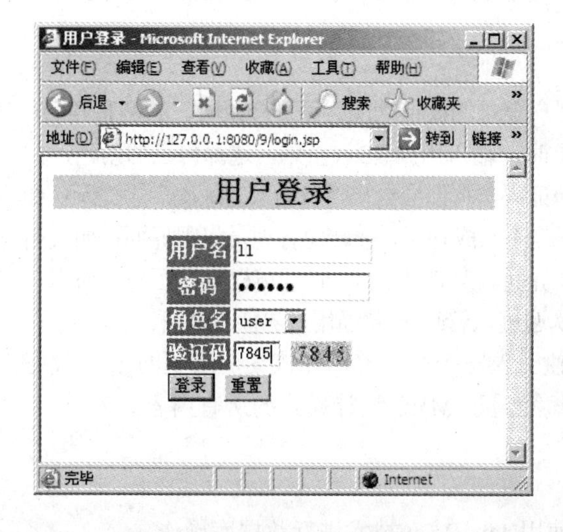

图 9-5 普通用户登录的界面

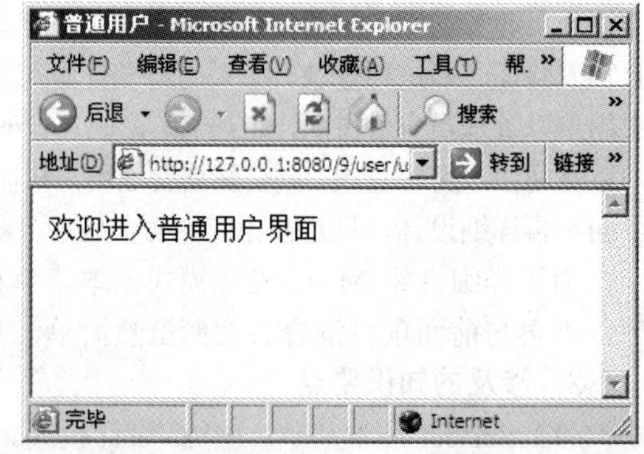

图 9-6 普通用户登录成功后转向的界面

相关任务实现代码及程序说明，将在理论知识讲解中详细介绍，这里不再重复介绍。

4. 相关数据库介绍

本案例采用 SQL Server 2000 数据库，系统数据库名称为 test。数据库 test 中包含该项目涉及的多张表，本案例只用到其中一张表。下面给出该表的概要说明及数据表结构。

用户表 TBLUSER：用户信息表，记录用户登录验证时的基本信息。

表 9-1 用 户 表 TBLUSER

序号	字段名	类型	含义	备 注
1	userid	int(4)	用户号	主键，非空
2	username	varchar(15)	用户姓名	非空

续表

序号	字段名	类型	含义	备　注
3	password	varchar(15)	密码	非空
4	type	Int(4)	用户类型	非空。1 表示管理员，0 表示普通用户

9.2　理　论　知　识

9.2.1　Servlet 简介

1. 什么是 Servlet

简单地说，Servlet 是运行在服务器上的，可以处理客户端请求的 Java 程序。

Servlet 是一种服务器端的 Java 应用程序，具有独立于平台和协议的特性，可以生成动态的 Web 页面。它担当客户请求（Web 浏览器或其他 HTTP 客户程序）与服务器响应（HTTP 服务器上的数据库或应用程序）的中间层。Servlet 是位于 Web 服务器内部的服务器端的 Java 应用程序，与传统的从命令行启动的 Java 应用程序不同，Servlet 由 Web 服务器进行加载，该 Web 服务器必须包含支持 Servlet 的 Java 虚拟机。

2. Servlet 的实现过程

Servlet 的主要功能在于交互式地浏览和修改数据，生成动态 Web 内容。其实现过程如下：

（1）客户端发送请求至服务器端。

（2）服务器将请求信息发送至 Servlet。

（3）Servlet 生成响应内容并将其传给服务器。响应内容动态生成，通常取决于客户端的请求。

（4）服务器将响应返回给客户端。

一个 Servlet 就是 Java 编程语言中的一个类，它被用来扩展服务器的性能，服务器上驻留着可以通过“请求—响应”编程模型来访问的应用程序。虽然 Servlet 可以对任何类型的请求产生响应，但通常只用来扩展 Web 服务器的应用程序。

3. Servlet 的类结构

Java Servlet API 为编写 Servlet 提供了多个软件包，在编写 Servlet 时需要用到这些软件包。其中包括两个用于所有 Servlet 的基本软件包：javax.servlet 和 javax.servlet.http。

（1）javax.servlet 包：控制 Servlet 生命周期所必需的 Servlet 接口。

（2）javax.servlet.http 包：从 Servlet 接口派生，处理 HTTP 请求的抽象类和一般的工具类。

4. Servlet 的成员方法

HTTPServlet 使用一个 HTML 表单来发送和接收数据。要创建一个 HTTPServlet，要求扩展 HttpServlet 类，HttpServlet 类包含 init()、destroy()、service() 等方法。其中 init() 和 destroy()方法是继承的。

（1）init()方法。

在 Servlet 的生命期中，仅执行一次 init() 方法。它是在服务器装入 Servlet 时执行的。无论有多少客户机访问 Servlet，都不会重复执行 init()方法。

服务器在执行 init()方法时，把一个 ServletConfig 类型的对象传递给 init()方法，并将该 ServletConfig 类型对象保存在 Servlet 对象中，该 ServletConfig 类型对象向服务器传递服务设置信息，如果传递失败则引发 ServletException 类型异常，Servlet 就不能正常工作。当 Servlet 对象销毁时，该 ServletConfig 类型的对象也被释放。init()方法的声明格式如下：

```
public void init(ServletConfig config) throws ServletException;
```

（2）service()方法。

service()方法是 Servlet 的核心。每当一个客户请求一个 HttpServlet 对象时，该对象的 service()方法就要被调用，而且传递给这个方法一个"请求"（ServletRequest）对象和一个"响应"（ServletResponse）对象作为参数。在 HttpServlet 中已存在 service() 方法。默认的服务功能是调用与 HTTP 请求的方法相应的 do 功能。例如，如果 HTTP 请求方法为 GET，则默认情况下就调用 doGet()。Servlet 应该为 Servlet 支持的 HTTP 方法覆盖 do 功能。因为 HttpServlet.service()方法会检查请求方法是否调用了适当的处理方法，不必覆盖 service()方法，只需覆盖相应的 do 方法就可以了。service()方法的声明格式如下：

```
public void sevice(HttpServletRequest req,HttpServletResponse res)
throws ServletException,IOException;
```

（3）doGet()方法。

当一个客户通过 HTML 表单发出一个 HTTP GET 请求或直接请求一个 URL 时，doGet()方法被调用。与 GET 请求相关的参数添加到 URL 的后面，并与这个请求一起发送。当不会修改服务器端的数据时，应该使用 doGet()方法。doGet()方法的声明格式如下：

```
protected void doGet(HttpServletRequest req,HttpServletResponse res)
throws ServletException,IOException;
```

（4）doPost()方法。

当一个客户通过 HTML 表单发出一个 HTTP POST 请求时，doPost()方法被调用。它与 POST 请求相关的参数作为一个单独的 HTTP 请求从浏览器发送到服务器。当需要修改服务器端的数据时，应该使用 doPost()方法。doPost()方法的声明格式如下：

```
protected void doPost(HttpServletRequest req,HttpServletResponse res)
throws ServletException,IOException;
```

（5）destroy() 方法。

destroy( )方法仅执行一次，即在服务器停止且卸载 Servlet 时执行该方法。destroy()方法的声明格式如下：

```
public destroy( );
```

5. Servlet 的生命周期

Servlet 是一种可以在 Servlet 容器中运行的组件，那么理所当然就应该有一个从创建到销毁的过程，这个过程称之为 Servlet 的生命周期。生命周期的过程如图 9-7 所示。

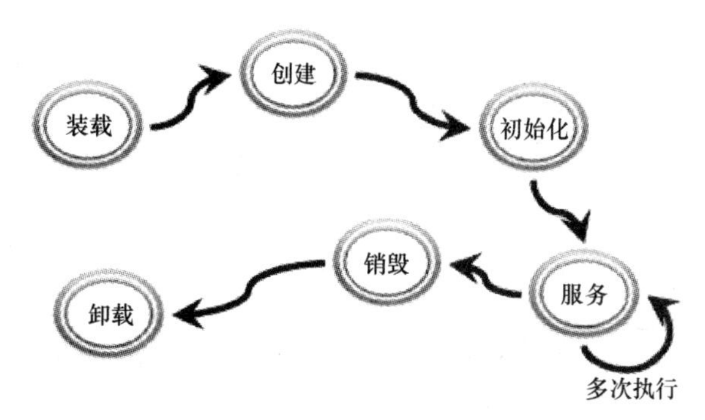

图 9-7　Servlet 的生命周期

Servlet 的生命周期大致可以分为实例化、初始化、处理客户请求和卸载 4 个阶段，体现在方法上主要是 init()、service()和 destroy()3 个方法。生命周期的具体说明如下：

（1）客户端发出一个 Servlet 请求，服务器查找内存中是否存在该 Servlet 对象，如果存在，则直接调用该对象响应请求；如果不存在，则服务器创建一个 Servlet 对象。

（2）如果是第一次请求，服务器创建的 Servlet 对象调用 init()方法，完成初始化工作，该方法由 Servlet 容器调用完成。

（3）service()方法，处理客户端请求，并返回响应结果。当容器接收到客户端请求时，Servlet 引擎将创建一个 ServletRequest 请求对象和一个 ServletResponse 响应对象，然后把这两个对象作为参数传递给对应 Servlet 对象的 service()方法。该方法是一个重点实现的方法，ServletRequest 对象可以获得客户端发出请求的相关信息，如请求参数等，ServletResponse 对象可以使得 Servlet 建立响应头和状态代码，并可以写入响应内容返回给客户端。

注意：当 Servlet 中有 doGet( )或者 doPost( )方法时，那么 service 方法就可以省略，默认为调用这两个方法。

（4）卸载 Servlet：Servlet 的卸载是由容器本身定义和实现的，在卸载 Servlet 之前需要调用 destroy( )方法，让 Servlet 自行释放占用的系统资源。虽然 Java 虚拟机提供了垃圾自动回收处理机制，但是有一部分资源却是该机制不能处理或延迟很久才能处理的，如关闭文件、释放数据库连接等。

9.2.2　Servlet 的编写、部署与调用

1. Servlet 的开发要求

要想编写一个 Servlet，必须具备以下开发要求：

（1）所有 Servlet 程序必须放在 Web 目录中，依靠 Web 容器执行。

（2）Servlet 本身是一个类，身不需要由主方法调用执行。

（3）Servlet 与 JavaBean 一样，必须保存在 WEB-INF/classes 目录中。

（4）一个类必须继承 HttpServlet，那么此类才称为是一个 Servlet 程序。

（5）Servlet 程序必须放在一个包中。

下面通过一个具体例子来详细介绍。

2. Servlet 的编写和配置

【例 9-1】 编写一个 Servlet，完成在页面上输出“你好”的功能。本实例包含文件

HelloServlet.java。

（1）编写 Servlet 文件：HelloServlet.java。

```
package  cn.servlet ;//将 Servlet 打包，至少要有一层包
//下面是导入相应的包
import java.io.* ;
import javax.servlet.* ;
import javax.servlet.http.* ;
public class HelloServlet extends HttpServlet{ //Servlet 必须继承 HttpServlet 类
  public void init() throws ServletException{
    System.out.println("************** 初始化 **************");
    }//调用 init()方法初始化 Servlet 对象
    public  void  doGet(HttpServletRequest req,HttpServletResponse resp)
    throws  ServletException,java.io.IOException{//用于处理客户端发送的 GET 请求
   resp.setContentType("text/html;charset=GBK");
      //这条语句指明了向客户端发送的内容格式和采用的字符编码
      PrintWriter out = null;
      out = resp.getWriter();
      out.println("<html>");
      out.println("<head><title>hello</title></head>");
      out.println("<body>");
      out.println("<h1><font color=\"red\">");
      out.println("你好!");//利用 PrintWriter 对象的方法将数据发送给客户端
      out.println("</font></h1>");
      out.println("</body>");
      out.println("</html>");
      out.close();
  }
  public  void  doPost(HttpServletRequest req,HttpServletResponse resp)
  throws  ServletException,java.io.IOException{//用于处理客户端发送的 POST 请求
    doGet(req,resp);
  }//这条语句的作用是,当客户端发送 POST 请求时,调用 doGet()方法进行处理
  public void destroy(){
    System.out.println("************** 销毁 **************");}
  }
}
```

显示效果如图 9-8 所示。

图 9-8 ［例 9-1］显示效果

从［例 9-1］中可以看出，一个 Servlet 程序要想运行，肯定要将其编译成*.class 文件。编译指令如图 9-9 所示。

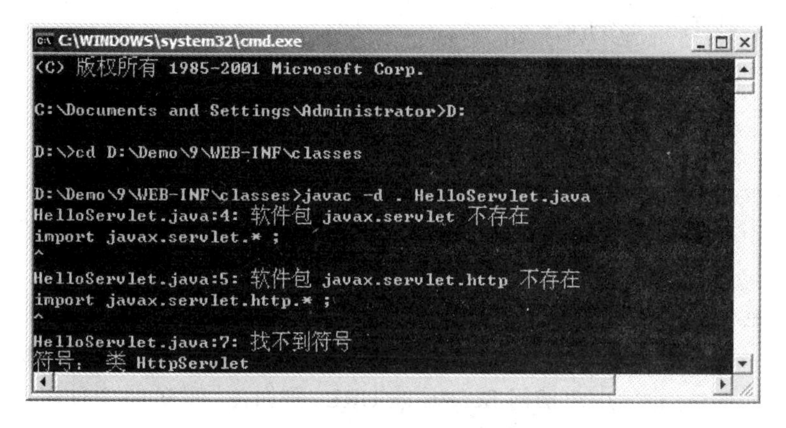

图 9-9　［例 9-1］编译指令

从图 9-1 中可以看出，出现了找不到 javax.servlet.http 包的错误。其解决方法为：将 C:\Program Files\Apache Software Foundation\Tomcat 5.5\common\lib 下的 servlet-api.jar 文件拷贝到 C:\Program Files\Java\jdk1.6.0_29\jre\lib\ext 下，再次编译即可。

此时一个 Servlet 程序编译完成了，但是依然存在问题，之前我们已经介绍过一个 Servlet 程序，本身是不能直接使用主方法调用的，必须放在 Web 容器中执行。而 Web-INF 是 Web 目录中最安全的文件夹，所以如果想让一个 Servlet 程序可以正常使用，则必须在 web.xml 中进行配置。

（2）部署 web.xml 文件。

web.xml 文件的部分配置代码如下：

```
<?xml version="1.0" encoding="ISO-8859-1"?>
<web-app xmlns="http://java.sun.com/xml/ns/j2ee"
    xmlns:xsi="http://www.w3.org/2001/XMLSchema-instance"
    xsi:schemaLocation="http://java.sun.com/xml/ns/j2ee
    http://java.sun.com/xml/ns/j2ee/web-app_2_4.xsd"  version="2.4">
  <display-name>Welcome to Tomcat</display-name>
  <description>
     Welcome to Tomcat
  </description>
<servlet>
     <servlet-name>hello</servlet-name>
     <servlet-class>cn.servlet.HelloServlet</servlet-class>
 </servlet>
 <servlet-mapping>
     <servlet-name>hello</servlet-name>
     <url-pattern>/demo</url-pattern>
 </servlet-mapping>
</web-app>
```

web.xml 实现路径映射，通知服务器如何运行 Servlet 文件。web.xml 文件主要使用的标记如下：

1）根标记<web-app>…</web-app>：包含了 web.xml 的所有标记。

2）<servlet>标记：定义了 Servlet 的名字和类名。web.xml 文件可以有多个<servlet>标记，<servlet>标记有两个子标记：

- <servlet-name>：指定 Servlet 的对象名，如［例 9-1］中<servlet-name>hello</servlet-name>
- <servlet-class>：指定 Servlet 对象的 class 的完整类名，如［例 9-1］中的完整类路径<servlet-class>cn.servlet.HelloServlet</servlet-class>

3）<servlet-mapping>标记：指定用户请求 Servlet 对象的 URL 与名字的对应关系。<servlet-mapping>必须与<servlet>标记相对应，有一个<servlet>标记，就有一个对应的<servlet-mapping>标记。<servlet-mapping>标记也有两个子标记：

- <servlet-name>：指定 Servlet 对象的名字，同一个 Servlet 的名字必须与<servlet>标记中的子标记<servlet-name>的名字相同，通过对象名把 URL 与 class 文件绑定。
- <url-pattern>：指定用户访问 Servlet 的 URL。例如在［例 9-1］中使用了<url-pattern>/demo</url-pattern>，则在浏览器地址栏中就需要输入：http://127.0.0.1:8080/9/demo 来执行 Servlet。

如果需要增加 Servlet，只要在 web.xml 文件中增加<servlet>标记和<servlet-mapping>标记就可以了。

（3）运行 Servlet。

在浏览器地址栏中输入：http://127.0.0.1:8080/9/demo，发出 Servlet 请求，服务器响应效果如图 9-1 所示。

以上就是 Servlet 的编写、配置、运行的全过程。但是 Servlet 编写完成后，并不是只有一种方法来调用，可以有多种方法来调用 Servlet，下面介绍常用的三种方法，具体如下：

- 在浏览器地址栏中直接调用。
- 使用表单或超链接调用 Servlet。

第一种方法已经在［例 9-1］中介绍过了，下面具体介绍另外两种 Servlet 的调用方法。

3. Servlet 的调用

（1）在浏览器地址栏中直接调用。

这种调用方法只需将 Servlet 编译并配置后在地址栏中直接输入“http://127.0.0.1:8080/虚拟目录名/配置 web.xml”时的<url-pattern>后指定的名称即可。具体［见例 9-1］。

（2）使用表单或超链接调用 Servlet。

在 HTML 页面调用 Servlet，由 HTML 页面负责数据显示，Servlet 负责业务逻辑。下面通过例子具体讲解。

【例 9-2】 编写一个 Servlet，接收表单提交的数据，并将该数据在 JSP 页面显示出来。本实例包含文件 input.html、InputServlet.java。

```
<!--input.html-->:
<html>
<head>
<meta http-equiv="Content-Type" content="text/html; charset=GBK">
<title>Servlet 例子</title>
</head>
<body>
```

```
<form  action="input"  method="post">
 请输入参数：<input type="text" name="ref">
 <input  type="submit"  value="提交">
<label><input type="reset" name="button" id="button" value="重置" /></label>
</form>
</body>
</html>
```

InputServlet.java：

```
package cn.servlet ;
import  java.io.* ;
import  javax.servlet.* ;
import  javax.servlet.http.* ;
public  class  InputServlet  extends  HttpServlet{
  public void  doGet(HttpServletRequest req,HttpServletResponse resp)
  throws  ServletException,java.io.IOException{
    resp.setContentType("text/html;charset=GBK");
    req.setCharacterEncoding("GBK");
    String param = req.getParameter("ref")  ;
    PrintWriter out = null;
    out = resp.getWriter();
    out.println("<html>");
    out.println("<head><title>hello</title></head>");
    out.println("<body>");
    out.println("<h1><font color=\"red\">");
    out.println("您输入的参数为:"+param);//将数据发送给客户端
    out.println("</font></h1>");
    out.println("</body>");
    out.println("</html>");
    out.close();
  }
  public  void  doPost(HttpServletRequest req,HttpServletResponse resp)
  throws  ServletException,java.io.IOException{
     this.doGet(req,resp)  ;
  }
}
```

web.xml 的部分配置代码如下：

```
<servlet>
    <servlet-name>input</servlet-name>
    <servlet-class>cn.servlet.InputServlet</servlet-class>
</servlet>
<servlet-mapping>
    <servlet-name>input</servlet-name>
    <url-pattern>/input</url-pattern>
 </servlet-mapping>
```

显示效果如图 9-10 和图 9-11 所示。

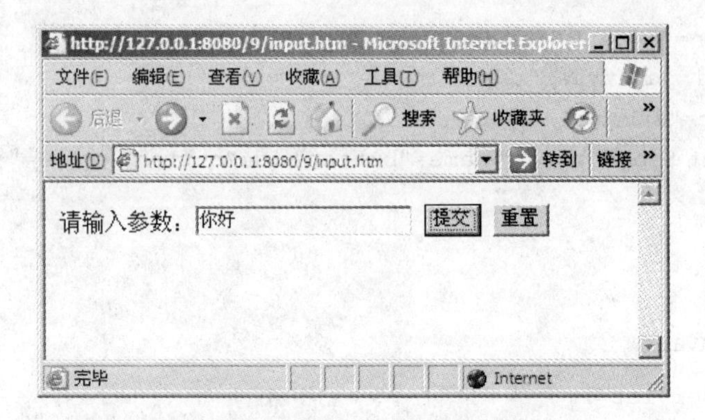

图 9-10　输入参数界面

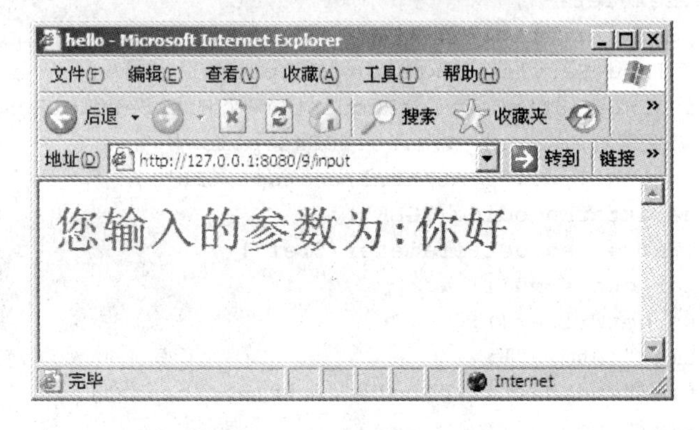

图 9-11　[例 9-2]显示效果

使用表单调用 Servlet 时，通过表单的 action 来调用 Servlet，如［例 9-2］，在 input.html 文件中，通过如下语句调用 Servlet。

```
<form action="input"  method="post">
```

此时路径很关键，在配置 web.xml 时，<url-pattern>… </url-pattern>参数后的 URL 一定要与 action 后的名字一致，所以这里指定为<url-pattern>/input</url-pattern>。

注意：关于路径要记住一点，Servlet 的路径以地址栏为准，地址栏上只要可以显示出正确的路径，就可以找到 Servlet。

【例 9-3】 编写一个 Servlet，在页面上显示“你好”。使用超链接方式调用 Servlet。该示例包含文件 ex9_03.html、HelloServlet.java。

ex9_03.html：

```
<html>
<head>
<meta http-equiv="Content-Type" content="text/html; charset=GBK">
<title>Servlet 例子</title>
</head>
<body>
<h3>使用超链接调用 Servlet<hr>
<a href="demo">调用 HelloServlet</a></h3>
</body>
</html>
```

HelloServlet.java：(在［例 9-1］中已经给出具体代码)。
web.xml 文件的局部配置：

```
<servlet>
    <servlet-name>hello</servlet-name>
    <servlet-class>cn.servlet.HelloServlet</servlet-class>
</servlet>
<servlet-mapping>
    <servlet-name>hello</servlet-name>
    <url-pattern>/demo</url-pattern>
</servlet-mapping>
```

显示效果如图 9-12 和图 9-13 所示。

图 9-12　使用超链接调用界面

图 9-13　［例 9-3］显示效果

使用超链接调用 Servlet 值得注意的一点是：href 后的名字必须与<url-pattern>…</url-pattern>参数后的 URL 名字一致。如[例 9-3]中的<a href="demo">与<url-pattern>/demo</url-pattern>，二者名字一致。

9.2.3　MVC 开发模式介绍

1. MVC 模式简介

MVC 是 模型（Model)、视图（View）和控制（Controller)的缩写，其目的是实现 Web 系统的职能分工。其中 Model 层实现系统中的业务逻辑，通常可以用 JavaBean 或 EJB 来实现；View 层用于与用户的交互，通常用 JSP 来实现； Controller 层是 Model 与 View 之间沟通的桥梁，它可以分派用户的请求并选择恰当的视图以用于显示，同时它也可以解释用户的输入并将它们映射为模型层可执行的操作。MVC 三层架构如图 9-14 所示。

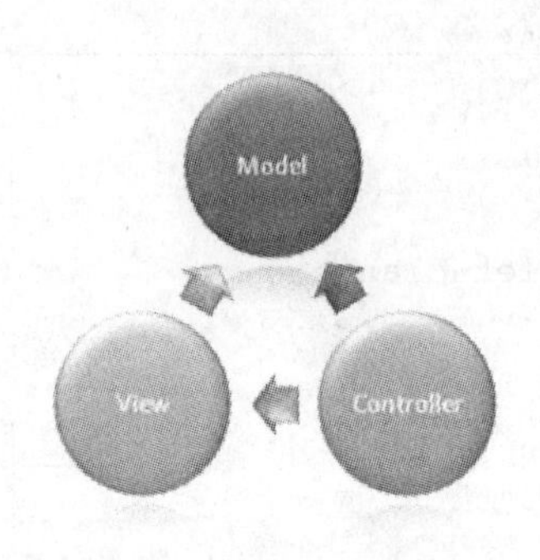

图 9-14　MVC 三层架构

2. **MVC 设计模式**

MVC 是一个设计模式，它强制性地使应用程序的输入、处理和输出分开。使用 MVC 应用程序被分成三个核心部件：模型、视图、控制器，它们各自处理自己的任务。MVC 模式图如图 9-15 所示。

（1）视图。

视图是用户看到并与之交互的界面。对老式的 Web 应用程序来说，视图就是由 HTML 元素组成的界面，在新式的 Web 应用程序中，HTML 依旧在视图中扮演着重要的角色，但一些新的技术已层出不穷，它们包括 Adobe Flash 和像 XHTML、XML/XSL、WML 等标识语言和 Web services。

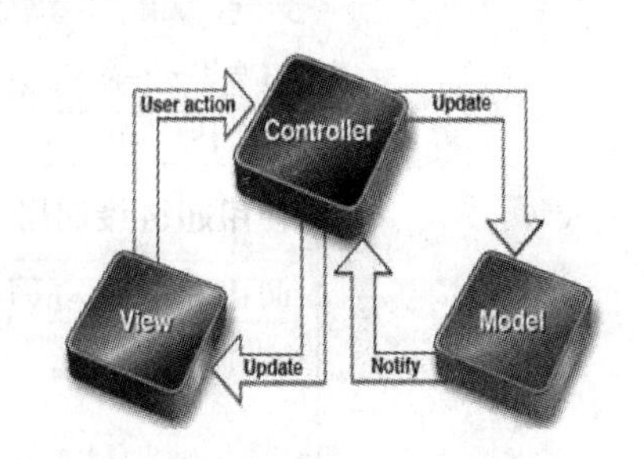

图 9-15　MVC 模式图

MVC 好处是它能为应用程序处理很多不同的视图。在视图中其实没有真正的处理发生，不管这些数据是联机存储的，还是一个雇员列表，作为视图来讲，它只是作为一种输出数据并允许用户操纵的方式。

（2）模型。

模型表示企业数据和业务规则。在 MVC 的三个部件中，模型拥有最多的处理任务。例如它可能用像 EJBs 和 ColdFusion Components 这样的构件对象来处理数据库，被模型返回的数据是中立的，就是说模型与数据格式无关，这样一个模型能为多个视图提供数据，由于应用于模型的代码只需写一次就可以被多个视图重用，所以减少了代码的重复性。

（3）控制器。

控制器接受用户的输入并调用模型和视图去完成用户的需求，所以当单击 Web 页面中的超链接和发送 HTML 表单时，控制器本身不输出任何东西和做任何处理。它只是接收请求并决定调用哪个模型构件去处理请求，然后再确定用哪个视图来显示返回的数据。

3. **MVC 设计模式的优缺点**

MVC 设计模式的优点如下：

（1）耦合性低。视图层和业务层分离，这样就允许在更改视图层代码时不用重新编译模型和控制器代码，同样，一个应用的业务流程或者业务规则的改变只需要改动 MVC 的模型层即可。因为模型与控制器和视图相分离，所以很容易改变应用程序的数据层和业务规则。

模型是自包含的，并且与控制器和视图相分离，所以很容易改变应用程序的数据层和业务规则。如果把数据库从 MySQL 移植到 Oracle，或者改变基于 RDBMS 数据源到 LDAP，只需改变模型即可。一旦正确地实现了模型，不管数据来自数据库或是 LDAP 服务器，视图将会正确地显示它们。由于运用 MVC 的应用程序的三个部件是相互独立的，改变其中一个不会影响其他两个，所以依据这种设计思想能构造良好的松耦合的构件。

（2）重用性高。随着技术的不断进步，现在需要用越来越多的方式来访问应用程序。MVC 模式允许使用各种不同样式的视图来访问同一个服务器端的代码，因为多个视图能共享一个模型，它包括任何 Web（HTTP）浏览器或者无线浏览器（Wap），比如，用户可以通过电脑也可以通过手机来订购某样产品，虽然订购的方式不一样，但处理订购产品的方式是一样的。由于模型返回的数据没有进行格式化，所以同样的构件能被不同的界面使用。例如，很多数据可能用 HTML 来表示，但也有可能用 Wap 来表示，而这些表示所需要的命令是改变视图层的实现方式，而控制层和模型层无需做任何改变。由于已经将数据和业务规则从表示层分开，所以可以最大化地重用代码。模型也有状态管理和数据持久性处理的功能，例如，基于会话的购物车和电子商务过程也能被 Flash 网站或者无线联网的应用程序所重用。

（3）生命周期成本低。MVC 使开发和维护用户接口的技术含量降低。

（4）部署快。使用 MVC 模式使开发时间得到相当大的缩减，它使程序员（Java 开发人员）集中精力于业务逻辑，界面程序员（HTML 和 JSP 开发人员）集中精力于表现形式上。

（5）可维护性高。分离视图层和业务逻辑层也使得 Web 应用更易于维护和修改。

（6）有利于软件工程化管理。由于不同的层各司其职，每一层不同的应用具有某些相同的特征，有利于通过工程化、工具化管理程序代码。控制器也提供了一个好处，就是可以使用控制器来联接不同的模型和视图去完成用户的需求，这样控制器可以为构造应用程序提供强有力的手段。给定一些可重用的模型和视图，控制器可以根据用户的需求选择模型进行处理，然后选择视图将处理结果显示给用户。

MVC 的缺点如下：

（1）没有明确的定义。完全理解 MVC 并不是很容易。使用 MVC 需要精心的计划，由于它的内部原理比较复杂，所以需要花费一些时间去思考。同时由于模型和视图要严格的分离，这样也给调试应用程序带来了一定的困难。每个构件在使用之前都需要经过彻底的测试。

（2）不适合小型、中等规模的应用程序。将 MVC 应用到规模并不是很大的应用程序通常会得不偿失。

（3）增加系统结构和实现的复杂性。对于简单的界面，严格遵循 MVC，使模型、视图与控制器分离，会增加结构的复杂性，并可能产生过多的更新操作，降低运行效率。

（4）视图与控制器间过于紧密的连接。视图与控制器是相互分离，但却是联系紧密的部件，视图没有控制器的存在，其应用是很有限的，反之亦然，这样就妨碍了它们的独立重用。

（5）视图对模型数据的低效率访问。依据模型操作接口的不同，视图可能需要多次调用才能获得足够的显示数据。对未变化数据的不必要的频繁访问，也将损害操作性能。

9.3 MVC 模式应用案例实现：案例一的代码实现

【例 9-4】 使用 MVC 设计模式，完成案例一中的用户登录验证功能，具体要求如下。

用户登录时，有两种角色：管理员和普通用户。本案例要求用户，输入用户 ID、密码，选择自己的角色，并且输入验证码后方可登录。如果用户没有输入验证码，页面会给出“请输入验证码”的提示；如果用户以管理员身份进入，用户名、密码、验证码输入成功后，会转向管理员权限界面；如果用户以普通用户身份登录，则会转向普通用户权限界面。为突出重点，管理员权限界面与普通用户界面不再详细设计，只是在相应界面中显示“欢迎进入管理员（普通用户）界面”即可。

该示例包含程序 image.jsp、login.jsp、adminMain.jsp、userMain.jsp 、DbFactory.java、Constants.java、UserDto.java、UserDao.java、UserLogic.java、UserLoginServlet.java，显示效果如图 9-1～图 9-6 所示。

```
<!—image.jsp-->
<%@page contentType="image/jpeg"%>
<%@page import="java.awt.*,java.awt.image.*,java.util.*,javax.imageio.*" %>
<%! Color getRandColor(int fc,int bc){//给定范围获得随机颜色
      Random random = new Random();
      if(fc>255) fc=255;
      if(bc>255) bc=255;
      int r=fc+random.nextInt(bc-fc);
      int g=fc+random.nextInt(bc-fc);
      int b=fc+random.nextInt(bc-fc);
      return new Color(r,g,b);
   }
%>
<%  response.setHeader("Pragma","No-cache"); //设置页面不缓存
    response.setHeader("Cache-Control","no-cache");
    response.setDateHeader("Expires",0);
    int width=60,height=20;
BufferedImage  image = new BufferedImage(width,height,BufferedImage.TYPE_INT_
RGB);
// 在内存中创建图像
    Graphics g = image.getGraphics();// 获取图形上下文
    Random random = new Random();//生成随机类
    g.setColor(getRandColor(200,250)); // 设定背景色
    g.fillRect(0,0,width,height);
    g.setFont(new Font("Times New Roman",Font.PLAIN,18)); //设定字体
    //g.setColor(new Color());
    //g.drawRect(0,0,width-1,height-1);
    // 随机产生 155 条干扰线,使图像中的认证码不易被其他程序探测到
    g.setColor(getRandColor(160,200));
    for (int i=0;i<155;i++){
         int x = random.nextInt(width);
         int y = random.nextInt(height);
         int xl = random.nextInt(12);
         int yl = random.nextInt(12);
```

```
        g.drawLine(x,y,x+xl,y+yl);
    }
    // 取随机产生的认证码(4 位数字)
    //String rand = request.getParameter("rand");
    //rand = rand.substring(0,rand.indexOf("."));
      String sRand="";
      for (int i=0;i<4;i++){
      String rand=String.valueOf(random.nextInt(10));
      sRand+=rand;
        // 将认证码显示到图像中
g.setColor(new
Color(20+random.nextInt(110),20+random.nextInt(110),20+random.nextInt(110)));
    //调用函数出来的颜色相同,可能是因为种子太接近,所以只能直接生成
        g.drawString(rand,13*i+6,16);
        }
        session.setAttribute("rand",sRand); // 将认证码存入 session
        g.dispose();// 图像生效
        ImageIO.write(image,"JPEG",response.getOutputStream());// 输出图像到页面
        out.clear();
        out = pageContext.pushBody();
    %>

    <!--login.jsp-->
    <%@page contentType="text/html; charset=GBK" language="java"%>
    <%@page  import="java.sql.*" %>
    <html>
    <head>
    <meta http-equiv="Content-Type" content="text/html; charset=GBK">
    <title>用户登录</title>
    </head>
    <body>
    <form action="userlogin" method="post" >
    <h2 align=center style="background:#cccccc">用户登录 </h2>
    <table align=center border=0>
    <tr width=250>
      <th style ="color:#FFffFF;background:#0086b2;text-align:rigth;"> 用户名</th>
      <td><input type="text" name=username size=15 value=${user.username} ></td>
      <td id=username>  </td>
    </tr>
    <tr>
       <th style ="color:#FFffFF;background:#0086b2;text-align:rigth;"> 密码</th>
       <td><input type=password size=15 name=password> </td>
       <td id=password> </td>
    </tr>
    <tr>
    <th style ="color:#FFffFF;background:#0086b2;text-align:rigth;"> 角色名</th>
    <td><select id=t name=type>
          <option value=1> admin </option>
          <option value=0> user </option>
          </select></td>
    <td>     </td>
    </tr>
```

```
    <tr>
    <th style ="color:#FFffFF;background:#0086b2;text-align:rigth;"> 验证码</th>
    <td><input type=text name=code size=4>
       <img height="20" src="image/image.jsp" width="51" align="absMiddle" alt="">
    </td>
    <td>                </td>
</tr>
<tr>
        <td colspan=2><input  type="submit" value="登录">
                      <input  type="reset" name="button" id="button" value="重置">
         </td>
         <td>     </td>
    </tr>
    </table>
    <table align=center>
    <tr>
       <td  id=msg style="color:red">
       ${msg}
       </td>
    </tr>
    </table>
    </form>
    </body>
    </html>

    <!--adminMain.jsp -->
    <%@page contentType="text/html; charset=utf-8" language="java" %>
    <html>
    <head>
    <meta http-equiv="Content-Type" content="text/html; charset=utf-8">
    <title>管理员界面</title>
    </head>
    <body>欢迎进入管理员界面</body>
    </html>

    <!-- userMain.jsp-->
    <%@page contentType="text/html; charset=utf-8" language="java" %>
    <html>
    <head>
    <meta http-equiv="Content-Type" content="text/html; charset=utf-8">
    <title>普通用户</title>
    </head>
    <body>欢迎进入普通用户界面</body>
    </html>

    DbFactory.java:
    package  com.realaction.util;
    import  java.sql.*;
    public class  DbFactory{
      public static Connection getConnection() {
        Connection conn=null;
            String url="jdbc:microsoft:sqlserver://localhost:1433;DatabaseName=test";
```

```
try{
        Class.forName("com.microsoft.jdbc.sqlserver.SQLServerDriver");
        conn=DriverManager.getConnection(url,"sa","");
    }
    catch (Exception e)
    {           }
    return conn;
  }
}
```

```
Constants.java
package com.realaction.util;
public class Constants {
  public final static int USERTYPE_ADMIN = 3;
  public final static int USERTYPE_USER = 2;
  public final static int USERTYPE_WRONG = 1;
  public final static int USER_NOTEXIST = 0;
}
```

UserDto. java:

```
package com.realaction.dto;
import java.io.Serializable;
public class UserDto implements Serializable{
  private static final long serialVersionUID = 1L;
  private String userId;
  private String username;
  private String password;
  private String type;
  public String getPassword() {
       return password;
  }
  public void setPassword(String password) {
       this.password = password;
  }
  public String getType() {
       return type;
  }
  public void setType(String type) {
       this.type = type;
  }
  public String getUserId() {
       return userId;
  }
  public void setUserId(String userId) {
       this.userId = userId;
  }
  public String getUsername() {
       return username;
  }
  public void setUsername(String username) {
       this.username = username;
  }
}
```

UserDao. java

```
package com.realaction.dao;
import java.sql.Connection;
import java.sql.ResultSet;
import java.sql.SQLException;
import java.sql.Statement;
import com.realaction.dto.UserDto;
public class UserDao {
  private Connection conn = null;
  private Statement stmt = null;
  public UserDao(Connection conn) {
       this.conn = conn;
  }
  public boolean checkUser(UserDto dto) {
       String strSql = "select userId from tbluser where username='"
      + dto.getUsername() + "' and password='" + dto.getPassword()+ "'";
      try {  stmt = conn.createStatement();
             ResultSet rs = stmt.executeQuery(strSql);
             if (rs.next()) {
                 return true;
            }
      }
      catch (Exception e) {
        System.err.println(e.getMessage());
      }
  return false;
  }
  public String getType(UserDto dto) {
    String strSql = "select type from tbluser where username='"
                 + dto.getUsername() + "' and password='" + dto.getPassword() + "'";
    try {  stmt = conn.createStatement();
           ResultSet rs = stmt.executeQuery(strSql);
           if (rs.next()) {
               if (rs.getInt(1) == 1)
                   { return "1";}
           else
              { return "0"; }
          }
    }
    catch  (Exception e) {
             System.err.println(e.getMessage());
    }
    return "";
  }
}
```

UserLogic. java:

```
package com.realaction.logic;
import java.sql.Connection;
import java.sql.SQLException;
import com.realaction.dao.UserDao;
import com.realaction.dto.UserDto;
```

```
import com.realaction.util.Constants;
import com.realaction.util.DbFactory;
public class UserLogic {
  private UserDao userDao = null;
  Connection conn = null;
  public UserLogic()
    {    }
  public int CheckUser(UserDto dto,String type) {
    try {
          conn = DbFactory.getConnection();
          this.userDao = new UserDao(conn);
          String userType = userDao.getType(dto);
          if (userDao.checkUser(dto)) {
                if (type.equals(userType)) {
                      if (userType.equals("1")) {
                            return Constants.USERTYPE_ADMIN;
                      } else {
                            return Constants.USERTYPE_USER;
                      }
                 } else {
                      return Constants.USERTYPE_WRONG;
               }
          }
    }
    catch (Exception e)
    {  System.err.println(e.getMessage());}
    finally {
          try {
                conn.close();
          } catch (SQLException e) {
          }
    }
    return Constants.USER_NOTEXIST;
  }
}
```

UserLoginServlet.java:

```
package com.realaction.servlet;
import java.io.IOException;
import javax.servlet.ServletException;
import javax.servlet.http.HttpServlet;
import javax.servlet.http.HttpServletRequest;
import javax.servlet.http.HttpServletResponse;
import javax.servlet.http.HttpSession;
import com.realaction.dto.UserDto;
import com.realaction.logic.UserLogic;
import com.realaction.util.Constants;
public class UserLoginServlet extends HttpServlet {
  private static final long serialVersionUID = 1L;
  public void doGet(HttpServletRequest request,HttpServletResponse response)
   throws ServletException,IOException {
  }
   public void doPost(HttpServletRequest request,HttpServletResponse response)
```

```
    throws ServletException,IOException {
        response.setContentType("text/html;charset=GBK");
        HttpSession session = request.getSession();
        String randstr = (String) session.getAttribute("rand");
        String code = request.getParameter("code");
        String msg = "";
        if (!code.equals(randstr)) {
            msg = "请输入验证码。";
            request.setAttribute("msg",msg);
            request.getRequestDispatcher("login.jsp").forward(request,response);
        } else {
            UserDto dto = new UserDto();
            dto.setUsername(request.getParameter("username"));
            dto.setPassword(request.getParameter("password"));
            dto.setType(request.getParameter("type"));
            int result = 0;
            UserLogic userLogic = new UserLogic();
            result = userLogic.CheckUser(dto,request.getParameter("type"));
            switch (result) {
                case Constants.USERTYPE_ADMIN:
                    session.setAttribute("user",dto);
                    response.sendRedirect("admin/adminMain.jsp");
                    break;
                case Constants.USERTYPE_USER:
                    session.setAttribute("user",dto);
                    response.sendRedirect("user/userMain.jsp");
                    break;
                case Constants.USERTYPE_WRONG:
                    msg = "用户名或密码错误,请重新输入。";
                    request.setAttribute("msg",msg);
                    request.setAttribute("user",dto);
                    request.getRequestDispatcher("login.jsp").forward(request,
response);
                    break;
                default:
                    msg = "此用户不存在,请重新输入";
                    request.setAttribute("msg",msg);
                    equest.getRequestDispatcher("login.jsp").forward(request,
response);
                    break;
            }
        }
    }
}
```

程序说明：

（1）image.jsp：用户登录时随机验证码文件，不需要掌握其代码，只需要知道通过语句 session.setAttribute("rand"，sRand)；将认证码存入 session 中即可。

（2）login.jsp：用户登录的主界面，为 MVC 模式设计中的视图层（V）。在该界面，用户输入用户名、密码，通过下拉列表选择角色（管理员/普通用户）、输入随机验证码，单击“登录”按钮，即可进行身份验证。如果为管理员并验证成功，转向 adminMain.jsp，如果为普通用户并验证成功，则转向 userMain.jsp。login.jsp 文件在单击“登录”时，通过调用 Servlet 来完成整个验证过程。语句如下：

```
<form action="userlogin" method="post" >
```

其中 userlogin 为 Servlet 的 URL 名字，在 web.xml 中配置语句如下：

web.xml：

```
<servlet>
     <servlet-name>UserLoginServlet</servlet-name>
     <servlet-class>com.realaction.servlet.UserLoginServlet</servlet-class>
</servlet>
   <servlet-mapping>
    <servlet-name>UserLoginServlet</servlet-name>
    <url-pattern>/userlogin</url-pattern>
</servlet-mapping>
```

（3）adminMain.jsp：管理员操作权限界面，为 MVC 模式设计中的视图层（V）。为了突出 MVC 教学效果，不再在该界面上详细设计，只是通过“欢迎进入管理员界面”一句话来代表管理员操作界面。

（4）userMain.jsp：普通用户操作权限界面，为 MVC 模式设计中的视图层（V）。为了突出 MVC 教学效果，不再在该界面上详细设计，只是通过“欢迎进入普通用户界面”一句话来代表普通用户操作界面。

（5）UserLoginServlet.java：为 MVC 模式设计中的控制器（C），当用户单击“登录”按钮时，验证过程由 UserLoginServlet.java 负责，该文件为 Servlet 文件，负责控制整个验证过程，并将结果传给 JSP，该 Servlet 需要在 web.xml 中配置，并且调用不同的 JavaBean 文件，完成不同的功能，具体调用的 JavaBean 文件将在模型层进行介绍。

（6）模型层（M）：负责完成不同的组件，即 JavaBean 文件，由控制层调用。不同的组件有不同的功能。具体如下：

1）DbFactory.java：负责数据库的连接。该文件包含方法 getConnection()，关键语句如下：

```
public static Connection getConnection() {
     Connection conn=null;
     String url="jdbc:microsoft:sqlserver://localhost:1433;DatabaseName=test";
     try{
           Class.forName("com.microsoft.jdbc.sqlserver.SQLServerDriver");
           conn=DriverManager.getConnection(url,"sa","");
    }
    catch (Exception e)
    {            }
   return conn;
}
```

2）Constants.java：负责保存用户身份，其中 0 代表用户不存在，1 代表登入错误，2 代表普通用户身份，3 代表管理员身份。

3）UserDto.java：DTO 为数据传输对象，通过该文件负责传输用户输入的属性，该文件包含方法 getPassword()、getType()、getUserId()，getUsername()，分别用来读取用户的密码、身份类型、用户 ID 以及姓名；方法 setPassword(String password)、setType(String type)、setUserId(String userId)、setUsername(String username)，分别用来设置用户的密码、身份类型、用户 ID 以及姓名。

通过 DTO 对象传输的好处是，如果需求发生变化，需要增加一个属性时，不需要修改相关方法的声明及主调方法中的部分代码，只需要在 DTO 类中做简单的修改即可。

4）UserDao.java：负责核对用户是否存在，该文件包含方法 checkUser(UserDto dto)，负责核对用户；方法 getType(UserDto dto)，负责取得用户类型。

DAO 为数据访问对象，故名思义就是与数据库打交道。夹在业务逻辑与数据库资源中间。开发人员使用数据访问对象（Data Access Object DAO）设计模式，以便将低级别的数据访问逻辑与高级别的业务逻辑分离。DAO 所执行的操作是检索，创建、更新或者删除数据。一个良好实现的 DAO 类将使用日志记录来捕捉有关其运行时行为的细节。

有时为了重用 DAO，设计的时候往往还要增加一个业务逻辑层，在该层控制事务是一个好的选择。

5）UserLogic.java：为业务逻辑层，负责调用 DAO，该文件包含方法 CheckUser(UserDto dto，String type)，用来判断用户登录情况。

注意：在编译 JavaBean 时，会碰到找不到类包的错误，但实际上已经将类包导入，那是因为没有将所需类包路径拷贝到 classpath 中，解决方法就是把所需导入的类包路径放到环境变量 classpath 中，并重启即可。

MVC 的具体设计模式结构如图 9-16 所示。

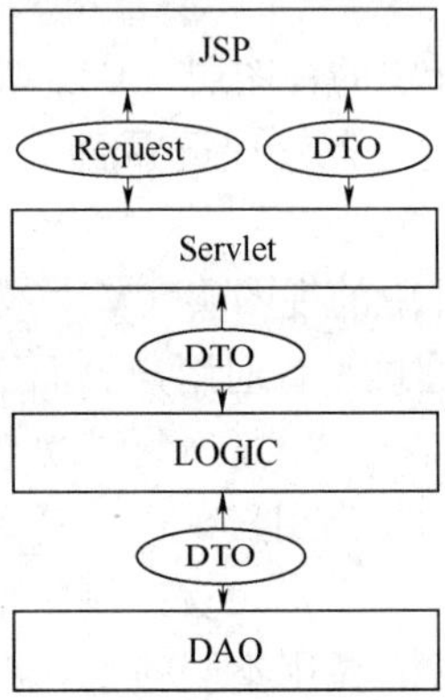

JSP
Request　DTO
Servlet
DTO
LOGIC
DTO
DAO

图 9-16　MVC 设计模式结构

习　　题

一、选择题

1．下面对 Servlet、Applet 的描述错误的是（　　）。

A．Servelt 与 Applet 相对应

B．Applet 运行在客户端浏览器

C．Servlet 运行在 Web 服务器端

D．Servlet 和 Applet 不可以动态从网络加载

2．下面哪一项不在 Servlet 的工作过程中？（　　）。

A．服务器将请求信息发送至 Servlet

B．客户端运行 Applet

C．Servlet 生成响应内容并将其传给服务器

D．服务器将动态内容发送至客户端

3．下列哪一项不是 Servlet 中使用的方法？（　　）。

A．doGet()　　B．doPost()　　C．service()　　D．close()

4．关于 MVC 架构的缺点，下列叙述错误的是（　　）。

A．提高了对开发人员的要求　　B．代码复用率低

C．增加了文件管理的难度　　D．产生较多的文件

5．下面对 Servlet、JSP 描述错误的是（　　）。

A．HTML、Java 和脚本语言混合在一起的程序可读性较差，维护起来较困难

B．JSP 技术是在 Servlet 之后产生的，它以 Servlet 为核心技术，是 Servlet 技术的一个成功应用

C．当 JSP 页面被请求时，JSP 页面会被 JSP 引擎翻译成 Servlet 字节码执行

D．一般用 JSP 来处理业务逻辑，用 Servlet 来实现页面显示

6．下面对 Servlet、JSP 描述错误的是（　　）。

A．Servlet 可以同其他资源交互，例如文件、数据库

B．Servlet 可以调用另一个或一系列 Servlet

C．服务器将动态内容发送至客户端

D．Servlet 在表示层的实现上存在优势

7．下面对 Servlet 描述错误的是（　　）。

A．Servlet 是一个特殊的 Java 类，它必须直接或间接实现 Servlet 接口

B．Servlet 接口定义了 Servlet 的生命周期方法

C．当多个客户请求一个 Servlet 时，服务器为每一个客户启动一个进程

D．Servlet 客户线程调用 service 方法响应客户的请求

8．下面对 Servlet 描述错误的是（　　）。

A．Servlet 是一个特殊的 Java 类，它必须直接或间接实现 Servlet 接口

B．Servlet 接口定义了 Servelt 的生命周期方法

C．当多个客户请求一个 Servlet 时，服务器为每一个客户启动一个进程

D．Servlet 客户线程调用 service 方法响应客户的请求

9．下面 Servlet 的哪个方法载入时执行，且只执行一次，负责对 Servlet 进行初始化？（　　）。

A．service()　　B．init()　　C．doPost()　　D．destroy()

10．下面 Servlet 的哪个方法用来为请求服务，在 Servlet 生命周期中，Servlet 每被请求一次它就会被调用一次？（　　）。

A．service()　　B．init()　　C．doPost()　　D．destroy()

11．下面哪个方法当服务器关闭时被调用，用来释放 Servlet 所占的资源？（　　）。

A．service()　　B．init()　　C．doPost()　　D．destroy()

12．部署 Servlet，下面描述错误的是（　　）。

A．必须为 Tomcat 编写一个部署文件

B．部署文件名为 web.xml

C．部署文件在 Web 服务目录的 WEB-INF 子目录中

D．部署文件名为 Server.xml

13．下面是一个 Servlet 部署文件的片段：

```
<servlet>
    <servlet-name>Hello</servlet-name>
    <servlet-class>myservlet.example.FirstServlet</servlet-class>
</servlet>
<servlet-mapping>
    <servlet-name>Hello</servlet-name>
    <url-pattern>/helpHello</url-pattern>
</servlet-mapping>
```

Servlet 的类名是（　　）。

A. FirstServlet　B. Hello　C. helpHello　D. /helpHello

14. 下面是 Servlet 调用的一种典型代码：

```
<%@page contentType="text/html;charset=GB2312" %>
<%@page import="java.sql.*" %>
<html><body bgcolor=cyan>
<a href="helpHello">访问 FirstServlet</a>
</body></html>
```

该调用属于（　　）。

A. url 直接调用　B. 超链接调用　C. 表单提交调用　D. jsp:forward 调用

15. 下面是 Servlet 调用的一种典型代码：

```
<%@page contentType="text/html;charset=GB2312"%>
<%@page import="java.sql.*"%>
<html>
<body bgcolor=cyan>
<jsp:forward page="helpHello"/>
</body>
</html>
```

该调用属于（　　）。

A. url 直接调用　B. 超链接调用

C. 表单提交调用　D. jsp:forward 调用

二、填空题

1. 用户可以有多种方式请求 Servlet，如 ________、________、________、________等。

2. javax.servlet.Servlet 接口定义了三个用于 Servlet 生命周期的方法，它们是________、________、________方法。

3. 一般编写一个 Servlet 就是编写一个________的子类，该类实现响应用户的________、________、________等请求的方法，这些方法是________、________和________等 doXXX 方法。

4. 使用 cookie 的基本步骤为：创建 cookie 对象，________，________，设置 cookie 对象的有效时间。

5. Servlet 中使用 Session 对象的步骤为：调用________得到 Session 对象，查看 Session 对象，在会话中保存数据。

6. Servlet 运行于________端，与处于客户端的________相对应。

7．当 Server 关闭时，__________就被销毁。

8．使用 Servlet 处理表单提交时，两个最重要的方法是__________和_______。

9．Servlet 接口只定义了一个服务方法就是__________。

三、简答题

1．简述 Servlet 与 JSP 的关系。

2．Servlet 的生命周期有哪几个过程？

四、上机练习

1．制作一个 Servlet，计算 n!，用户在表单中输入要计算的数字，Servlet 计算后向用户显示结果。

2．使用 Servlet，计算圆的面积，用户在表单中输入圆的半径，Servlet 计算后向用户显示结果。

3．使用 Servlet 制作一个留言板。

第 10 章　JSP 中的文件操作

学习目标：

（1）熟悉使用 File 类操作文件属性。

（2）熟悉使用流读写文件。

（3）掌握使用随机访问类读写文件。

（4）掌握文件的上传与下载。

在实际应用中，服务器有时需要将客户提交的信息保存到文件或根据客户的要求将服务器上的文件的内容显示到客户端。所以对文件的操作在实际应用中必不可少。JSP 通过 Java 的输入输出流来实现文件的读写操作。下面具体介绍。

10.1　File　类

使用 File 类，可以访问文件的属性信息，即主要用来获取文件本身的一些信息，例如文件所在的目录、文件的长度、文件读写权限等，不涉及对文件的读写操作。

10.1.1　File 类的构造方法

File 类有如下三个构造方法：

（1）File(String　filename)。

（2）File(String　directoryPath,String　filename)。

（3）File(File　f,String　filename)。

其中，filename 是文件名，directoryPath 是文件的路径，f 是指文件的目录对象。

注意：使用 File(String filename)创建文件时，该文件被认为是与当前应用程序在同一目录中，由于 JSP 引擎是在 bin 下启动执行的，所以该文件被认为在下列目录中：

C:\Program Files\Apache Software Foundation\Tomcat 5.5\bin\

10.1.2　利用 File 类获取文件的属性信息

经常使用 File 类的下列方法获取文件的属性信息：

（1）public String getName()：获取文件的名字。

（2）public boolean canRead()：判断文件是否是可读的。

（3）public boolean canWrite()：判断文件是否可被写入。

（4）public boolean exits()：判断文件是否存在。

（5）public long length()：获取文件的长度（单位是字节）。

（6）public String getAbsolutePath()：获取文件的绝对路径。

（7）public String getParent()：获取文件的父目录。

（8）public boolean isFile()：判断文件是否是一个正常文件，而不是目录。

（9）public boolean isDirectroy()：判断文件是否是一个目录。

（10）public boolean isHidden()：判断文件是否是隐藏文件。

（11）public long lastModified()：获取文件最后修改的时间（时间是从 1970 年午夜至文件最后修改时刻的毫秒数）。

【例 10-1】 在 D:/Demo/10 目录下，创建一个文件 file1.txt，然后测试该文件的属性。显示效果如图 10-1 所示，该示例包含代码 ex10_01.jsp。

```
<!--ex10_01.jsp-->
<%@ page contentType="text/html;charset=GB2312" %>
<%@ page import="java.io.*"%>
<html>
<body  bgcolor=cyan><font  Size=3>
    <%  File f1=new File("D:/Demo/10","file1.txt");
        f1.createNewFile();  //创建文件 file1.txt
    %>
    <p> 文件 file1.txt 存在吗?:
    <%=f1.exists() %>  <BR>
    <P> file1.txt 的父目录是:
    <%=f1.getParent()%>  <BR>
   <P>文件 file1.txt 是可读的吗?
   <%=f1.canRead()%>   <BR>
   <P>文件 new.txt 的长度:
   <%=f1.length()%>字节 <BR>
</font>
</body>
</html>
```

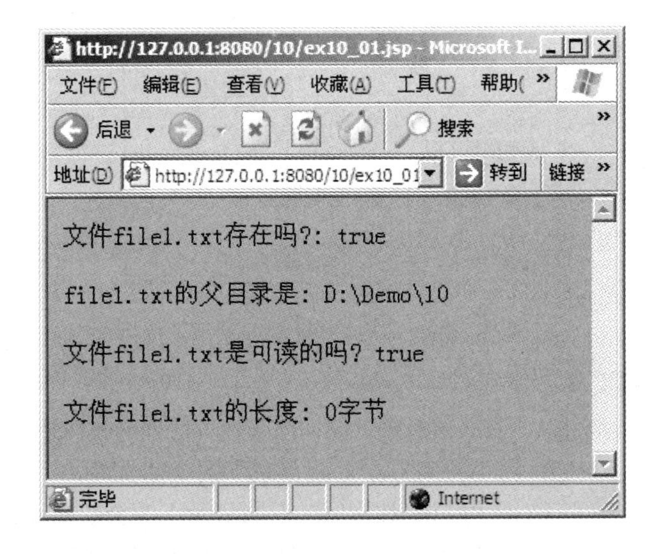

图 10-1　［例 10-1］运行效果

10.1.3 利用File类的方法进行目录操作

1. 创建目录

File 对象调用如下方法创建一个目录：

```
public  boolean  mkdir()
```

该方法用来创建一个目录，如果创建成功返回 True，否则返回 False（如果该目录已经存在将返回 False）。

【例 10-2】在 D:/Demo/10 目录下创建一个子目录 content，在 content 目录下创建文件 file1.doc。显示效果如图 10-2 所示，该示例包含代码 ex10_02.jsp。

```
<!--ex10_02.jsp-->
<%@ page contentType="text/html;charset=GB2312" %>
<%@ page import="java.io.*"%>
<html>
<body ><font Size=3>
    <%
       File dir=new  File("D:/Demo/10","content");
    %>
    <P>在 D:/Demo/10 下创建一个子目录:content <BR>成功创建了吗?
    <%=dir.mkdir()  %> <%-- 创建一个目录,并返回布尔值 --%>
    <p> 在目录 content 下创建文件 file2.txt
    <%  File newFile=new File(dir,"file2.txt");
        newFile.createNewFile();
    %>
</font>
</body>
</html>
```

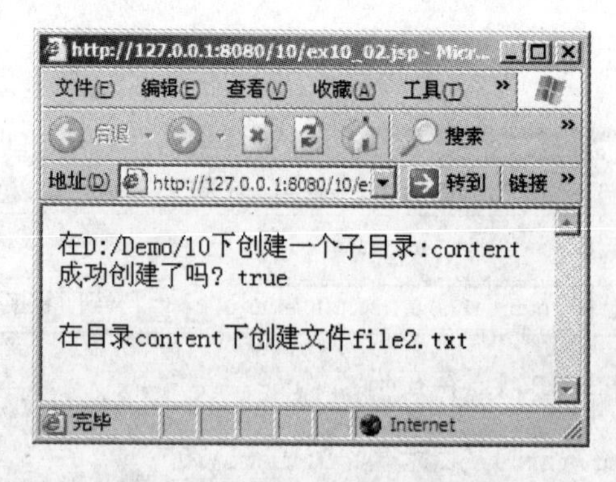

图 10-2 ［例 10-2］运行效果

2. 列出目录中的文件

如果 File 对象是一个目录，那么该对象可以调用下述方法列出该目录下的文件和子目录：

（1）public String[] list()：用字符串形式返回目录下的全部文件。

（2）public File [] listFiles()：用 File 对象形式返回目录下的全部文件。

【例 10-3】 列出 D:/Demo 下的所有目录和文件，显示效果如图 10-3 所示，该示例包含代码 ex10_03.jsp。

```
<!--ex10_03.jsp-->
<%@ page contentType="text/html;charset=GB2312" %>
<%@ page import="java.io.*"%>
<html>
<body ><font Size=2>
<%  File dir=new File("D:/Demo");
    File  file[]=dir.listFiles();
%>
<BR>目录列表：
<%  for(int i=0;i<file.length;i++)
    {   if (file[i].isDirectory())
          out.print("<BR>"+file[i].
toString());
    }
%>
<P>文件列表：
<%  for(int i=0;i<file.length;i++)
    {    if(file[i].isFile())
           out.print("<BR>"+file[i].
toString());
    }
%>
</font>
</body>
</html>
```

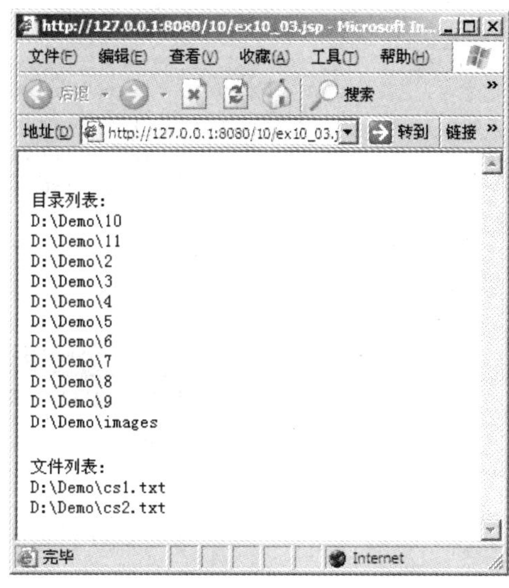

图 10-3　［例 10-3］运行效果

3. 列出指定类型的文件

有时需要列出目录下指定类型的文件，如.jsp、.txt 等扩展名的文件。可以使用 File 类的下述两个方法，列出指定类型的文件。

（1）public String[] list(FilenameFilter obj)：该方法用字符串形式返回目录下的指定类型的所有文件。

（2）public File [] listFiles(Filename Filter obj)：该方法用 File 对象返回目录下的指定类型的所有文件。

其中，FilenameFilter 是一个接口，该接口有一个方法：

```
public boolean accept(File dir,String name);
```

当向 list 方法传递一个实现该接口的对象时，list 方法在列出文件时，将让该文件调用 accept 方法检查该文件是否符合 accept 方法指定的目录和文件名要求。

【例 10-4】 列出 D:/Demo/10 下的所有 jsp 文件，显示效果如图 10-4 所示，该示例包含代码 ex10_04.jsp。

```
<!--ex10_04.jsp-->
<%@ page contentType="text/html;charset=GB2312" %>
<%@ page import="java.io.*"%>
<%!
       class  FileJSP  implements FilenameFilter
      {  String str=null;
         FileJSP(String str)
         {  this.str="."+str;}
         public boolean accept(File dir,String name)
```

```
        {
         return name.endsWith(str);
        }
      }
%>
<P>"D:Demo/10"目录下,所有的jsp文件文件:
<%
      File dir=new File("D:/Demo/10");
      FileJSP file_jsp=new FileJSP("jsp");
      String file_name[]=dir.list(file_jsp);
      for(int i=0;i<file_name.length;i++)
         {
            out.print("<BR>"+file_name[i]);
        }
%>
```

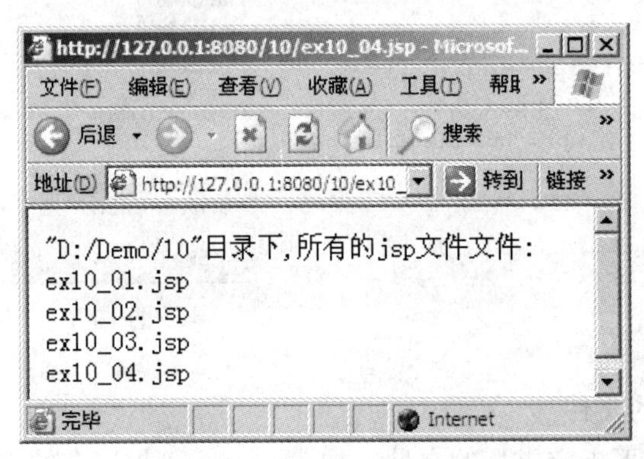

图 10-4 ［例 10-4］运行效果

10.1.4 删除文件和目录

File 对象调用方法 public boolean delete()可以删除当前对象代表的文件或目录，如果 File 对象表示的是一个目录，则该目录必须是一个空目录，删除成功则返回 True。

【例 10-5】 删除 D:/Demo/content 目录下的文件 file2.txt，显示效果如图 10-5 所示，该示例包含代码 ex10_05.jsp。

```
<!--ex10_05.jsp-->
<%@ page contentType="text/html;charset=GB2312" %>
<%@ page import="java.io.*"%>
<html>
<body >
<%
    File f=new File("D:/Demo/10/content/file2.txt");
    File dir=new File("D:/Demo/10/content");
    boolean b1=f.delete(); //删除文件 file2.txt
    boolean b2=dir.delete(); //删除目录 content
%>
<P>文件 file2.txt 成功删除了吗?
<%=b1%>
<P>目录 content 成功删除了吗?
```

```
<%=b2%>
</body>
</html>
```

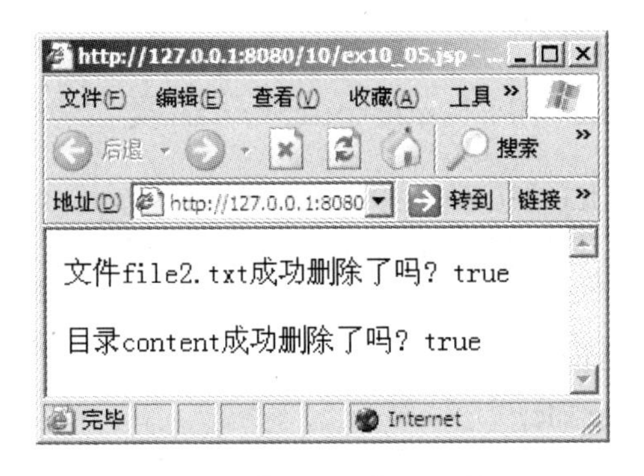

图 10-5 ［例 10-5］运行效果

10.2 使用字节流读写文件

Java 的 I/O 流提供一条通道程序，可以使用这条通道把源中的数据送给目的地。通常把输入流的指向称作源，程序从指向源的输入流中读取源中的数据。而输出流的指向则是数据要去的一个目的地，程序通过向输出流中写入数据把信息传递到目的地。

java.io 包提供大量的流类。所有字节输入流类都是 InputStream（输入流）抽象类的子类，而所有字节输出流都是 OutputStream（输出流）抽象类的子类。下面介绍这两个类的用法。

10.2.1 InputStream 类的常用方法

InputStream 类为所有字节的输入流类，常用方法如下：

（1）int read( )：输入流调用该方法从源中读取单个字节的数据，该方法返回字节值（0~255 之间的一个整数），如果未读出字节就返回-1。

（2）int read(byte b[]): 输入流调用该方法从源中试图读取 b.length 个字节到 b 中，返回实际读取的字节数目。如果到达文件的末尾，则返回-1。

（3）int read(byte b[]，int off，int len): 输入流调用该方法从源中试图读取 len 个字节到 b 中，并返回实际读取的字节数目。如果到达文件的末尾，则返回-1，参数 off 指定从字节数组的某个位置开始存放读取的数据。

（4）void close(): 输入流调用该方法关闭输入流。

（5）long skip(long numBytes): 输入流调用该方法跳过 numBytes 个字节，并返回实际跳过的字节数目。

10.2.2 OutputStream 类的常用方法

OutputStream 类为所有字节的输出流类，常用方法如下：

（1）void write(int n)：输出流调用该方法向输出流写入单个字节。

（2）void write(byte b[])：输出流调用该方法向输出流写入一个字节数组。

（3）void write(byte b[]，int off，int len)：从给定字节数组中起始于偏移量 off 处取 len 个字节写到输出流。

（4）void close()：关闭输出流。

10.2.3 FileInputStream 和 FileOutputStream 类

FileInputStream 类是从 InputStream 中派生出来的简单输入类。该类的所有方法都是从 InputStream 类继承来的。为了创建 FileInputStream 类的对象，用户可以调用它的构造方法。下面显示了两个构造方法：

（1）public FileInputStream(String name);。

（2）FileInputStream(File file);。

第 1 个构造方法使用给定的文件名 name 创建一个 FileInputStream 对象，第 2 个构造方法使用 File 对象创建 FileInputStream 对象。参数 name 和 file 指定的文件称作输入流的源，输入流通过调用 read 方法读出源中的数据。

例如为了读取一个名为 file1.txt 的文件，建立一个文件输入流对象，代码如下：

```
FileInputStream  f1= new  FileInputStream("file1.txt");
```

文件输入流构造方法的另一种格式是允许使用文件对象来指定要打开哪个文件，例如下面这段代码使用文件输入流构造方法来建立一个文件输入流。

```
File f = new File("file1.txt");
FileInputStream  f1 = new  FileInputStream(f);
```

当使用文件输入流构造方法建立通往文件的输入流时，可能会出现错误（也称为异常），如试图要打开的文件可能不存在。程序必须使用一个 catch（捕获）块检测并处理这个异常。例如，为了把一个文件输入流对象与一个文件关联起来，可使用下面的代码。

```
try
{
   FileInputStream  ins = new  FileInputStream("f1.txt"); //读取输入流
}
catch (IOException e )
    {
      System.out.println("File read error:  " +e);
    }
```

与 FileInputStream 类相对应的类是 FileOutputStream 类。FileOutputStream 提供了基本的文件写入能力。除了从 FileOutputStream 类继承来的方法以外，FileOutputStream 类还有两个常用的构造方法，这两个构造方法如下：

（1）FileOutputStream(String name);。

（2）FileOutputStream(File file);。

第 1 个构造方法使用给定的文件名 name 创建一个 FileOutputStream 对象。第 2 个构造方法使用 File 对象创建 FileOutputStream 对象。参数 name 和 file 指定的文件称作输出流的目的地，通过向输出流中写入数据把信息传递到目的地。创建输出流对象也能发生 IOException 异常，必须在 try、catch 块语句中创建输出流对象。

注意：使用 FileInputStream 的构造方法：FileInputStream(String name)创建一个输入流时，以及使用 FileOutputStream 的构造方法：FileOutputStream(String name)创建一个输出流时要保证文件和当前应用程序在同一目录下。

【例 10-6】 读 D:/Demo/目录下的文件 read.txt，并显示到客户端。显示效果如图 10-6 所示，该示例包含代码 ex10_06.jsp。假设 read.txt 文件已经存在，并且已经输入内容。

```
<%@ page contentType="text/html;charset=GB2312" %>
<%@ page import="java.io.*"%>
<!--ex10_06.jsp-->
<html>
<body  bgcolor=cyan><font size=3>
    <%
        File f=new File("D:/Demo/10/read.txt");
        try
        {
            byte b[]=new byte[50]; //每次读取数据保存在该字节数组中
            int n=0;             //实际读取的字节数
            FileInputStream in=new FileInputStream(f);
            while((n=in.read(b))!= -1)
                {
                 String temp=new String(b,0,n);
                 out.print(temp);
                }
            in.close();
       }
       catch(IOException e)
       { System.out.println("File Reader Error!");}
    %>
    </font>
</body>
</html>
```

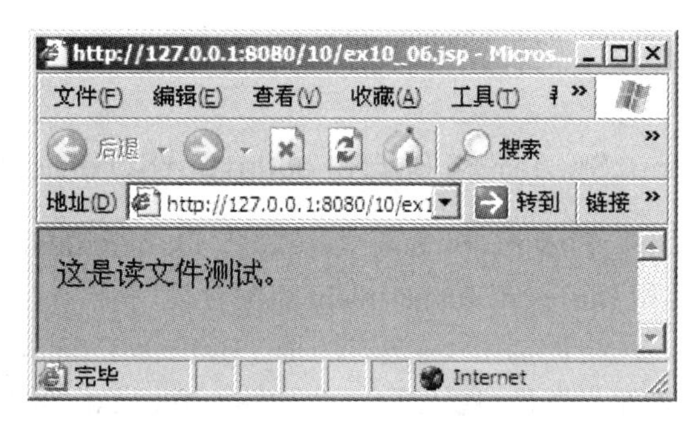

图 10-6　[例 10-6] 运行效果

【例 10-7】 从客户端输入文本，添加到服务器的 D:/Demo/10 目录下。显示效果如图 10-7 所示，该示例包含代码 ex10_07.jsp。

```
<%@ page contentType="text/html;charset=GB2312" %>
<%@ page import="java.io.*"%>
<!--ex10_07.jsp-->
<html>
```

```
<body  bgcolor=cyan><font size=3>
<form action="" method=post name=form>
    <input type="text" name="boy">
    <input  type="submit" value="保存" name="submit">
</form>
<%   String str=request.getParameter("boy");
    if(str==null) str=" ";
          try
          {  byte buffer[]=str.getBytes("ISO-8859-1");
             FileOutputStream wf=
             new  FileOutputStream("D:/Demo/10/write.txt",true);
             wf.write(buffer);   //将字节数组写入输出流指向的文件
             wf.close();         //关闭输出流
             out.println("将数据存入到文件:D:/Demo/10/write.txt中");
          }
          catch(IOException ioe)
          { System.out.println("File Write Error!");}
%>
</body>
</html>
```

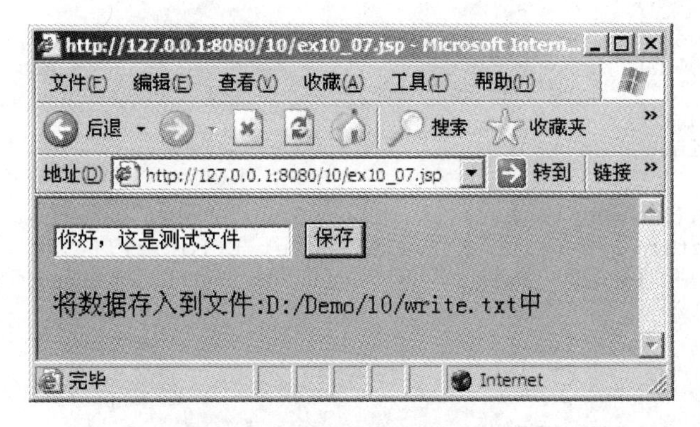

图 10-7 ［例 10-7］运行效果

10.2.4 BufferedInputStream 和 BufferedOutputStream 类

为了提高读写的效率，FileInputStream 流经常和 BufferedInputStream 流配合使用，FileOutputStream 流经常和 BufferedOutputStream 流配合使用。

BufferedInputStream 的一个常用的构造方法是：BufferedInputStream(InputStream in);，该构造方法创建缓存输入流。当我们要读取一个文件如 file1.txt，可以先建立一个指向该文件的文件输入流，然后再创建一个指向文件输入流 in 的输入缓存流（就好像把两个输入水管接在一起），代码如下：

```
FileInputStream  in=new FileInputStream(“file1.txt”);
BufferedInputStream buffer=new BufferedInputStream(in);
```

这时，就可以让 buffer 调用 read 方法读取文件的内容，buffer 在读取文件的过程中会进行缓存处理，增加读取的效率。

同样，当要向一个文件，如 file2.txt 写入字节时，可以先建立一个指向该文件的文件输出流，然后再创建一个指向输出流 out 的输出缓存流。

```
FileOutputStream  out=new FileOutputStream("B.txt");
BufferedOutputStream buffer=new BufferedOutputStream(out);
```

这时，buffer 调用 write 方法向文件写入内容时会进行缓存处理，增加写入的效率。需要注意的是，写入完毕后，须调用 flush 方法将缓存中的数据存入文件。

【例 10-8】 使用字节缓存流从客户端输入文本，添加到服务器的 D:/Demo/10 目录下。显示效果如图 10-8 所示，该示例包含代码 ex10_08.jsp。

```
<!--ex10_08.jsp-->
<%@ page contentType="text/html;charset=GB2312" %>
<%@ page import="java.io.*"%>
<html>
<body  bgcolor=cyan><font size=3>
   <form  action="" method=post name=form>
   <input  type="text" name="nr">
   <input  type="submit" value="保存" name="submit">
   </form>
   <%
        String str=request.getParameter("nr");
        if(str==null) str=" ";
          byte buffer[]=str.getBytes("ISO-8859-1");
        try
        {
          FileOutputStream outFile=new FileOutputStream("D:/Demo/10/write1.txt",true);
          BufferedOutputStream bufferout=new BufferedOutputStream(outFile);
          bufferout.write(buffer);
          bufferout.close();
          outFile.close();
        }
        catch(IOException  e)
        {System.out.println("File Write Error!");}
%>
</body>
</html>
```

图 10-8　[例 10-8] 运行效果

【例 10-9】 使用字节缓存流读取 D:/Demo/10 目录下的 read2.txt 文件。显示效果如图 10-9 所示，该示例包含代码 ex10_09.jsp。

```
<!--ex10_09.jsp-->
```

```
<%@ page contentType="text/html;charset=GB2312" %>
<%@ page import="java.io.*"%>
<html>
<body  bgcolor=cyan><font size=3>
<%
    File f=new File("D:/Demo/10/read1.txt");
    try{
        FileInputStream in=new FileInputStream(f);
        BufferedInputStream bufferin=new BufferedInputStream(in);
        byte c[]=new byte[90];
        int n=0;
        while((n=bufferin.read(c))!= -1){
           String temp=new String(c,0,n);
           out.print(temp);
        }
        bufferin.close();
        in.close();
    }
    catch(IOException e)
    {    }
%>
</font>
</body>
</html>
```

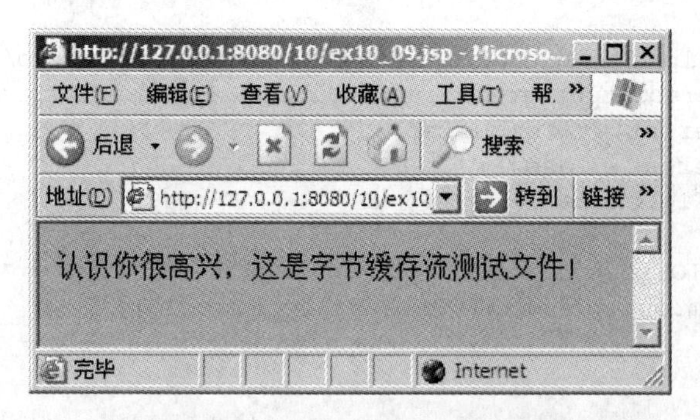

图 10-9 ［例 10-9］运行效果

10.3 使用字符流读写文件

前面我们学习了使用字节流读写文件，但是字节流不能直接操作 Unicode 字符，所以 Java 提供了字符流，由于汉字在文件中占用 2 个字节，如果使用字节流，读取不当会出现乱码现象，采用字符流就可以避免这个现象。在 Unicode 字符中，一个汉字被看作一个字符。

字符流有两个超类，所有字符输入流类都是 Reader（输入流）抽象类的子类，而所有字符输出流都是 Writer（输出流）抽象类的子类。下面详细介绍这两个类的用法。

10.3.1 Reader 类中常用方法

Reader 类中常用方法如下：

（1）int read()：输入流调用该方法从源中读取一个字符，该方法返回一个整数（0~65535之间的一个整数，Unicode 字符值），如果未读出字符就返回-1。

（2）int read(char b[])：输入流调用该方法从源中读取 b.length 个字符到字符数组 b 中，返回实际读取的字符数目。如果到达文件的末尾，则返回-1。

（3）int read(char b[]，int off，int len)：输入流调用该方法从源中读取 len 个字符并存放到字符数组 b 中，返回实际读取的字符数目。如果到达文件的末尾，则返回-1。其中，off 参数指定 read 方法从字符数组 b 中的什么地方存放数据。

（4）void close()：输入流调用该方法关闭输入流。

（5）long skip(long numBytes)：输入流调用该方法跳过 numBytes 个字符，并返回实际跳过的字符数目。

10.3.2　Writer 类中常用方法

Writer 类中常用方法如下：

（1）void write(int n)：向输入流写入一个字符。

（2）void write(byte b[])：向输入流写入一个字符数组。

（3）void write(byte b[]，int off，int length)：从给定字符数组中起始于偏移量 off 处取 len 个字符写到输出流。

（4）void close()：关闭输出流。

10.3.3　FileReader 和 FileWriter 类

FileReader 类是从 Reader 中派生出来的简单输入类。该类的所有方法都是从 Reader 类继承来的。为了创建 FileReader 类的对象，用户可以调用它的构造方法。下面显示了两个构造方法：

（1）FileReader(String name)。

（2）FileReader (File file)。

第 1 个构造方法使用给定的文件名 name 创建一个 FileReader 对象，第 2 个构造方法使用 File 对象创建 FileReader 对象。参数 name 和 file 指定的文件称作输入流的源，输入流通过调用 read 方法读出源中的数据。

与 FileReader 类相对应的类是 FileWriter 类。FileWriter 提供了基本的文件写入能力。除了从 FileWriter 类继承来的方法以外，FileWriter 类还有两个常用的构造方法，这两个构造方法如下：

（1）FileWriter(String name)。

（2）FileWriter (File file)。

第 1 个构造方法使用给定的文件名 name 创建一个 FileWriter 对象。第 2 个构造方法使用 File 对象创建 FileWriter 对象。参数 name 和 file 指定的文件称作输出流的目的地，通过向输出流中写入数据把信息传递到目的地。

注意：创建输入、输出流对象能发生 IOException 异常，必须在 try、catch 块语句中创建输入、输出流对象。

【例 10-10】 使用字符流读取 D:/Demo/10 目录下的 cs.txt 文件。显示效果如图 10-10 所示，该示例包含代码 ex10_10.jsp。

```
<!--ex10_10.jsp-->
<%@ page contentType="text/html;charset=GB2312" %>
<%@ page import="java.io.*"%>
<html>
<body >
   <%
    File f=new File("D:/Demo/10/cs.txt");
    try{
          FileReader in=new FileReader(f);
          String str=null;
          char b[]=new char[500];
          int n=0;
          while((n=in.read(b))!=-1){
            str=new String(b,0,n);
            out.print(str);
          }
          in.close();
    }
    catch(IOException e)
    {     }
   %>
</body>
</html>
```

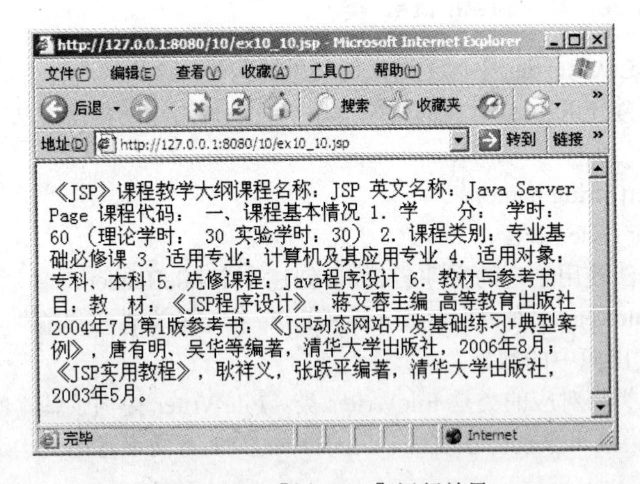

图 10-10 ［例 10-10］运行效果

【例 10-11】 使用字符流从客户端输入文本，添加到服务器的 D:/Demo/10 目录下。显示效果如图 10-11 所示，该示例包含代码 ex10_11.jsp。

```
<!--ex10_11.jsp-->
<%@ page contentType="text/html;charset=GB2312" %>
<%@ page import="java.io.*"%>
<html>
<body  bgcolor=cyan><font size=3>
   <form action="" method=post name=form>
```

```
    <input  type="text" name="cont">
    <input  type="submit" value="保存" name="submit">
   </form>
   <%
       String str=request.getParameter("cont");
       if(str==null) str=" ";
       byte b[]=str.getBytes("ISO-8859-1");
       str=new String(b);
       try{
            FileWriter wf=new FileWriter("D:/Demo/10/write2.txt",true);
            wf.write(str);   //将字符串写入输出流指向的文件
            wf.close();        //关闭输出流
            out.println("将数据存入到文件:D:/Demo/10/write2.txt 中");
       }
       catch(IOException ioe)
       {System.out.println("File Write Error!");}
   %>
</body>
</html>
```

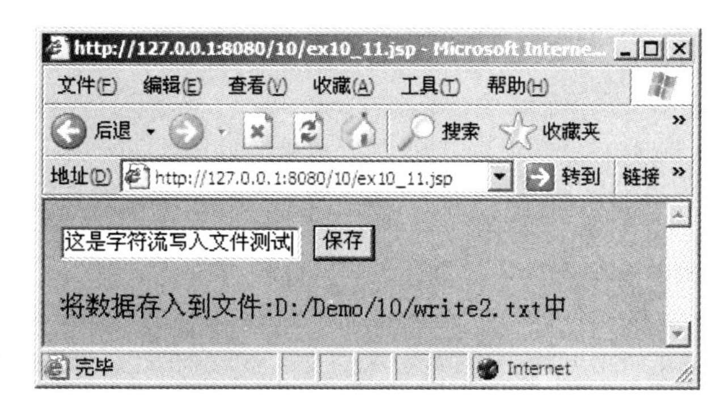

图 10-11　[例 10-11] 运行效果

10.3.4 BufferedReader 和 BufferedWriter 类

为了提高读写的效率，FileReader 流经常和 BufferedReader 流配合使用；FileWriter 流经常和 BufferedWriter 流配合使用。

BufferedReader 流可以使用方法 String readLine()读取一行。

BufferedWriter 流可以使用方法 Void write(String s，int off，int length)将字符串 s 的一部分写入文件，使用 newLine()向文件写入一个行分隔符。

【例 10-12】 使用字符缓存流读取 D：/Demo/10 目录下的 cs.txt 文件。显示效果如图 10-12 所示，该示例包含代码 ex10_12.jsp。

```
<!--ex10_12.jsp-->
<%@ page contentType="text/html;charset=GB2312" %>
<%@ page import="java.io.*"%>
<html>
<body >
   <%
    File f=new File("D:/Demo/10/cs.txt");
```

```
    try{
        FileReader in=new FileReader(f);
        BufferedReader bufferin=new BufferedReader(in);
        String str=null;
        while((str=bufferin.readLine())!=null){
            out.print(str+"<BR>");
        }
        bufferin.close();
        in.close();
    }
    catch(IOException e)
    {   }
  %>
</body>
</html>
```

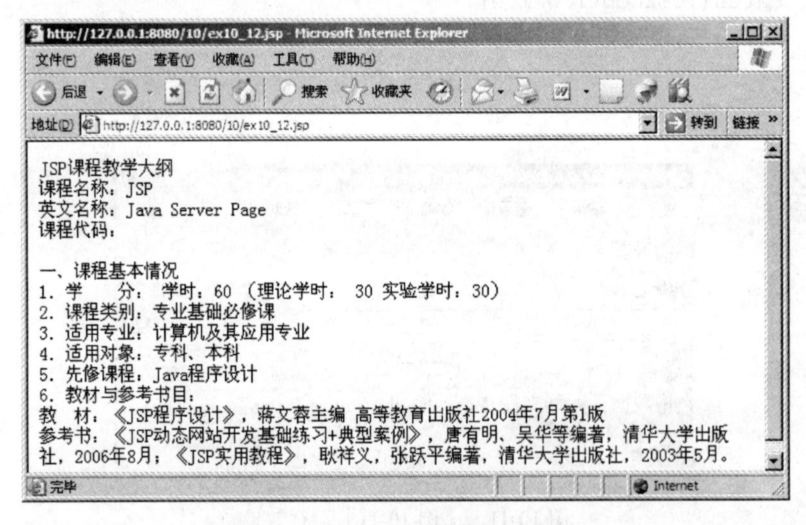

图 10-12　［例 10-12］运行效果

【例 10-13】 使用字符缓存流将 D:/Demo/10 目录下的 cs.txt 文件复制到 D:/Demo/10/wcs.txt 文件中。显示效果如图 10-13 所示，该示例包含代码 ex10_13.jsp。

```
<!--ex10_13.jsp-->
<%@ page contentType="text/html;charset=GB2312" %>
<%@ page import="java.io.*"%>
<html>
<body>
<%  File fread=new File("D:/Demo/10/cs.txt");
    File fwrite=new File("D:/Demo/10/wcs.txt"); //如果wcs.txt不存在，则创建该文件
    try{
         FileReader in=new FileReader(fread);
         BufferedReader bufferin=new BufferedReader(in);
         FileWriter outfile=new FileWriter(fwrite,true);
         BufferedWriter bufferout=new BufferedWriter(outfile);
         String str=null;
       while((str=bufferin.readLine())!=null){
            bufferout.write(str);
```

```
                out.print("<BR>"+str);
                bufferout.newLine();//向流中写入一个行分隔符
            }
            bufferout.flush();
            bufferout.close();
            outfile.close();
            bufferin.close();
            in.close();
        }
        catch(IOException e)
        {    }
%>
</body>
</html>
```

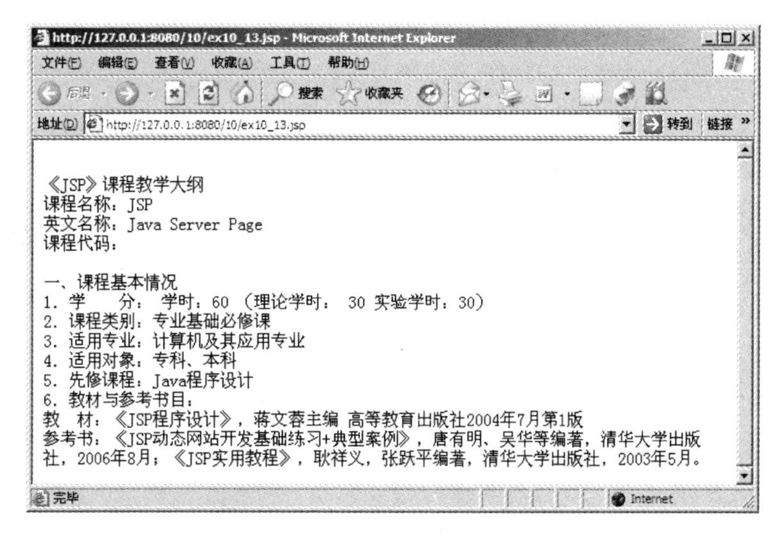

图10-13 ［例10-13］运行效果

10.4 回压字符流

PushbackReader类创建的对象称为回压字符流。回压流可以使用unread(char ch)将一个字符回压到该流中，被回压的字符是该回压流紧接着再调用read()方法时最先读出的字符。回压流可以用来监视读出的信息，当读出一个不需要的信息时，可以不处理该信息，而将需要的信息回压，然后再读出回压的信息。该类的构造方法是：PushbackReader(Reader in);。

当使用前面讲的字节输入流或字符输入流把JSP文件或超文本文件发送给客户时，客户的浏览器将解释运行超文本标记，客户无法看见原始的超文本文件和JSP文件。此时则可以使用回压流技术，读取原始的网页文件，当读取到“<”符号时，将“<”回压、读取到“>”时，将“>”回压。

【例10-14】 将JSP文件输出到客户端。显示效果如图10-14所示，该示例包含代码ex10_14.jsp。

```
<!--ex10_14.jsp-->
```

```
<%@ page contentType="text/html;charset=GB2312" %>
<%@ page import ="java.io.*" %>
<html>
<body  bgcolor=cyan><font  size=3>
   <%  File f=new File("D:/Demo/10/ex10_14.jsp");
      try{  FileReader in=new FileReader(f);
           PushbackReader push=new PushbackReader(in);
           int n;         //实际读取的字符个数
           char b[]=new char[1];
           while((n=push.read(b,0,1))!=-1){//读取 1 个字符放入字符数组 b
             String s=new String(b);
             if(s.equals("<")){     //回压的条件
               push.unread('&');
               push.read(b,0,1);//push 读出被回压的字符字节,放入数组 b
               out.print(new String(b));
               push.unread('L');
               push.read(b,0,1);//push 读出被回压的字符字节,放入数组 b
               out.print(new String(b));
               push.unread('T');
               push.read(b,0,1);//push 读出被回压的字符字节,放入数组 b
               out.print(new String(b));
             }
           else if(s.equals(">")){     //回压的条件
                 push.unread('&');
                 push.read(b,0,1);//push 读出被回压的字符字节,放入数组 b
                 out.print(new String(b));
                 push.unread('G');
                 push.read(b,0,1);//push 读出被回压的字符字节,放入数组 b
                 out.print(new String(b));
                 push.unread('T');
                 push.read(b,0,1);//push 读出被回压的字符字节,放入数组 b
                 out.print(new String(b));
             }
             else if(s.equals("\n")){
               out.print("<BR>");
             }
             else
             {out.print(new String(b));
            }
           push.close();
        }
        catch(IOException e)
        {    }
  %>
  </font>
  </body>
  </html>
```

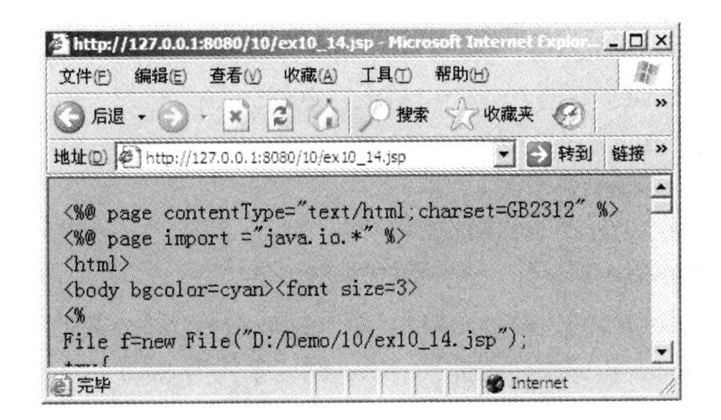

图 10-14　[[例 10-14] 运行效果

10.5　数　据　流

DataInputStream 类和 DataOutputStream 类创建的对象被称为数据输入流和数据输出流。这两个流是很有用的两个流，它们允许程序按着机器无关的风格读取 Java 原始数据。也就是说，当我们读取一个数值时，不必再关心这个数值应当是多少个字节。

DataInputStream 类和 DataOutputStream 的构造方法如下：

（1）DataInputStream(InputStream in)：将创建的数据输入流指向一个由参数 in 指定的输入流，以便从后者读取数据（按着机器无关的风格读取）。

（2）DataOutputStream(OutnputStream out)：将创建的数据输出流指向一个由参数 out 指定的输出流，然后通过这个数据输出流把 Java 数据类型的数据写到输出流 out。

DataInputStream 类及 DataOutputStream 的常用方法如下。

（1）close()：关闭流。

（2）readBoolean()：读取一个布尔值。

（3）readByte()：读取一个字节。

（4）readChar()：读取一个字符。

（5）readDouble()：读取一个双精度浮点值。

（6）readFloat()：读取一个单精度浮点值。

（7）readInt()：从文件中读取一个 Int 值。

（8）readLong()：读取一个长型值。

（9）readShort()：读取一个短型值。

（10）ReadUnsignedByte()：读取一个无符号字节。

（11）ReadUnsignedShort()：读取一个无符号短型值。

（12）readUTF()：读取一个 UTF 字符串。

（13）skipBytes(int n)：跳过给定数量的字节。

（14）writeBoolean(boolean v)：把一个布尔值作为单字节值写入。

（15）writeBytes(String s)：写入一个字符串。

（16）writeChars(String s)：写入字符串。

（17）writeDouble(double v)：写入一个双精度浮点值。

（18）writeFloat(float v)：写入一个单精度浮点值。

（19）writeInt(int v)：一个 int 值。

（20）writeLong(long v)：一个长型值。

（21）writeShort(int v)：一个短型值。

（22）writeUTF(String s)：写入一个 UTF 字符串。

【例 10-15】 使用数据流实现录入成绩单和显示成绩单功能，并把成绩保存到文本文件中。显示效果如图 10-15 和图 10-16 所示，该示例包含代码 ex10_15.jsp、showresult.jsp。

```
<!--ex10_15.jsp-->
<%@ page contentType="text/html;charset=GB2312" %>
<%@ page import ="java.io.*" %>
<html>
<body>
<P> <center>在下面的表格输入成绩：</center>
    <form  action="" method=post name=form>
    <Table align="CENTER" Border=0 bgcolor=cyan>
     <tr>
           <TH width=50> 姓名</TH>
           <TH width=50> 数学</TH>
           <TH width=50> 英语</TH>
     </tr>
<%  int i=0;
        while(i<=5){
         out.print("<TR>");
         out.print("<TD>");
         out.print("<INPUT type=text name=name value=>");
         out.print("</TD>");
         out.print("<TD>");
         out.print("<INPUT type=text name=math value=0>");
         out.print("</TD>");
         out.print("<TD>");
         out.print("<INPUT type=text name=english value=0>");
         out.print("</TD>");
         out.print("</TR>");
         i++;
        }
%>
     <tr>
         <td>
         </td>
         <td  align=center>
         <input  type=submit name="g" value="保存成绩">
         </td>
     </tr>
</table>
</form>
   <%
        String name[]=request.getParameterValues("name");
        String math[]=request.getParameterValues("math");
```

```
        String english[]=request.getParameterValues("english");
        try{
            File f=new File("D:/Demo/10/student.txt");
            FileOutputStream o=new FileOutputStream(f,true);
            DataOutputStream DataOut=new DataOutputStream(o);
            for(int k=0;k<name.length;k++){
                DataOut.writeUTF(name[k]);
                DataOut.writeUTF(math[k]);
                DataOut.writeUTF(english[k]);
            }
           DataOut.close();
           o.close();
        }
        catch(IOException e)
        {   }
        catch(NullPointerException ee)
        {   }
%>
<center>
   <A href=showresult.jsp><BR> 查看成绩>
</center>
</body>
</html>

<!--showresult.jsp-->
<%@ page contentType="text/html;charset=GB2312" %>
<%@ page import ="java.io.*" %>
<html>
<body>
<center>
<P><b> 成绩单 </b>
<% try{
      File f=new File("D:/Demo/10/student.txt");
      FileInputStream in=new FileInputStream(f);
      DataInputStream DataIn=new DataInputStream(in);
      String name="ok";
      String math="0",english="0";
      out.print("<Table Border  bgcolor=cyan>");
      out.print("<TR>");
      out.print("<TH width=50> 姓名</TH>");
      out.print("<TH width=50> 数学</TH>");
      out.print("<TH width=50> 英语</TH>");
      out.print("</TR>");
      while((name=DataIn.readUTF())!=null){
        byte bb[]=name.getBytes("ISO-8859-1");//从客户端输入的字符串应该编码
        name=new String(bb);
        math=DataIn.readUTF();
        english=DataIn.readUTF();
        out.print("<TR>");
        out.print("<TD width=200>");
        out.print(name);
        out.print("</TD>");
        out.print("<TD width=100>");
```

```
            out.print(math);
            out.print("</TD>");
            out.print("<TD width=100>");
            out.print(english);
            out.print("</TD>");
            out.print("</TR>");
         }
         out.print("</Table>");
         DataIn.close(); in.close();
      }
      catch(IOException ee)
       {   }
%>
</center>
</body>
</html>
```

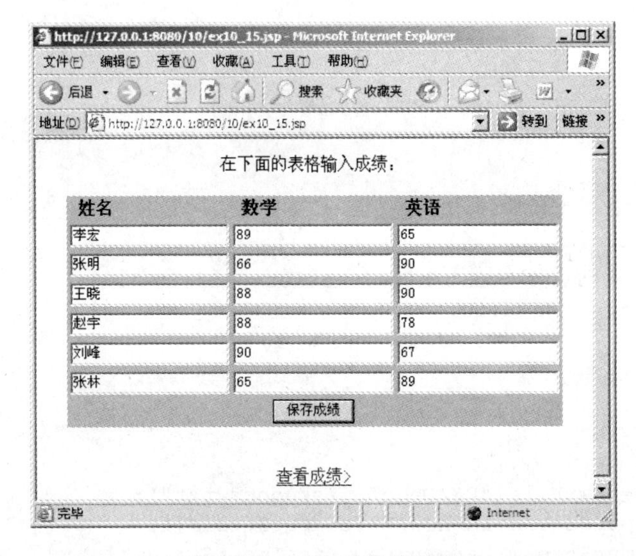

图 10-15　录入成绩单界面

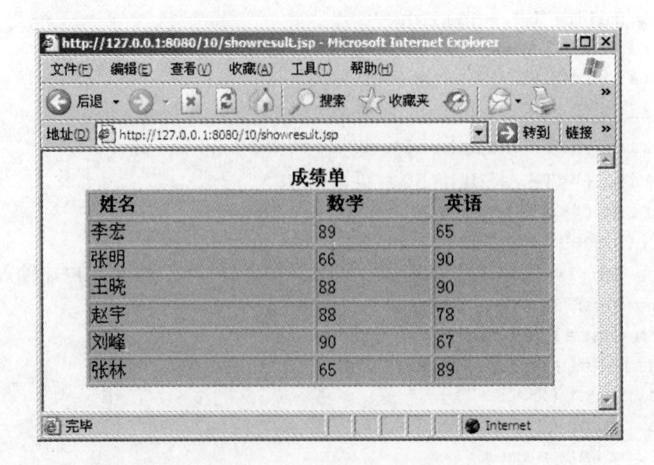

图 10-16　显示成绩界面

10.6　RandomAccessFile 类

在前几节介绍的数据流只能按顺序读写文件，而且输入流只能读不能写，输出流只能写不能读，也就是说不能使用同一个流对文件进行读写操作。RandomAccessFile 类则可以随机读写文件。RandomAccessFile 类的两个构造方法如下：

（1）RandomAccessFile(String name，String mode)：参数 name 用来确定一个文件名，给出创建的流的源（也就是流目的地），参数 mode 取 r（只读）或 rw（可读写），决定创建的流对文件的访问权利。

（2）RandomAccessFile(File file，String mode): 参数 file 是一个 File 对象，给出创建的流的源（也是流目的地），参数 mode 取 r（只读）或 rw（可读写），决定创建的流对文件的访问权利。创建对象时应捕获 FileNotFoundException 异常，当流进行读写操作时，应捕获 IOException 异常。

RandomAccessFile 类中有一个方法 seek(long a)，用来移动 RandomAccessFile 流指向的文件的指针，其中参数 a 确定文件指针距离文件开头的字节位置。另外还可以调用 getFilePointer()方法获取当前文件的指针的位置，RandomAccessFile 类对文件的读写更为灵活。RandomAccessFile 类的常用方法如下：

（1）close()：关闭文件。

（2）getFilePointer()：获取文件指针的位置。

（3）length()：获取文件的长度。

（4）read()：从文件中读取一个字节的数据。

（5）readBoolean()：从文件中读取一个布尔值，0 代表 False，其他值代表 True。

（6）readByte() 从文件中读取一个字节。

（7）readChar() 从文件中读取一个字符（2 个字节）。

（8）readDouble()　从文件中读取一个双精度浮点值（8 个字节）。

（9）readFloat()：从文件中读取一个单精度浮点值（4 个字节）。

（10）readFully(byte b[])：读 b.length 字节放入数组 b，完全填满该数组。

（11）readInt()：从文件中读取一个 Int 值（4 个字节）。

（12）readLine()：从文件中读取一个文本行。

（13）readlong()：从文件中读取一个长型值（8 个字节）。

（14）readShort()：从文件中读取一个短型值（2 个字节）。

（15）readUTF()：从文件中读取一个 UTF 字符串。

（16）seek()：定位文件指针在文件中的位置。

（17）setLength(long　newlength) ：设置文件的长度。

（18）skipBytes(int n) ：在文件中跳过给定数量的字节。

（19）write(byte b[])：写 b.length 个字节到文件。

（20）writeBoolean(boolean v)：把一个布尔值作为单字节值写入文件。

（21）writeByte(int v)：向文件写入一个字节。

（22）writeBytes(String s)：向文件写入一个字符串。

（23）writeChar(char c)：向文件写入一个字符。

（24）writeChars(String s)：向文件写入一个作为字符数据的字符串。

（25）writeDouble(double v)：向文件写入一个双精度浮点值。

（26）writeFloat(float v)：向文件写入一个单精度浮点值。

（27）writeInt(int v)：向文件写入一个 Int 值。

（28）writeLong(long v)：向文件写入一个长型 Int 值。

（29）writeShort(int v)：向文件写入一个短型 Int 值。

（30）writeUTF(String s)：写入一个 UTF 字符串。

10.7 文 件 上 传

客户通过一个 JSP 页面，上传文件给服务器时，该 JSP 页面必须含有 File 类型的表单，并且表单必须将 ENCTYPE 的属性值设成 multipart/form-data，File 类型表单如下：

```
<Form action= "接受上传文件的页面" method= "post"  ENCTYPE=" multipart/form-data"
<Input Type= "File"  name= "picture"  >
</Form>
```

JSP 引擎可以让内置对象 request 调用方法 getInputStream()获得一个输入流，通过这个输入流读入客户上传的全部信息，包括文件的内容以及表单域的信息。下面就来作一个文件上传的示例。

【例 10-16】 将客户端的文件上传，保存到服务器的 D:/Demo/10/to.txt 下。假设上传的文件为 A.txt。显示效果如图 10-17 和图 10-18 所示，该示例包含代码 ex10_16.jsp、accept.jsp。

```
<!--ex10_16.jsp-->
<%@ page contentType="text/html;charset=GB2312" %>
<html>
<body>
<P>选择要上传的文件：<BR>
<form  action="accept.jsp" method="post"  ENCTYPE="multipart/form-data">
    <input  type=file    name="boy" size="16" > <br>
    <input  type="submit" name="g" value="上传">
</form>
</body>
</html>

<!--accept.jsp-->
<%@ page contentType="text/html;charset=GB2312" %>
<%@ page import ="java.io.*" %>
<html>
<body>
<%
    try{
        InputStream in=request.getInputStream();
        FileOutputStream ou=new FileOutputStream("D:/Demo/10/to.txt");
        byte b[]=new byte[1000]; //每次读取的字节保存在该字节数组中
```

```
            int n;                  //保存实际读取的字节数
            while((n=in.read(b))!=-1){
               ou.write(b,0,n);
            }
            ou.close();
            in.close();
        }
        catch(IOException ee) { }
        out.print("文件已上传");
%>
</body>
</html>
```

图 10-17　上传文件界面

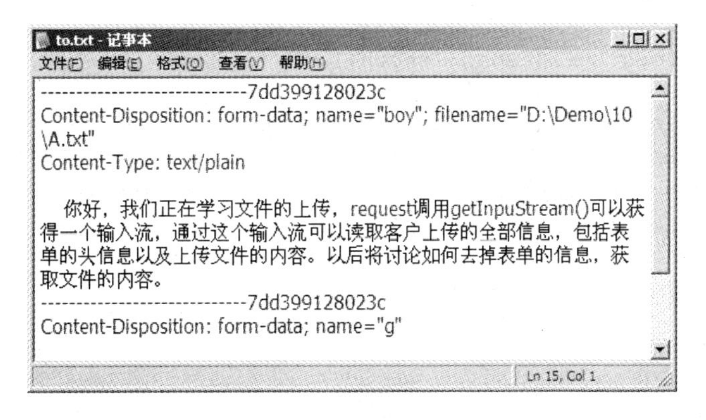

图 10-18　to.txt 界面

从图 10-18 可以看出，to.txt 文件的前 4 行（包括一个空行）以及倒数 5 行（包括一个空行）是表单域的内容，中间部分是上传文件 A.txt 的内容。

10.8　文　件　下　载

JSP 内置对象 Response 调用方法 getOutputStream()可以获取一个指向客户的输出流，服务器将文件写入这个流，客户就可以下载这个文件了。

当 JSP 页面提供下载功能时，应当使用 Response 对象向客户发送 HTTP 头信息，说明文件的 MIME 类型，这样客户的浏览器就会调用相应的外部程序打开下载的文件。例如，

Ms-Word 文件的 MIME 类型是 application/msword，PDF 文件的 MIME 类型是 application/pdf。单击“资源管理器”→“工具”→“文件夹选项”→“文件类型”可以查看文件相应的 MIME 类型。

【例 10-17】 下载服务器上的 D:/Demo/10/A.doc 文件。显示效果如图 10-19 所示，该示例包含代码 ex10_17.jsp、loadFile.jsp。

```
<!--ex10_17.jsp-->
<%@ page contentType="text/html;charset=GB2312" %>
<html>
<body>
<P>单击超链接下载压缩文档<BR>
 <a href="loadFile.jsp">下载文件 A.doc </a>
</body>
</html>

<!-- loadFile.jsp -->
<%@ page contentType="text/html;charset=GB2312" %>
<%@ page import ="java.io.*" %>
<html>
<body>
<%
    File fileLoad=null;
    fileLoad=new File("D:/Demo/10/A.doc");  //要下载的文件 A.doc
    response.setHeader("Content-disposition","attachment;filename="+"A.doc");
    //客户使用对话框保存文件
    response.setContentType("application/msword");//通知客户下载文件的 MIME 类型
    long fileLength=fileLoad.length();
    String length=String.valueOf(fileLength);
    response.setHeader("Content_Length",length);//通知客户文件的长度
    FileInputStream in=new FileInputStream(fileLoad);//读取文件并发送给客户下载
    OutputStream ou=response.getOutputStream();//获得指向客户的输出流
    byte b[]=new byte[5000];//每次试图从文件中读取 5000 个字节到数组 b 中
    int n=0;                    //每次从文件中读取的实际字节数
    while((n=in.read(b))!=-1){
           ou.write(b,0,n);
    }
    ou.close();
    in.close();
%>
</body>
</html>
```

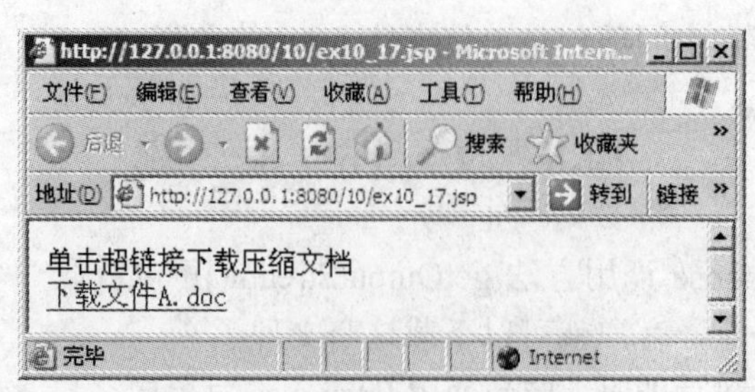

图 10-19 ［例 10-17］运行效果

习　　题

一、选择题

1. Java提供的流类，从功能上看将数据写入文件的流称为（　　）。

   A. 输入流　　B. 输出流　　C. 字符流　　D. 字节流

2. Java提供的流类，从所操作的数据单位来看将数据写入文本文件的流称为（　　）。

   A. 输入流　　B. 输出流　　C. 字符流　　D. 字节流

3. 下列File对象的哪个方法能够判断给定路径下的文件是否存在？（　　）。

   A. canRead()　　B. canWrite()　　C. exists()　　D. isDirectory()

4. 下列File对象的哪个方法能够判断File对象对应的路径是否为目录？（　　）。

   A. canRead()　　B. canWrite()　　C. exists()　　D. isDirectory()

5. 下列File对象的哪个方法能够创建一个新文件？如果创建成功返回True，否则返回False（该文件已经存在）。（　　）。

   A. isFile()　　B. createNewFile()

   C. mikdir()　　D. length()

6. 下面是FileInputStream读取文件的代码片段：

```
File file1=new File(fileName);
FileInputStream finput=new FileInputStream(file1);
int size=finput.available();
BufferedInputStream buffer1=new BufferedInputStream(finput);
byte b[]=new byte[90]; int n=0;
while((n=buffer1.read(b))!=-1){
allFilesmess.append(new String(b,0,n));
} buffer1.close(); finput.close();
```

   除最后一次外，代码中buffer1.read(b)每次读取文件的字节数为（　　）。

   A. 90　　B. 89　　C. n　　D. size/n

7. 下面是FileOutputStream对象写入的代码片段：

```
String filesMess=”abcdef”;
FileOutputStream outf=new FileOutputStream(fileName);
BufferedOutputStream bufferout=
new BufferedOutputStream(outf);
byte b[]=this.filesMess.getBytes();
bufferout.write(b);
bufferout.flush();
bufferout.close();
outf.close();
```

代码执行后，文件中会写入哪个字符串的字节码？（　　）。

   A. "filesMess"　　B. "abcdef"　　C. "b"　　D. 不确定

8. 下面是FileReader对象读取文本文件的代码片段：

```
StringBuffer temp=new StringBuffer();
if(fileName!=null){
```

```
        String strTemp=null;
        FileReader fr=new FileReader(fileName);
        BufferedReader buffer1=new BufferedReader(fr);
        while((strTemp=buffer1.readLine())!=null){
            byte bb[]=strTemp.getBytes();
            strTemp=new String(bb);
            temp.append("\n"+strTemp);
        }
        allFilesmess="<textarea rows=8 cols=62>"+temp+"</textarea>";
        buffer1.close();
        fr.close();
```

代码中 buffer。readLine()每次读取文件的字符数为（　　）。

A．一个字符　　　　B．一行字符包括换行符

C．bb.length 个　　　　D．一行字符不包括换行字符

二、填空题

1．Java 中有 4 个“输入/输出”的抽象类，InputStream、________________、Reader 和__________。__________和____________用于作字节流输入输出操作，_______________和_______________用于作字符流输入输出操作。

2．按照 HTTP 协议的规定，上传的临时文件_________行有上传文件的文件名信息，_________行结束位置到倒数__________行结束位置之间的内容是文件本身部分。

3．Response 对象的________________用来定义服务器发送给客户端的 MIME 类型。

4．_________________________的 MIME 类型是 application/msword，___________的 MIME 类型是 application/msexcel。

三、思考题

1．字节流和字符流有何区别？

2．BufferedInputStream 与 FileInputStream 如何配合使用？

3．BufferedOutputStream 与 FileOutputStream 如何配合使用？

4．BufferedReader 与 FileReader 如何配合使用？

5．BufferedWriter 与 FileWriter 如何配合使用？

6．RandomAccessFile 访问文件有何特点？

附录 在线聊天室源程序代码

一、数据库设计

（1）数据表 d_user：用户信息表，记录用户基本信息。

表 1　　d_user

序号	字段名	类　型	含　义	备　　注
1	Id	char(4)	用户号	主键，非空
2	name	Char(8)	用户姓名	非空
3	Password	char(6)	密码	非空
4	Type	int	类型	非空。0 表示管理员，1 表示普通用户
5	Age	int	年龄	允许空
6	tele	char(15)	电话	允许空

（2）数据表 j_content：该表保存聊天的内容。主键是使用 SQL Server 自动增长功能，外键是用户 user_id，它依赖于表 d_user 的主键 id。

表 2　　j_content

序号	字段名	类　型	含　义	备　　注
1	id	uniqueidentifier	序号	主键，非空，自动增加
2	user_id	Char(4)	用户号	非空
3	dt	DateTime	时间	非空
4	s_content	Varchar（150）	内容	非空

（3）创建数据库表的语句如下：

```
/*==============================================================*/
/* Database name:  PhysicalDataModel_1                          */
/* DBMS name:      Microsoft SQL Server 2000                    */
/* Created on:     2012-3-4 8:11:11                             */
/*==============================================================*/
alter table j_content
   drop constraint FK_J_CONTEN_REFERENCE_D_USER
go
if exists (select 1  from  sysobjects  where  id = object_id('d_user') and
type = 'U')
   drop table d_user
go
if exists (select 1  from  sysobjects  where  id = object_id('j_content' and
type = 'U')
   drop table j_content
go
```

```
/*==============================================================*/
/* Table: d_user                                                */
/*==============================================================*/
create table d_user (
   id                   char(4)              not null,
   name                 char(8)              not null,
   password             char(6)              not null,
   type                 int                  not null,
   age                  int                  null,
   tele                 char(15)             null,
   constraint PK_D_USER primary key  (id)
)
go
/*==============================================================*/
/* Table: j_content                                             */
/*==============================================================*/
create table j_content (
   user_id              char(4)              not null,
   id                   uniqueidentifier     not null,
   dt                   datetime             not null,
   s_content            varchar(150)         not null,
   constraint PK_J_CONTENT primary key  (id)
)
go
alter table j_content
   add constraint FK_J_CONTEN_REFERENCE_D_USER foreign key (user_id)
   references d_user (id)
go
```

（4）为便于做实验，先在 d_user 表中插入两条记录。

```
insert  into d_user (id,name,password,type,age,tele) values ('0000','admin',
'0000',0,32,'000000');
insert  into d_user (id,name,password,type,age,tele) values ('0001','张三
','0001',1,32,'111111');
```

二、程序源代码

1. 管理员权限

image.jsp:

```
<%@page contentType="image/jpeg"%>
<%@page  import="java.awt.*,java.awt.image.*,java.util.*,javax.imageio.*"
%>
<%! Color getRandColor(int fc,int bc){//给定范围获得随机颜色
      Random random = new Random();
      if(fc>255) fc=255;
      if(bc>255) bc=255;
      int r=fc+random.nextInt(bc-fc);
      int g=fc+random.nextInt(bc-fc);
      int b=fc+random.nextInt(bc-fc);
      return new Color(r,g,b);
   }
%>
```

```
<%  response.setHeader("Pragma","No-cache"); //设置页面不缓存
    response.setHeader("Cache-Control","no-cache");
    response.setDateHeader("Expires",0);
    int width=60,height=20;
BufferedImage  image = new BufferedImage(width,height,BufferedImage.TYPE_INT_RGB);
// 在内存中创建图像
     Graphics g = image.getGraphics();// 获取图形上下文
     Random random = new Random();//生成随机类
     g.setColor(getRandColor(200,250)); // 设定背景色
     g.fillRect(0,0,width,height);
     g.setFont(new Font("Times New Roman",Font.PLAIN,18)); //设定字体
     //g.setColor(new Color());
     //g.drawRect(0,0,width-1,height-1);
     // 随机产生155条干扰线,使图像中的认证码不易被其他程序探测到
     g.setColor(getRandColor(160,200));
     for (int i=0;i<155;i++){
          int x = random.nextInt(width);
          int y = random.nextInt(height);
          int xl = random.nextInt(12);
          int yl = random.nextInt(12);
          g.drawLine(x,y,x+xl,y+yl);
     }
     // 取随机产生的认证码(4位数字)
     //String rand = request.getParameter("rand");
     //rand = rand.substring(0,rand.indexOf("."));
       String sRand="";
       for (int i=0;i<4;i++){
       String rand=String.valueOf(random.nextInt(10));
       sRand+=rand;
    // 将认证码显示到图像中
g.setColor(new Color(20+random.nextInt(110),20+random.nextInt(110),20+random.next
Int(110)));
//调用函数出来的颜色相同,可能是因为种子太接近,所以只能直接生成
    g.drawString(rand,13*i+6,16);
    }
    session.setAttribute("rand",sRand); // 将认证码存入session
    g.dispose();// 图像生效
    ImageIO.write(image,"JPEG",response.getOutputStream());// 输出图像到页面
    out.clear();
    out = pageContext.pushBody();
%>
```

login.jsp:

```
<%@page contentType="text/html;charset=GBK"%>
<style type="text/css">
<!--
body {
 background-image: url(image/bj1.jpg);
}
-->
</style>
```

```
<table align="center">
  <tr>
     <td class="STYLE3">请输入管理员账号</td>
  </tr>
</table>
<form action="check.jsp" method="post" class="STYLE2" >
<table align="center" border="0">
   <tr>
        <td>用户 ID: </td>
        <td><input type="text" name="userid"></td>
   </tr>
   <tr>
        <td>密  码: </td>
        <td><input type="password" name="password"></td>
   </tr>
   <tr>
        <td>验证码: </td>
        <td><input type="text" name="code" size="4" maxlength="4">
            <img src="image.jsp">
        </td>
   </tr>
   <tr>
        <td colspan="2">
             <div align="center">
               <input type="submit" value="登录">     
               <input type="reset" value="重置">
             </div>
        </td>
   </tr>
</table>
</form>
```

check.jsp:

```
<%@page contentType="text/html;charset=GBK"%>
<%@page import="java.sql.*"%>
<jsp:useBean id="Mybean" scope="page" class="bean.DataBaseConnBean"/>
<%  request.setCharacterEncoding("GBK") ;          // 进行乱码处理
    String code = request.getParameter("code") ;          // 接收表单参数,判断验证码
    String rand = (String)session.getAttribute("rand") ;
    if(!rand.equals(code)){
 %>
     <jsp:forward  page="login_error.jsp?tips=您输入的验证码不正确! " />
<%    }  %>
<%  String  bName=request.getParameter("userid");判断用户和密码是否正确
    if(bName==null){
       bName="";
    }
   String  bPassword=request.getParameter("password");
   if(bPassword==null){
      bPassword="";
    }
   String  sql="SELECT * FROM  d_user  where  id ='"+bName+"'  and
```

```
                password = '"+bPassword+"'  and  type = 0" ;
    ResultSet rs=Mybean.executeQuery(sql);
    if (rs.next()){
       session.setAttribute("id",rs.getString("id") );
       Mybean.close();
       response.sendRedirect("manager_main.jsp");
%>
<%  }
     else{
       Mybean.close();
%>
     <jsp:forward  page= "login_error.jsp?tips=您输入的用户名或密码不正确！"/>
<%     }   %>
```

DataBaseConnBean. java:

```
package bean;
import java.sql.*;
public class DataBaseConnBean{
  Connection conn=null;
  Statement  stmt=null;
  ResultSet  rs=null;
  String url="jdbc:microsoft:sqlserver://localhost:1433;DatabaseName=zxlt";
  public DataBaseConnBean() throws Exception{
    Class.forName("com.microsoft.jdbc.sqlserver.SQLServerDriver");
  }
  public Connection getConnection() throws Exception{
    conn=DriverManager.getConnection(url,"sa","");
    return conn;
  }
  public ResultSet executeQuery(String sql)throws Exception{
    conn=DriverManager.getConnection(url,"sa","");
    stmt=conn.createStatement();
    rs=stmt.executeQuery(sql);
    return rs;
  }
  public int executeUpdate(String sql)throws Exception{
    int result=0;
    try{
      conn=DriverManager.getConnection(url,"sa","");
      stmt=conn.createStatement();
      result=stmt.executeUpdate(sql);
      return result;
    }finally{
      close();
    }
  }
  public void close(){
    try{
      rs.close();
      stmt.close();
      conn.close();
    }
    catch(Exception ex){
```

```
            System.err.println(ex.getMessage());
        }
    }
}
```

login_error.jsp:

```
<%@page  contentType="text/html;charset=GBK"%>
<html><style type="text/css">
<!--
body {
background-image: url(image/bj2.jpg);
background-repeat: repeat;
}
-->
</style>
<body>
<%   request.setCharacterEncoding("GBK") ;              // 进行乱码处理
     String  tips = request.getParameter("tips") ;      // 判断验证码
%>
<%=tips%>,请重新<a href="login.jsp">登录</a>。
</body>
</html>
```

manager_main.jsp:

```
<%@page contentType="text/html; charset=gb2312" language="java" %>
<%@page import="java.sql.*" %>
<html>
<head>
<meta http-equiv="Content-Type" content="text/html; charset=gb2312">
<title>后台管理页</title>
<style type="text/css">
<!--
body {
 background-image: url(image/bj2.jpg);
 background-repeat: repeat;
}
-->
</style></head>
<body>
<p>
<%   request.setCharacterEncoding("gb2312") ;        // 进行乱码处理
     String temp =  (String)session.getAttribute("id");
     if (temp==null  || temp.length()== 0 ){
%>
     <h1> 您还没有登录系统,请<a href="login.jsp">登录</a>后再进行操作。</h1>
<%  }
     else{
%>
     <h1>
     <table width="200" border="0">
       <tr>
       <td>请选择管理内容</td>
```

```
      </tr>
      <tr>
        <td><a href="search.jsp">查询用户信息</a></td>
      </tr>
      <tr>
        <td><a href="update.jsp">更改用户信息</a></td>
      </tr>
      <tr>
        <td><a href="delete.jsp">删除用户信息</a></td>
      </tr>
      <tr>
        <td><a href="view_content.jsp">查询聊天信息</a></td>
      </tr>
      <tr>
         <td><a href="del_content.jsp">删除聊天信息</a></td>
      </tr>
</table>
</h1>
<%
        }
%>
</p>
</body>
</html>
```

search.jsp:

```
<%@page  import="java.sql.*"  contentType="text/html; charset=gb2312" %>
<html>
<head>
<meta http-equiv="Content-Type" content="text/html; charset=gb2312">
<title>查找用户信息</title>
<style type="text/css">
<!--
body {
 background-image: url(image/bj2.jpg);
}
-->
</style></head>
<body>
<form name="form1" method="post" action="">
<table  align="center" width="328" border="0">
  <tr>
    <td width="150" height="35">请输入用户 ID:</td>
    <td width="168"><label>
      <input type="text" name="userid" id="userid">
    </label></td>
  </tr>
  <tr>
      <td height="35" align="right">
      <input  type="submit" name="button" id="button"  value="提交"></td>
    <td><label>
    <input  type="reset"  name="button2"  id="button2"  value="重置">
```

```
    </label></td>
  </tr>
</table>
</form>
<jsp:useBean  id="Mybean"  scope="page"  class="bean.DataBaseConnBean"/>
<%   request.setCharacterEncoding("gb2312") ;          // 进行乱码处理
     String temp =  (String)session.getAttribute("id");
     if (temp==null ||  temp.length()== 0 ){
%>
     <h2> 您还没有登录系统,请<a href="login.jsp">登录</a>后再进行操作。</h2>
<%  }
    else{
    temp = request.getParameter("userid");
    if ( temp != null){
        String sql="select  *  from  d_user  where  id = '"+temp+"'";
        ResultSet  rs=Mybean.executeQuery(sql);
        if (rs.next()){
%>
<table align="center" border=3>
  <tr bgcolor=silver><b>
    <td>用户 ID</td><td>姓名</td><td>密码</td><td>类型</td><td>年龄</td>
    <td>电话</td></b>
  </tr>
  <tr>
     <td><%= rs.getString("id") %></td>
     <td><%= rs.getString("name") %></td>
     <td><%= rs.getString("password") %></td>
     <td><%= rs.getInt("type") %></td>
     <td><%= rs.getInt("age") %></td>
     <td><%= rs.getString("tele") %></td>
  </tr>
  </table>
  <%    }
         else{
           out.print("您输入的用户 ID 不存在。");
          }
   }
}
    Mybean.close();
%>
</p>
  <p><a href="manager_main.jsp">返回主页</a></p>
</body>
</html>
```

update. jsp:

```
<%@page contentType="text/html; charset=gb2312";language="java" %>
<%@page import="java.sql.*" %>
<html>
<head>
<meta http-equiv="Content-Type" content="text/html; charset=gb2312">
<title>更新</title>
```

```
<style type="text/css">
<!--
body {
 background-image: url(image/bj2.jpg);
 background-repeat: repeat;
}
.STYLE1 {
 font-size: 18px;
 font-weight: bold;
}
-->
</style></head>
<body>
<%   String temp =  (String)session.getAttribute("id");
     if (temp==null  ||  temp.length()== 0 ){
%>
     <h2> 您还没有登录系统,请<a href="login.jsp">登录</a>后再进行操作。</h2>
 <%
     }
     else { response.sendRedirect("gx.jsp");}
%>
</body>
</html>

<!--gx.jsp-->
<%@page contentType="text/html; charset=gb2312" language="java"%>
<%@page  import="java.sql.*" %>
<html>
<head>
<meta http-equiv="Content-Type" content="text/html; charset=gb2312">
<title>修改用户信息</title>
<style type="text/css">
<!--
body {
      background-image: url(image/bj2.jpg);
}
-->
</style></head>
<body>
<form name="form1"  method="post"  action="cx.jsp">
<p><span class="STYLE1">请输入用户 ID</span>
<input  type="text"  name="userid"  id="userid">
</p>
<p>
<input type="submit"  name="button"  id="button"  value="提交">
<label></label>
<input  type="reset"  name="button2"  id="button2"  value="重置">
</p>
</form>
</body>
</html>
```

cx. jsp:

```
<%@page  contentType="text/html; charset=gb2312" language="java"%>
<%@page  import="java.sql.*" %>
<html>
<head>
<meta http-equiv="Content-Type" content="text/html; charset=gb2312">
<title>查询用户信息</title>
<style type="text/css">
<!--
body {
background-image: url(image/bj2.jpg);
}
-->
</style></head>
<body>
<%  Connection conn=null;
     Statement  stmt=null;
     ResultSet  rs=null;
     String url="jdbc:microsoft:sqlserver://localhost:1433;DatabaseName=zxlt";
     request.setCharacterEncoding("gb2312") ;        // 进行乱码处理
     String uid=request.getParameter("userid");
     session.setAttribute("id",uid);
     try{
      Class.forName("com.microsoft.jdbc.sqlserver.SQLServerDriver");
      }
      catch(ClassNotFoundException e) {}
      try{
        conn=DriverManager.getConnection(url,"sa","");
        stmt=conn.createStatement();
        String  sql="select * from d_user where id = '"+uid+"'";
        rs=stmt.executeQuery(sql);
        if(rs.next()){
          response.sendRedirect("xg.jsp");
          conn.close();
        }
        else{
         conn.close();
         out.print("不存在此用户,请重新输入");
  %>
<p><a href="update.jsp">返回主页</a></p>
 <%    }
     }
     catch(SQLException e1) {}
%>
</body>
</html>

<!--xg.jsp-->
<%@page contentType="text/html; charset=gb2312" language="java" %>
<%@page  import="java.sql.*"  %>
<html>
<head>
```

```
<meta http-equiv="Content-Type" content="text/html; charset=gb2312">
<title>用户信息修改</title>
<style type="text/css">
<!--
body {
background-image: url(image/bj2.jpg);
}
.STYLE1 {
 font-size: 18px;
 font-weight: bold;
}
-->
</style></head>
<body>
<p align="center" class="STYLE1">请输入修改信息</p>
<form name="form1" method="post" action="xgyz.jsp" >
<table  align="center" width="373" border="0">
  <tr>
    <td  width="150" height="35" align="right"><div align="center">姓名：
</div></td>
    <td width="213"><input type="text" name="username" id="username"></td>
  </tr>
  <tr>
    <td height="35" align="right"><div align="center">密 码：</div></td>
    <td><label>
    <input  type="password"  name="userpassword"  id="userpassword">
    </label>
    <label></label>
    </td>
  </tr>
  <tr>
    <td height="35" align="right"><div align="center">类 型：</div></td>
    <td><label>
      <select name="usertype" id="usertype" >
        <option value="0">管理员</option>
        <option value="1">普通用户</option>
      </select>
    </label></td>
  </tr>
  <tr>
    <td height="35" align="right"><div align="center">年 龄：</div></td>
    <td><label>
      <input type="text" name="userage" id="userage">
    </label></td>
  </tr>
  <tr>
    <td height="35" align="right"><div align="center">电 话：</div></td>
    <td><label>
      <input type="text" name="usertele" id="usertele">
    </label></td>
  </tr>
  <tr>
```

```
    <td height="35" align="right"><div align="center">
      <input type="submit" name="button" id="button" value="提交">
    </div></td>
    <td><label>
    <div align="center">
      <input type="reset" name="button2" id="button2" value="重置">
    </div>
    </label></td>
  </tr>
</table>
</form>
</body>
</html>

<!--xgyz.jsp-->
<%@page contentType="text/html; charset=gb2312" language="java" %>
<%@ import="java.sql.*" %>
<html>
<head>
<meta http-equiv="Content-Type" content="text/html; charset=gb2312">
<title>保存修改信息</title>
<style type="text/css">
<!--
body {
 background-image: url(image/bj2.jpg);
}
-->
</style></head>
<body>
<%  Connection conn=null;
    Statement  stmt=null;
    ResultSet  rs=null;
   String url="jdbc:microsoft:sqlserver://localhost:1433;DatabaseName=zxlt";
    request.setCharacterEncoding("gb2312") ;           // 进行乱码处理
    String  id =(String)session.getAttribute("id");
    String  name = request.getParameter("username");
    String  password = request.getParameter("userpassword");
    String  type = request.getParameter("usertype");
    String  age = request.getParameter("userage");
    String  tele = request.getParameter("usertele");
    try{
    Class.forName("com.microsoft.jdbc.sqlserver.SQLServerDriver");
    }
   catch(ClassNotFoundException e) {}
    try{
    conn=DriverManager.getConnection(url,"sa","");
    stmt=conn.createStatement();
    String  condition1=
         "UPDATE d_user SET name ='"+name+"'"+" WHERE id ="+"'"+id+"'" ;
    String  condition2=
         "UPDATE d_user SET password ='"+password +"'"+" WHERE id ="+"'"+id
+"'" ;
    String  condition3=
```

```
        "UPDATE d_user SET type ="+type+" WHERE id ="+"'"+id+"'" ;
    String  condition4=
        "UPDATE d_user SET age = "+age+" WHERE id ="+"'"+id+"'" ;
      String condition5=
        "UPDATE d_user SET tele ='"+tele +"'"+" WHERE id ="+"'"+id+"'" ;
      if(name!="")
       {stmt.executeUpdate(condition1);}
      if(password!="")
       {stmt.executeUpdate(condition2);}
      if(type!="")
       {stmt.executeUpdate(condition3);}
      if(age!="")
       {stmt.executeUpdate(condition4);}
      if(tele!="")
       {stmt.executeUpdate(condition5);}
      conn.close();
      out.print("修改成功");
      }
      catch(SQLException e1) {}
 %>
<p><a href="manager_main.jsp">返回主页</a></p>
 </body>
</html>
```

delete.jsp:

```
<%@page import="java.sql.*" contentType="text/html; charset=gb2312" %>
<html>
<head>
<meta http-equiv="Content-Type" content="text/html; charset=gb2312">
<title>删除用户信息</title>
<style type="text/css">
<!--
body {
 background-image: url(image/bj2.jpg);
}
-->
</style></head>
<body>
<form name="form1" method="post" action="">
<table  align="center" width="328" border="0">
  <tr>
    <td width="150" height="35">请输入用户 ID:</td>
    <td width="168"><label>
      <input type="text" name="userid" id="userid">
    </label></td>
  </tr>
  <tr>
     <td height="35" align="right">
     <input type="submit" name="button" id="button" value="提交"></td>
     <td><label>
     <input type="reset" name="button2" id="button2" value="重置">
     </label></td>
```

```
  </tr>
</table>
</form>
<jsp:useBean id="Mybean" scope="page" class="bean.DataBaseConnBean"/>
<%  request.setCharacterEncoding("gb2312") ;         // 进行乱码处理
   String temp =  (String)session.getAttribute("id");
   if (temp==null ||  temp.length()== 0 ){
%>
    <h2> 您还没有登录系统,请<a href="login.jsp">登录</a>后再进行操作。</h2>
<%  }
    else{
    temp = request.getParameter("userid");
    if ( temp != null){
       String  sql="delete  from d_user where id = '"+temp+"'";
       int i=Mybean.executeUpdate(sql);
         if (i!=0){
            out.print("用户"+temp+"已删除！");
         }
         else{
          out.print("您输入的用户 ID 不存在。");
          }
       }
    }
    Mybean.close();
%>
</p>
  <p><a href="manager_main.jsp">返回主页</a></p>
</body>
</html>
```

view_content.jsp:

```
<%@page import="java.sql.*" contentType="text/html; charset=gb2312" %>
<html>
<head>
<meta http-equiv="Content-Type" content="text/html; charset=gb2312">
<title>查看聊天记录</title>
<style type="text/css">
<!--
body {
 background-image: url(image/bj2.jpg);
}
-->
</style></head>
<body><form name="form1" method="post" action="">
<table   align="center" width="328" border="0">
  <tr>
    <td width="150" height="35">请输入用户 ID:</td>
    <td width="168"><label>
      <input  type="text" name="userid"  id="userid">
    </label></td>
  </tr>
  <tr>
```

```
    <td height="35" align="right">
    <input type="submit" name="button" id="button" value="提交"></td>
   <td><label>
   <input type="reset" name="button2" id="button2" value="重置">
   </label></td>
  </tr>
</table>
</form>
<jsp:useBean id="Mybean" scope="page" class="bean.DataBaseConnBean"/>
<table align="center" border=3>
   <tr bgcolor=silver><b>
     <td>用户 ID</td><td>姓名</td><td>发言时间</td><td>发言内容</td></b>
   </tr>
<%   request.setCharacterEncoding("gb2312") ;       // 进行乱码处理
     String temp =  (String)session.getAttribute("id");
     if (temp==null || temp.length()== 0 ){
%>
    <h2> 您还没有登录系统,请<a href="login.jsp">登录</a>后再进行操作。</h2>
 <%  }
     else{
        temp = request.getParameter("userid");
        if (temp != null){
            String  sql="select d_user.id,name,dt,s_content from d_user,
            j_content  where d_user.id=user_id and user_id = '"+temp+"'
            order by dt desc";
            ResultSet rs=Mybean.executeQuery(sql);
               while  (rs.next()){
%>
     <tr>
            <td><%= rs.getString("id") %></td>
            <td><%= rs.getString("name") %></td>
            <td><%= rs.getTimestamp("dt") %></td>
            <td><%= rs.getString("s_content") %></td>
     </tr>
 <%          }
        }
        else{
        out.print("您输入的用户 ID 不存在。");
          }
     }
    Mybean.close();
%>
</table>
</p>
  <p><a href="manager_main.jsp">返回主页</a></p>
</body>
</html>
```

del_content.jsp:

```
<%@page  contentType="text/html; charset=gb2312" language="java"  %>
<%@page  import="java.sql.*"  %>
<html>
```

```
<head>
<meta http-equiv="Content-Type" content="text/html; charset=gb2312">
<title>删除</title>
<style type="text/css">
<!--
body {
 background-image: url(image/bj2.jpg);
}
-->
</style></head>
<%   String temp =  (String)session.getAttribute("id");
     if (temp==null ||  temp.length()== 0 ){
%>
     <h2> 您还没有登录系统,请<a href="login.jsp">登录</a>后再进行操作。</h2>
<%  }
    else { response.sendRedirect("del_c.jsp");}
%>
<body>
</body>
</html>
```

del_c. jsp:

```
<%@page  contentType="text/html; charset=gb2312" language="java"%>
<%@page  import="java.sql.*"  %>
<html>
<head>
<meta http-equiv="Content-Type" content="text/html; charset=gb2312">
<title>删除聊天记录</title>
<style type="text/css">
<!--
body {
 background-image: url(image/bj2.jpg);
 -->}
</style></head>
<body>
<form name="form1" method="post" action="delyz.jsp">
<p>请输入用户 ID<input  type="text" name="userid" id="userid"></p>
<p><input  type="submit" name="button" id="button" value="提交">
   <input  type="reset" name="button2" id="button2" value="重置">
</p>
</form>
</body>
</html>
```

delyz. jsp:

```
<%@page contentType="text/html; charset=gb2312" language="java" %>
<%@page  import="java.sql.*" %>
<html>
<head>
<meta http-equiv="Content-Type" content="text/html; charset=gb2312">
<title>删除验证</title>
<style type="text/css">
```

```
<!--
body {
 background-image: url(image/bj2.jpg);
}
-->
</style></head>
<body>
  ......正在删除中
  <%   Connection conn=null;
       Statement  stmt=null;
       String url="jdbc:microsoft:sqlserver://localhost:1433;DatabaseName=
                 zxlt";
        request.setCharacterEncoding("gb2312") ;          // 进行乱码处理
        String id= request.getParameter("userid");
        try{
         Class.forName("com.microsoft.jdbc.sqlserver.SQLServerDriver");
        }
        catch(ClassNotFoundException e) {}
        try{  conn=DriverManager.getConnection(url,"sa","");
              stmt=conn.createStatement();
              String sql="delete  from j_content where user_id ='"+id+"'";
              int i=stmt.executeUpdate(sql);
              if (i!=0){
                 out.print("用户"+id+"聊天信息已删除！");
             }
             else{
                 out.print("您输入的用户 ID 不存在。");
             }
        }
  catch(SQLException e1) {}
 %>
      <p><a href="manager_main.jsp">返回主页</a></p>
</body>
</html>
```

2. 普通用户权限

image.jsp:

```
<%@page contentType="image/jpeg"%>
<%@page import="java.awt.*,java.awt.image.*,java.util.*,javax.imageio.*" %>
<%!  Color getRandColor(int fc,int bc){//给定范围获得随机颜色
       Random random = new Random();
       if(fc>255) fc=255;
       if(bc>255) bc=255;
       int r=fc+random.nextInt(bc-fc);
       int g=fc+random.nextInt(bc-fc);
       int b=fc+random.nextInt(bc-fc);
       return new Color(r,g,b);
     }
%>
<%  response.setHeader("Pragma","No-cache"); //设置页面不缓存
    response.setHeader("Cache-Control","no-cache");
    response.setDateHeader("Expires",0);
```

```
    int width=60,height=20;
BufferedImage  image = new BufferedImage(width,height,BufferedImage.TYPE_INT_RGB);
  // 在内存中创建图像
      Graphics g = image.getGraphics();// 获取图形上下文
      Random random = new Random();//生成随机类
      g.setColor(getRandColor(200,250)); // 设定背景色
      g.fillRect(0,0,width,height);
      g.setFont(new Font("Times New Roman",Font.PLAIN,18)); //设定字体
      //g.setColor(new Color());
      //g.drawRect(0,0,width-1,height-1);
      // 随机产生155条干扰线,使图像中的认证码不易被其他程序探测到
      g.setColor(getRandColor(160,200));
      for (int i=0;i<155;i++){
          int x = random.nextInt(width);
          int y = random.nextInt(height);
          int xl = random.nextInt(12);
          int yl = random.nextInt(12);
          g.drawLine(x,y,x+xl,y+yl);
  }
  // 取随机产生的认证码(4位数字)
  //String rand = request.getParameter("rand");
  //rand = rand.substring(0,rand.indexOf("."));
    String sRand="";
    for (int i=0;i<4;i++){
   String rand=String.valueOf(random.nextInt(10));
   sRand+=rand;
     // 将认证码显示到图像中
g.setColor(new Color(20+random.nextInt(110),20+random.nextInt(110),20+random.next
        Int(110)));
  //调用函数出来的颜色相同,可能是因为种子太接近,所以只能直接生成
     g.drawString(rand,13*i+6,16);
     }
     session.setAttribute("rand",sRand); // 将认证码存入session
     g.dispose();// 图像生效
    ImageIO.write(image,"JPEG",response.getOutputStream());// 输出图像到页面
     out.clear();
     out = pageContext.pushBody();
  %>
```

login.jsp：用户登录界面。

```
<%@page contentType="text/html;charset=GBK"%><style type="text/css">
<!--
body {
    background-image: url(image/bj.jpg);
}
.STYLE1 {
    font-size: 16px;
    font-weight: bold;
}
-->
</style>
```

```
<label></label>
<form action="check.jsp" method="post" class="STYLE2" >
<table width="447" border="0" align="center">
   <tr>
      <td width="291"> <div align="right">
      <span class="STYLE1">用 户 登 录</span></div>
      </td>
      <td width="146"><div align="right">
      < a href="register.jsp">新用户注册</a></div>
      </td>
   </tr>
</table>
<table align="center" border="0">
   <tr>
        <td width="71">用户 ID: </td>
        <td width="174"><input type="text" name="userid"></td>
 </tr>
 <tr>
     <td>密  码: </td>
     <td><input type="password" name="password"></td>
</tr>
<tr>
      <td>验证码: </td>
      <td>
      <input type="text" name="code" size="4" maxlength="4">
      <img src="image.jsp">
      </td>
 </tr>
 <tr>
     <td colspan="2">
      <input type="submit" value="登录">
      <input type="reset" value="重置">
      </td>
</tr>
</table>
</form>
```

check.jsp：登录验证。

```
<%@page contentType="text/html;charset=GBK"%>
<%@page import="java.sql.*"%>
<jsp:useBean id="Mybean" scope="page" class="bean.DataBaseConnBean"/>
<%  request.setCharacterEncoding("GBK") ;          // 进行乱码处理
    String code = request.getParameter("code") ;          // 接收表单参数
    String rand = (String)session.getAttribute("rand") ;
    if(!rand.equals(code)){
 %>
       <jsp:forward  page="login_error.jsp?tips=您输入的验证码不正确! " />
<%  }  %>
<%  String bName=request.getParameter("userid");
     if(bName==null){
        bName="";
      }
```

```
 String  bPassword=request.getParameter("password");
 if(bPassword==null){
     bPassword="";
  }
  String sql="select * from d_user where id ='"+bName+"' and
           password = '"+bPassword+"'  and  type = 1" ;
  ResultSet rs=Mybean.executeQuery(sql);
    if (rs.next()){
       session.setAttribute("name",rs.getString("name") );
       session.setAttribute("id",rs.getString("id"));
       Mybean.close();
       response.sendRedirect("chat.jsp");
%>
<%  }
     else{
       Mybean.close();
%>
       <jsp:forward page="login_error.jsp?tips=您输入的用户名或密码不正确！"/>
<%  }  %>
```

login_error.jsp：登录错误界面。

```
<%@page contentType="text/html;charset=GBK"%>
<html><style type="text/css">
<!--
body {
     background-image: url(image/bj4.gif);
     background-repeat: repeat;
}
-->
</style>
<body>
<%  request.setCharacterEncoding("GBK") ;                // 进行乱码处理
    String tips = request.getParameter("tips") ;         // 判断验证码
%>
<%=tips%>,请重新<a href="login.jsp">登录</a>。
</body>
</html>
```

```
register.jsp:
<%@page import="java.sql.*" contentType="text/html; charset=gb2312" %>
<html>
<head>
<meta http-equiv="Content-Type" content="text/html; charset=gb2312">
<title>新增用户</title>
<style type="text/css">
<!--
body {
background-image: url(image/bj.jpg);
}
-->
</style></head>
<body>
```

```
<form name="form1" method="post" action="zcyz.jsp" >
<table  align="center" width="373" border="0">
<tr>
   <td height="49" colspan="2"><div align="center">用户注册</div></td>
</tr>
<tr>
  <td width="150" height="35"><div align="center">用户 ID: </div></td>
  <td width="213"><label><input type="text" name="userid" id="userid">
  </label></td>
</tr>
<tr>
  <td height="35" align="right"><div align="center">名 称: </div></td>
  <td><input type="text" name="username" id="username"></td>
</tr>
<tr>
  <td height="35" align="right"><div align="center">密 码: </div></td>
  <td><label><input type="password" name="userpassword" id="userpassword">
</label>
  <label></label></td>
</tr>
<tr>
  <td height="35" align="right"><div align="center">年 龄: </div></td>
  <td><label> <input type="text" name="userage" id="userage">
  </label></td>
</tr>
<tr>
  <td height="35" align="right"><div align="center">电 话: </div></td>
  <td><label><input type="text" name="usertele" id="usertele">
  </label></td>
</tr>
<tr>
  <td height="35" align="right"><div align="center">
    <input type="submit" name="button" id="button" value="提交"></div>
   </td>
   <td><label><input type="reset" name="button2" id="button2" value="重置">
   </label></td>
</tr>
</table>
</form>
 <p><a href="login.jsp">返回主页</a></p>
</body>
</html>
```

zcyz.jsp:

```
<%@page contentType="text/html; charset=gb2312" language="java"%>
<%@page import="java.sql.*" %>
<html>
<head>
<meta http-equiv="Content-Type" content="text/html; charset=gb2312">
<title>注册验证</title>
<style type="text/css">
<!--
```

```
body {
background-image: url(image/bj2.jpg);
}
-->
</style></head>
<body>
<jsp:useBean id="Mybean" scope="page" class="bean.DataBaseConnBean"/>
<%   request.setCharacterEncoding("gb2312") ;          // 进行乱码处理
     String  temp = (String)session.getAttribute("id");
     String  id = request.getParameter("userid");
     String  name = request.getParameter("username");
     String  password = request.getParameter("userpassword");
     String type = "1";
     String age = request.getParameter("userage");
     String  tele = request.getParameter("usertele");
     if (id != "") { //主键不能为空
         String  sql="insert into d_user(id,name,password,type,age,tele)
         values ('"+id+"','"+name+"','"+password+"','"+type+"','"+age+"','"+
                 tele+"')";
     Mybean.executeUpdate(sql);
     Mybean.close();
     response.sendRedirect("register_result.jsp");
     }else{
     out.print("必须输入用户 ID。");
     }
%>
<p><a href="register.jsp">返回注册页</a>
</p>
</body>
</html>
```

register_result.jsp:

```
<%@page contentType="text/html;charset=GBK"%>
<html><style type="text/css">
<!--
body {
background-image: url(image/bj2.jpg);
}
-->
</style>
<body>
<%
    request.setCharacterEncoding("GBK") ;          // 进行乱码处理
%>
注册成功,<a href="login.jsp">返回主页</a>。
</body>
</html>
```

DataBaseConnBean.java:

```
package bean;
import java.sql.*;
public class DataBaseConnBean{
```

```
    Connection conn=null;
    Statement  stmt=null;
    ResultSet  rs=null;
    String url="jdbc:microsoft:sqlserver://localhost:1433;DatabaseName=zxlt";
    public DataBaseConnBean() throws Exception{
      Class.forName("com.microsoft.jdbc.sqlserver.SQLServerDriver");
    }
    public Connection getConnection() throws Exception{
      conn=DriverManager.getConnection(url,"sa","");
      return conn;
    }
    public ResultSet executeQuery(String sql)throws Exception{
      conn=DriverManager.getConnection(url,"sa","");
      stmt=conn.createStatement();
      rs=stmt.executeQuery(sql);
      return rs;
    }
    public int executeUpdate(String sql)throws Exception{
      int result=0;
      try{
        conn=DriverManager.getConnection(url,"sa","");
        stmt=conn.createStatement();
        result=stmt.executeUpdate(sql);
        return result;
      }finally{
        close();
      }
    }
    public void close(){
      try{
        rs.close();
        stmt.close();
        conn.close();
      }
      catch(Exception ex){
        System.err.println(ex.getMessage());
      }
    }
}
```

```
<!--chat.jsp-->
<frameset rows="25%,76%" cols="*">
   <frame name="top" src="content.jsp">
   <frame name="bottom" src="input.jsp">
</frameset>
<noframes></noframes>

<!--content.jsp-->
<%@page contentType="text/html;charset=GBK"%>
<%@page import="java.util.*"%>
<meta http-equiv="Content-Type" content="text/html; charset=gb2312" />
<style type="text/css">
```

```
<!--
body {
	background-image: url(image/bj2.jpg);
}
-->
</style>
<% response.setHeader("refresh","2") ;
   request.setCharacterEncoding("GBK") ;
   List all = (List)application.getAttribute("notes") ;
   if(all==null){
%>
	<h4>没有留言！</h4>
<% }
   else{
	Iterator iter = all.iterator() ;
	while(iter.hasNext()){
%>
		<h4><%=iter.next()%></h4>
<%	}	%>
<% } %>

<!--input.jsp-->
<%@page contentType="text/html;charset=gb2312"%>
<%@page import="java.io.*"%>
<%@page import="java.util.*"%>
<meta http-equiv="Content-Type" content="text/html; charset=gb2312" /><styletype=
"text/css">
<!--
	body {
	background-image: url(image/bj6.jpg);
	background-repeat: repeat;
}
-->
</style>
<form action="input.jsp" method="post">
<table width="891" border="0">
	<tr>
	<td width="98">请输入内容：</td>
	<td width="598"><textarea name="content" rows="3" cols="80"></textarea>
	</td>
	 <td width="49">表情：</td>
	 <td width="62"><label>
	   <select name="bq" size="1" id="bq">
	     <option value="微笑地">微笑</option>
	     <option value="发呆地">发呆</option>
	     <option value="得意地">得意</option>
	     <option value="流泪地">流泪</option>
	     <option value="吃惊地">吃惊</option>
	     <option value="害怕地">害怕</option>
	   </select>
	 </label></td>
	 <td width="62"><input type="submit" value="说话" /></td>
```

```
      </tr>
</table>
</form>
<jsp:useBean  id="Mybean"  scope="page"  class="bean.DataBaseConnBean"/>
<% String  temp = (String)session.getAttribute("name");
   request.setCharacterEncoding("gb2312") ;
   if(request.getParameter("content")!=null){
        String s_content = request.getParameter("content");  //取出说话的内容
        String s_bq = request.getParameter("bq");  //取出表情
        temp = temp +s_bq+"说: "+ s_content;  // 说话的全部内容保存在temp中
        List all = null ;  // application中存在一个集合用于保存所有说话的内容
        all = (List)application.getAttribute("notes") ;
        if(all==null){  // 程序必须考虑是否是第一次运行
          all = new ArrayList() ;    // 里面没有集合,所以重新实例化
        }
        all.add(temp) ;
        // 将修改后的集合重新放回到application中
        application.setAttribute("notes",all) ;
        String  id = (String)session.getAttribute("id");
        String  sql="insert into j_content(id,user_id,dt,s_content)  values
                (newid(),'"+id+"',getdate(),'"+s_content+"')";
        Mybean.executeUpdate(sql);  //将说话的内容保存到数据库中
        Mybean.close();
    }
%>
```

参 考 文 献

[1] 廖永红.JSP 程序设计[M].北京：中国水利水电出版社，2010.

[2] 刘中兵.JSP 数据库项目案例导航[M]. 北京：清华大学出版社，2006.

[3] 王国辉.JSP 数据库系统开发案例精选[M].北京：人民邮电出版社，2006.

[4] 陈雪莲.JSP 程序设计教程[M]. 北京：清华大学出版社，2008.

[5] 樊月华.Web 开发应用技术（JSP）[M].北京：中国铁道出版社，2009.

[6] 孙卫琴.Tomcat 与 JavaWeb 开发技术详解[M].2 版. 北京：电子工业出版社，2009.

[7] 唐爱国.Web2.0 动态网站开发：JSP 技术详解与应用实践[M]. 北京：清华大学出版社，2009.

[8] 古乐声.JSP 程序设计[M].长沙：国防科技大学出版社，2009.

[9] 王先国.JSP 动态网页编程技术[M].北京：电子工业出版社，2006.

[10] 李兴华.Java Web 开发实战经典[M].北京：清华大学出版社，2010.